기후변화와 해양생태계

공 영 · 서영상 · 성기탁 · 한인성 저

Climate Change and Marine Ecosystem

by

Yeong GONG · Young Sang SUH · Ki Tack SEONG · In Seong HAN

Climate Change and Marine Ecosystem

머리말 (Introduction)

어업(fisheries)이 이루어지는 해양생태계(marine ecosystem)는 생명의 존재가 가능한 생태권(ecosphere)의 일부이다. 어업대상의 수서생물을 포함하는 유기의 세계인 생물계(biosphere)는 대기(atmosphere), 지권(lithosphere) 및 수권(hydrosphere) 등 무기의 세계에서 끊임없는 상호작용을 한다. 수계에서 어업은 중요한 인간의 기업이며 2005년의 세계어업총생산량은 142백만 톤이고 식량생산은 106백만 톤으로 인간이 소비하는 동물단백질의 20%를 충당하였다. 2010년의 세계어업총생산량은 146백만 톤이고 식량생산은 120백만 톤으로 추정된다(FAO 2007). 지난 수세기동안 어업의 기계화와 관련된 과학기술의 발전은 어획활동의 공간적 확장을 조장하였다. 그 후에 선박건조, 어구자재 및 제작 그리고 전자공학(예, 전파탐지기, 음향측심기)분야의 기술적 혁신과 고도로 크기 선택적이고 능률적인 어구의 사용과 어획산업의 보조 및 유도자본 확대는 모두 어획노력과 어획성능을 에너지 상승적 형태로 끌어올려 어업이 그 이상 지속 불가능한 수준에 이르게 하였다. 이 현상은 20년 전부터 뚜렷하여, 1990년대 초에 이미 세계어획경비는 어획량가치를 훨씬 초과하였다.

이와 같은 어업의 정체상태를 과도어획에서 그 원인을 찾으려는 경향이 있어 자원관리나 자원회복에 관심을 보이고 있는 현시점에 우리는 자원변동의 원인을 인간의 간섭으로 통제가 불가능한 새로운 세계에서 찾아볼 수 있게 되었다. 전통적 수산자원분야에서는 자원변동을 각 자원의 가입량 (recruitment)의 문제로 처리하여왔다. 최근 10년 사이에 체제전환(regime shift)문제에 대하여 자주 논의 되고 있다. 1980년대 중반기부터 해양생물자원의 변동이 지구상의 각 해역에서 동시에 일어난다고 인식하기 시작하였다. 해수의 교환이 전혀 없는 멀리 떨어진 해역간 어류의 동시변동(synchronous change)은 해양에 의한 것이 아니고 대기에 의하여 매개되는 것을 나타낸다고 생각되어 지구 규모의 기상변동, 대양규모의 해황 변동과 해양생물자원의 증감경향이 연구되고 있다. 1990년대에 들어 대기, 해양 및 어업자원이 수 십년주기로 동시에 변동하고 있음이 밝혀지면서 해양생태에 대한 우리의 인식은 크게 달라지고 있다.

어업의 역사는 자원의 자연변동에 의한 대어(풍어)와 불어(흉어)의 반복의 역사이었다. 인간은 지금까지 약 100년에 걸쳐 해양생물자원의 자연변동을 제어하여 안정화시킬 수 있는 방법을 찾아왔다. 그러나 해양생태계 체제전환의 인식은 해양생물자원이 수 10년 시간규모로 일어나는 전 지구적 변동의 일부로서 자연변동을 반복하고 있다는 것, 따라서 자원을 안정화 시키려는 것이 아니고 자연변동에 대응하여 생물자원을 관리 이용할 수밖에 없음을 보여주었다. 100년을 넘는 해양생물자원 연구의 역사를 거쳐 21세기 초두에 우리들은 해양생태계변동과 해양생물자원의 이용에 관한 새로운 인식에 도달한 것이다.

전 지구적 혹은 대규모 해양생태계의 변동은 기후변동에 관련되어 장주기변동을 보이고 있으나, 국지적 해양생태계는 대기-해양상호작용으로 복잡한 변동을 보인다. 동아시아해양생태계는 지구적 규모의 기후체제변동(climate regime shifts)과 인간유발지구온난화와의 복합적 영향을 받아, 이곳의 어업자원변동은 기후체제변동과 위상을 달리하는 경우가 예상된다. 따라서 환경변동기반의 어업자원변동의 예측을 위하여 해양생물의 분포 및 풍도의 변동과 생태계의 변동이 기후-해양변동과 어떻게 관련을 가지는가를 이해할 필요가 있다. 이를 위하여 우리는 이 광범위한 분야에 관련되는 보고서를 검토하고 진행 중에 있는 해양기후와 어업자원변동에 관한 우리들의 연구과제의 개요를 소개한다.

기후변화와 해양생태계

Climate Change and Marine Ecosystem

목 차

Contents

기후변화와 해양생태계

Climate Change and Marine Ecosystem

01

기후변동(Climate Changes)

기후변화와 해양생태계

Climate Change and Marine Ecosystem

기후변동(Climate Changes) 01

1.1 대기 및 해양의 원격접속과 기후변동지수 (Teleconnection in atmosphere-ocean and climate-ocean indices)

(1) 해양의 역할(Role of ocean)

해양은 대기와 더불어 기후시스템의 중요한 구성요소이다. 해양의 역할을 단적으로 나타내려면 지표면의 온도분포를 생각함이 좋다. 해양은 육지에 비하여 열용량이 크다. 그러므로 바다 주변지역은 같은 위도의 대륙 내부지역에 비하여 여름과 겨울의 온도차이가 적다. 해양은 온도변화(溫度變化)의 완충재역할(緩衝材役割)을 한다. 또 하나의 역할은 흐름을 통한 열수송(熱輸送)이다. 해양의 흐름은 열을 운반하고 이 열수송이 현재의 지표온도분포를 유지한다. 지표면에 투입되는 태양방사로 지표면온도는 영구히 일정하게 유지되고 있다. 지구는 태양방사로 흡수한 열을 지구방사로 우주공간에 방출하고 지구전체로 보면 열의 수지가 균형이 취해지고 있다. 그러나 위도별 열수지는 저위도에서는 흡수가, 고위도에서는 방출이 많아 균형이 취해지지 않고 있다. 이 고위도의 불균형을 해소하고 있는 것이 해양과 대기에 의한 저위도로부터 고위도로의 열수송이다. 해양과 대기는 열수송에 관해서 거의 같은 역할을 하고 지표면온도 분포의 유지에 공헌하고 있다. 이 현상은 해양의 열수송이 어떤 원인으로 변화하면 온도분포가 변화한다는 것을 의미한다. 해양은 또 강수량이 증발량보다 많은 해역에서 증발량이 많은 해역으로 물 자체를 수송한다. 이 물은 해수로 되어 수송되고 있으나 증발에 의하여 해면에서 떠날 때는 담수만 나가므로 담수수송이라 불린다. 해양의 담수수송은 대기중의 수증기수송(水蒸氣輸送)으로 지구상의 물수송을 맡고 있다. 해양은 또 여러 가지 물질(物質)을 용해(溶解)시키거나 부유시켜 운반하고 있다. 그중에는 온실효과 가스로 알려진 이산화탄소를 포함한다. 해양의 열수송이 온도분포를 통제하는 것과 같이 해양의 물질수송(物質輸送)은 물(수증기, 강수, 구름, 설빙 등)의 분포나 이산화탄소와 같은 여러 물질의 분포에 공헌한다. 마치 인체에서 혈액의 순환과 같이 열이나 물질을 수송함으로써 기후를 유지하는 해양의 흐름은 구체적으로 어떤 것일까.

기후(氣候, climate)는 넓은 의미에서 기단분포의 항으로서 대기의 상태를 뜻한다(IPCC 2007). 기후변화는 평균기후상태 부근의 대기특성치의 변이를 나타내고, 재발하고 지속적인 대규모 기압 및 순환형태를 통하여 나타난다. 지구의 기후체제(climate system)는 대기, 해양 및 설빙등의 소체제의 결합으로 구성되어있다. 우리는 일상생활에서 기온, 강수 혹은 바람과 같은 기상요소들의 변동을 통하여 기후의 변동을 느낀다. 그러나 대기의 변동일지라도 대기만의 문제로 논의되는 것은 수 주일간의 정도이고 보다 장기의 수년에서 수 100년이라는 시간규모를 가지는 변동은 해양이 어떻게 변동하는가를 고려하지 않고는 이해할 수 없다. 이 가운데 시간적으로 비교적 짧은 수년의 기후변동의 대표적인 것은 열대태평양에서 발생하는 엘니뇨-남방진동 (El Niño-Southern Oscillation-ENSO)이다. 우선 10-100년 규모의 장기기후변동과 지구온난화에 관련되는 극동지역의 기후변동에 대하여 알아볼 필요가 있다. 엘니뇨-남방진동(ENSO)및 북극진동(Arctic Oscillation; AO)과 같은 대기-해양현상은 극동아시아의 대기 및 해양변동에 크게 관련된다. 멀리 떨어져있는 곳의 대기 및 해양변동이 연동하여 변하는 것을 원격상관 혹은 **원격접속(teleconnection)**이라 부른다. 1990년대에 특히 적도지역이나 극지 혹은 태평양중앙부에 중심을 둔 기후변동이 주목되고 이들 변동은 먼 곳까지 전달된다(Oceanographic Society of Japan, 2001).

(2) 기후변동지수(Climate indices)

해면기압(Sea Level Pressure; SLP)과 해면수온(Sea Surface Temperature; SST)으로 표시되는 태평양 및 대서양의 기후체제(climate regime)는 준 10년 혹은 수 10년 시간규모의 장기변화를 보인다. 그런 장기변화 위상의 역전은 사인곡선(sine curve)적이 아니고 계단함수처럼 나타나므로 이와 같은 역전은 기후변화(climate shift) 혹은 기후도약이라 불린다. 즉 급격한 기후체제변화(climate regime shift)는 어느 반 안정적 기후상태에서 다른 상태로 갑자기 이행하며, 이 이행기간이 기후상태의 개별시기(epochs)의 길이보다 훨씬 짧다. 예를 들면 1970년대 중반기 이전의 준 10년 동안에 고수온기가 지속되다가 1976/77년의 1-2년 사이에 갑자기 수온이 내려가 1980년대 중반기까지 약 10년 동안 저온체제가 지속되다가 1987/88년경에 다시 갑자기 고온체제로 바뀌었다. 1976/77년 및 1987/88년경의 기후체제변화는 북태평양의 알류샨저기압(Aleutian Low Pressure; ALP)의 발달과 북극진동(Arctic Oscillation)에 관련된 20세기중의 특이한 변화로 알려졌다.

다음에 열거되는 기후지수들은 북태평양의 대기 및 해양상태뿐 아니라 해양생태계에서 경년 및 준10년 변화에 관련되어 있다. 적도해역과 북반구의 기후-해양변동을 나타내는 지수들의 체제 및 그 의미(derivation)를 요약하여 나타내었다(Table 1).

❶ 알류샨저기압지수(ALPI, Aleutian Low Pressure Index)

ALPI는 북태평양의 12-3월의 100.5kPa 이하의 해면기압의 면적지수이다. 정의 값이 클수록 알류샨저기압이 강함(기압이 낮음)을 나타낸다. 이 ALPI는 PNA형태와 ENSO등과 관련하여 준 10년 주기가 탁월하며 각 기후체제의 변동시기에 대응한 변화도 인정된다. 알류샨저기압은 북태평양 아한대수역의 상공에 주년 존재하는 저기압이다. 이 세력은 10년 내지 수 10년에 한번씩 크게 변한다는 것이 밝혀졌다. 이 저기압세력의 변화를 기후체제변화(climate regime shifts)라 부르기도 한다. 가장 큰 규모의 체제변화는 1976/1977년 및 1988/1989년에 일어났다. 알류샨저기압은 해양환경에 큰 영향력을 가졌기 때문에 체제변화에 동반되는 해양환경의 변화가 식물 및 동물 플랑크톤의 현존량을 증감시키는 것으로 알려졌다. 이에 관련된 환경의 변화가 어떻게 되어서인지는 확실하지 않다. 그 하나는 상부혼합층심도(upper mixed layer depth; MLD)의 변화이다. 알류샨저기압은 북태평양의 해상풍을 일으킨다. 그 때문에 저기압세력의 증가에 따라1976/1977년 이후 해상풍도 대단히 강하였다. 이 바람의 강화는 북태평양아열대수역의 연직혼합을 촉진하여 다시 상부혼합층심도를 깊게 한다. 이 활발한 연직혼합에 따라 영양염류가 상층생태계에 공급되어 1차생산량이 증가된다(Oceanographic Society of Japan .2001).

Table 1-1. 기후해양지수 (Beamish et al. 2000,Tian et al. 2004, 2006)

Table 1-1. A summary of the climate-ocean indices (Beamish et al. 2000, Tian et al.2004, 2006)

Acronym	Index	System measured	Derivation	Reference
ACI	Atmospheric circulation Index of the North Atlantic	westerlies in the North Atlantic	the integral of negative north westerly frequency anomalies	Beamish et al.(1990)
ALPI	Aleutian Low Pressure Index	Aleutian Low Pressure system of the North Pacific	winter (Dec-March) average area(㎢) with sea level pressure≤100.5kPa expressed as an anomaly from the 1950-1997 mean	Beamish et al.(1990)
LOD	Length of Day	rotational speed of the solid earth	the difference between astronomically and the atomically derived lengths of day	IERS(1996,1997)
NAOI	North Atlantic Oscillation Index	Iceland Low and Azores High pressure system	standardized sea-level pressures(Dec-March) at Stykkisholmar, Iceland subtracted from those at Lisbon, Portugal	Hurrell (1995)
NHST	Northern Hemisphere Surface Temperature	air and sea surface temperature for the Northern Hemisphere	anomalies of combined temperatures	Jones (1994)
NPI	North Pacific Index	Aleutian Low pressure system of the North Pacific	the average sea-level pressure in the area 30°N to 65°N and 160°E to 140°W	Trenberth and Hurrell (1995)
PCI	Pacific Circulation Index	Westerly in the North Pacific	the integral of negative northwesterly winter(Dec-Mar) frequency anomalies	King et al. (1998)
PDO	Pacific Decadal Oscillation Index	sea surface temperature of the North Pacific	principal components analysis of gridded sea surface temperatures	Mantua et al. (1997)
SOI	Southern Oscillation Index	equatorial Pacific atmospheric and ocean conditions	the standardized sea-level pressure at Darwin subtracted from that at Tahiti	Walker (1924)
AOI	Arctic Oscillation Index	sea-level pressure	leading EOF of winter sea-level pressure poleward of 20°N	Thompson and Wallace (1998, 2000a, 2000b)
MOI	Asian Monsoon Index	sea-level pressure	winter sea-level pressure difference between Irkutsk and Nemuro	Tian et al. (2004, 2006)

❷ 북극진동(Arctic Oscillation)의 준 10년 변동

북극진동지수 (Arctic Oscillation Index, AOI)는 20° N 이북의 북측 동계의 해면기압(SLP)의 주 경험적 직교함수(EOF)로 규정되는데, 북태평양 중위도의 변동과 크게 관련 된다. 인간의 활동에 가장 크게 영향을 미치는 기온 및 강수가 기압배치와 깊은 관계를 가진다는 것을 극동지방 겨울의 서고동저의 기압배치가 강하면 계절풍이 강해지고 눈이 내리거나 바람으로 추위를 느끼게 하는 것으로 명백하게 알 수 있다.

북극을 중심으로 하는 북반구의 기압배치(북극진동에 따른 1000 hPa 등압면고도의 평균상태로부터의 편차)에서 볼 수 있는 바와 같이 북반구의 기압변화는 북극부근에 극소치를 가지고 대서양과 태평양의 중위도(40°-45° 부근)에 극대치를 가지는 변동이 가장 현저하다. 이 공간분포는 평균치로부터의 편차로 여기에 시간적으로 변하는 계수를 곱한 것이 개개의 지점에서의 기압의 변화가 된다. 기압이 흔들리는 것처럼 상하로 진동하므로 이 변동은 북극진동이라 불린다.

북극진동은 극동지역의 기후에 영향을 미친다. 기압의 평균치로부터의 편차가 극지에서 부(-)일 때에 유라시아대륙상의 기압은 평년보다 낮고 북태평양에는 평년보다 높다. 이 때문에 겨울에 발달하는 유라시아대륙의 시베리아고기압과 북태평양의 알류샨저기압이 약해져서 그 기압차로 생기는 극동지역(한반도, 일본열도 및 그 인접)에 대륙으로부터의 한파의 세력이 약해지므로 이 지역의 북부에서는 따뜻한 겨울을 맞는다. 이와 반대현상이 나타나면 이상 한파 겨울을 맞게 된다. 북극진동은 그 극치가 1970년대 초기(1970/71), 1970년대 중반기(1976/77) 그리고 1980년대 말기(1988/89)와 1990년경에 나타나서 준 10년 변동을 보였다. 이와 같은 준 10년 변동은 기상, 해양 및 수산해양학 분야에서 큰 주목을 받고 있다. 1990년대의 극동지역 북부의 겨울 난동경향에도 북극진동이 크게 여향을 미쳤다. 따라서 최근의 극동의 동계의 온난화가 지구규모의 온난화와 직접 관련되었는지를 구별하기 어렵다.

❸ 계절풍지수(Monsoon Index, MOI)

MOI는 러시아의 Irkutsk 와 일본의 Nemuro 사이의 해면기압(Sea Level Pressure; SLP)의 차이로 규정되는데, 동계 아시아계절풍(Asian monsoon)의 상태를 나타낸다(Fig. 1-11).

❹ 북태평양지수(North Pacific Index, NPI)

NPI 는 북태평양(160° E-140° W, 30°-60° N)의 평균 SLP의 차이로 규정되는데, 큰(작은) NPI는 강한(약한) 알류샨저기압(ALP)을 나타낸다. 강한 저기압은 기압이 아주 낮음을 뜻하고 약한 저기압은 기압이 보다 높아졌음을 뜻한다.

❺ 태평양 북미형태(Pacific North American pattern, PNA)

PNA는 500hPa 기압면의 고도변화 가운데 가장 큰 변동형태이다. 북미서안의 기압면이 평년보다 높을 때는 45° N 부근의 중위도태평양과 북태평양남동부(북미남서부)의 기압면고도가 낮아지는 변동형태이다. 이것은 ENSO와 관련하여 변동하고 El Niño현상의 발생에 따라 알류샨저기압이 강해지는데 기인한다. 이 PNA는 준10년 주기가 탁월하고 1956/57, 1970/71, 1976/77 및 1988/89의 각 기후체제변화시기에 급격한 변화가 인정된다.

❻ 태평양10년 진동 (Pacific Decadal Oscillation, PDO)지수

PDO는 태평양 20° N 북측의 월별 표면수온편차(SST anomaly)의 주 실험적 직교함수(EOF)에 대한 시간계수로 규정되고, 정(부)의 PDO지수는 태평양 중부의 한랭(온난)위상을 나타낸다(Mantua and Hare 2002). 이것은 북태평양 20 N이북의 해면수온편차의 변동에서 가장 큰 변동을 보이는 형태이다. 북미서안근해에서 동부태평양적도해역의 수온장과 북태평양중앙부의 수온장이 시소(seesaw)처럼 역 변동(한쪽이 높으면 다른 쪽이 낮아짐)을 보인다. 북미서안근해에서 동부태평양 적도해역의 수온이 평년보다 높으면(태평양의 중앙부의 수온이 평년보다 낮으면) PDO는 정(+)편차로 된다(Fig. 1-1). 이 지수에서 10, 20 및 50년 정도의 3형의 주기변동이 인정되고 각 체제변동기에 대응하는 변화도 인정된다. 또 이 지수는 엘니뇨-남방진동, 즉 엔소(ENSO)와 밀접한 관계를 가지고 변동한다.

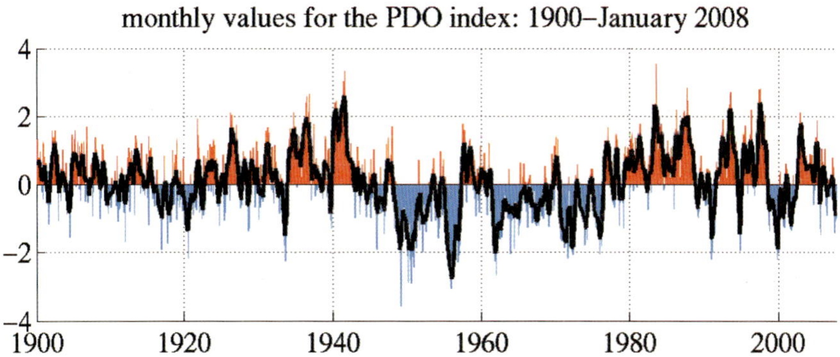

Fig.1-1. Monthly values for the PDO index, 1900~January 2008.
The Pacific Decadal Oscillation (PDO) Index is defined as the leading principal component of North Pacific monthly sea surface temperature variability (poleward of 20° N for the 1900-93 period). Digital values of our PDO index are available from Nate Mantua's anonymous ftp directory (linked here). Please send email to Nate (mantua@atmos.washington.edu) or Steven Hare (hare@iphc.washington.edu) to let them know that you have obtained this data. Nate updates the PDO index every two or three months.

Fig. 1-1. 태평양 10년 진동(PDO)지수, 1900~2008. 이 PDO 지수는 북태평양 20° N이북의 월별표면수온변동의 주성분으로 규정된다. 이 PDO 자료 입수 가능한 e-mail 주소 : Mantua N (mantua@atmos.washington.edu), Hare S (hare@iphc.washington.edu).

PDO는 NAO 및 ENSO와 같이 기압, 바람, 온도 및 강수량에 동반된 특징적 형태를 나타낸다. 정의 PDO 지수(온난위상)는 북미태평양연안의 온난한 표면수온편차에 상당하고 중부북태평양의 한랭 표면수온편차에 상당하며, 북미서측과 아열대태평양의 낮은 평균해면기압에 상당한다. 그 반대편차는 PDO 지수의 부(−)값(한랭위상)에 출현한다. 이들 반대위상은 알류샨저기압cell의 감소(온난위상) 혹은 강화(한랭위상)에 관련되었다. PDO의 온난 혹은 한랭 극치에 동반되는 북미 기후편차는 El Niño및 La Niña사건에 관련된 것들과 대략 비슷하다. 그것은 PDO가 오래 지속되는 El Niño유사한 태평양 기후변화형태로 종종 기술되는 이유이다. PDO의 온난위상동안, 북미의 동계 및 춘계는 온도가 북서에서는 평균이상, 남동에서는 평균이하이고, 반면 강수량은 남부미국과 북부멕시코에서 평균이상이고, 북서태평양과 Great Lakes지역의 강수량은 평균이하이다. 지난세기에 꼭 두 번 20-30년의 PDO주기가 인정되었다. 한랭위상은 1890-1924 및 1947-1976년에 탁월하고 온난위상은 1925-1946 및 1977년부터 세기말까지이다. PDO의 20-30년 체제에 가장 최근 1989-1991년과 같이 지수의 단기 역전기간이 출현하였다. 1998년 이래, 최근의 태평양기후변화는 한랭한 PDO상태로의 가능한 역전이 암시되었는데, 이것은 지난세기에, 1982-83년 사건과 함께, 가장 강한 1997-98 El Niño사건의 말기와 일치한다. 여하간 이 역전이 단기 역전기간인가 혹은 새로운 준 10년 체제전환인가는 예측하기 어렵다. 단기 반전기간을 설명하도록 암시된 한 기작은 두 중첩된 준10년 규모 기후진동의 존재인데 하나는 약50-70년의 기간이고 다른 하나는 15-25년의 기간이다(Minobe 1999). 주요 체제전환이 두 진동의 반전에 기인되고 짧은 체제전환은 단지 15-25년 진동의 반전에 상당한다.

여하간 ENSO의 통계적 예측모델에 PDO기후정보를 포함시킴으로 기후예측을 증진할 수 있다고 알려졌으므로 특히 El Niño및 La Niña의 전형적 형태는 ENSO 및 PDO신호가 일치(같은 위상)할 때만 출현하고 즉 El Niño사건이 PDO의 온난위상 혹은 역으로 La Niña사건이 PDO의 한랭위상에 출현한다. 태평양 준 10년 기후변화를 설명하는 많은 이론이 제시되었다. 그들은 물리해양-대기체제의 여러 형을 고려한다. 어떤 것은 어느 정도 강한 열대와의 상호작용을 포함하는 것 같다.

❼ 엘니뇨/남방진동 (ENSO ; El Niño / Southern Oscillation)

남방진동지수(Southern Oscillation index, SOI)는 호주의 Darwin과 남태평양의 Tahiti 사이의 해면기압 (SLP)의 차이로 규정된다. 이것은 ENSO (El Niño-Southern Oscillation)의 한 지수인데 극단적인 부(정)의 값은 El Niño (La Niña)현상을 나타낸다(Trenberth 1990). 보통 적도태평양은 서측(New Guinea 부근)이 온난하고 동측(남미근해)이 한랭하다(Fig. 1-2a, Fig. 1-2b). 이것은 적도 위를 부는 동풍에 의하여 적도표층의 난수가 서측으로 표류하고 동부 열대태평양의 연안용승과 적도용승(upwelling, 중층냉수가 표면으로 올라오는 현상)으로 동측이 차가워지기 때문이다.

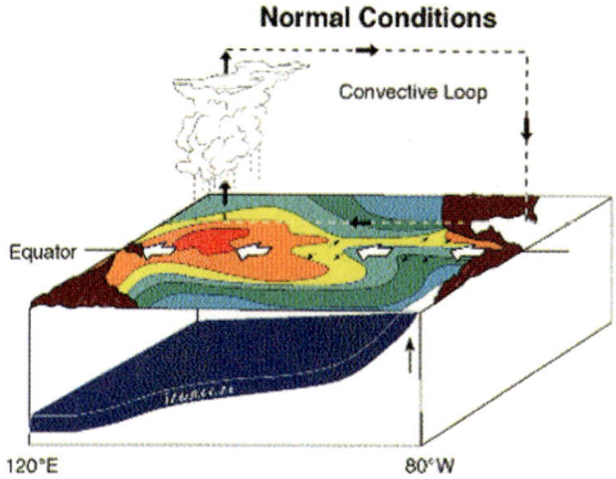

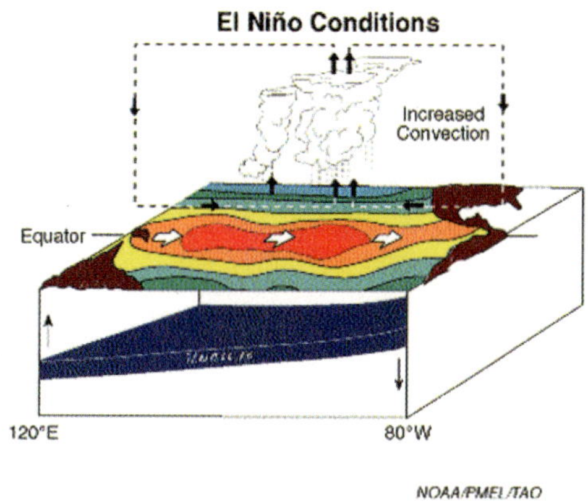

Fig.1-2a. Schematic diagram of normal and El Niño conditions in the Pacific Ocean, (http://www.pmel.noaa.gov/tao/elnino/el-nino-story.html).

Fig.1-2a. 태평양의 정상 및 엘니뇨상태의 모식도 (http://www.pmel.noaa.gov/tao/elnino/el-nino-story.html).

Fig. 1-2b. Wind and temperature on the Equator at 110° W during El Niño.

Fig. 1-2b. 엘니뇨동안의 110° W 적도상의 바람 및 수온.

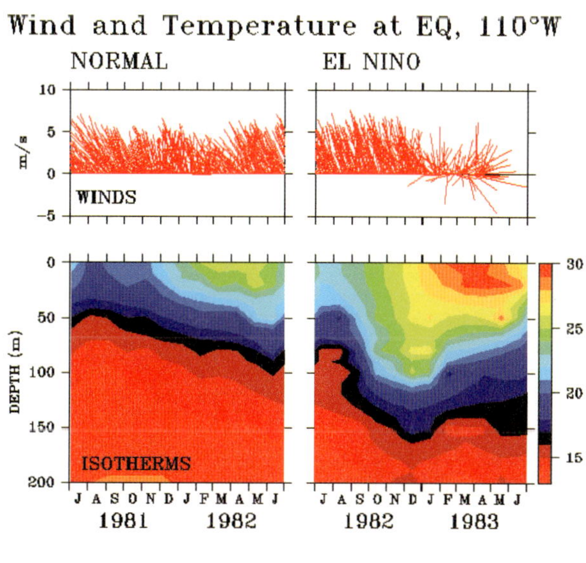

이 동풍이 약해지거나 서풍이 불면 서측에 축적된 온난한 해수가 동으로 수송되어 동부 열대태평양 페루근해가 더운물로 덮인다. 이것을 엘니뇨(El Niño)현상이라 부른다. 난수상공의 대기는 따뜻하고 가벼워져서 상승기류가 발달하고 기압은 낮아지나 냉수상공의 대기는 차고 무거워져서 하강류가 발달하므로 기압은 높아진다. 따라서 적도태평양에서는 보통 서측이 저기압, 동측이 고기압상태를 이루나 엘니뇨상태가 되면 서측이 고기압, 동측이 저기압이 된다. 이처럼 적도동서의 기압이 시소(seesaw)처럼 변동하므로 남방진동(Southern Oscillation)이라 불리고, 이것이 엘니뇨와 관계되므로 ENSO 라 불린다. 남방진동지수는 준 10년 주기가 탁월하게 나타나고 기후체제전환(climate regime shift)시기에 대응하는 변화가 인정된다. 특히 1976/77년의 변동을 경계로 그 이전의 정(+)편차연대(La Niña현상이 탁월한 시대)로부터 부(-)편차연대(El Niño현상이 탁월한 시대)로 변한 것이 주목된다.

El Niño 정보주소; (http://www.pmel.noaa.gov/tao/elnino/el-nino-story.html)

엘니뇨의 영향 : 엘니뇨는 열대태평양의 해양-대기체제의 진동으로 지구기후에 중요한 영향을 미친다. 특히 미국남부와 페루에 강우와 함께 파멸적 홍수를 일으키고 서태평양에서 때로 한발로 인하여 호주의 관목지대에 파멸적 화재를 일으킨다. 정상상태 즉 엘니뇨가 없는 때에는 북동무역풍은 열대태평양을 건너 서방으로 불어 표면수가 서태평양에 쌓이게 하므로 인도네시아의 해면은 에콰도르보다 약 1/2m 더 높다. 남미근해는 냉수가 용승하여 해면수온은 더 한랭하나 서측에서는 약 8℃ 더 높다. 이 냉수는 영양염이 풍부하여 기초생산성과 다양한 해양생태계 그리고 어업의 높은 수준을 유지하게 한다. 따뜻한 해면 상공으로 공기가 상승하여 비가내리고 동부태평양에는 건조하다. 동부태평양측의 110° W 부근에서 관측 된 수온은 수심 50m 층에서 약 17℃이다.

엘니뇨 기간에는 중부 및 서부태평양의 무역풍이 약해져서 동부태평양의 수온약층이 침강하고 서부태평양의 수온약층은 위로 치솟는다. 예로 1982-1983년 엘니뇨 동안에 110° W해역에서 17℃ 등온선은 약 150m층까지 침강하였다. 이 때문에 표면을 냉각시키는 용승효과가 감소하여 부영양의 아표층수가 유광층(euphotic zone)으로의 공급이 차단되어 표면수온의 상승 및 기초생산성의 감소로 식물연쇄의 고차영양단계에 악영향을 미치고 상업적 어업에 피해를 주었다. 동부의 온난해수 뒤에 강우량이 증가하여 페루에 홍수가 동반되고 인도네시아와 오스트레일리아에서는 한발이 동반되었다. 가장 온난한 해수위의 대기 열원이 동으로 이동함에 따라 지구의 대기순환에 큰 변화가 일어나고 차례로 열대 태평양을 건너 멀리 떨어진 곳의 기후가 바뀐다.

지난 약 20년에 엘니뇨-남방진동(ENSO)은 세계에서 가장 유명한 기후사건으로 알려졌으며 (Philander 1990) 그 신호는 남방진동지수(SOI)이다. 대서양에서는 북대서양진동(NAO)이 그리고 태평양에서는 태평양10년 진동(PDO)이 각각 대표적인 기후변동사건이다. ENSO는 전 지구적인 영향력을 가지나 중요 신호는 적도태평양에서 일어난다.

ENSO는 대기 및 해양간의 역학적 상호작용에서 2~7년간의 불규칙적인 빈도로 진화하는 온난(El Niño) 및 한랭(La Niña)상태의 저 빈도 진동이다. 지난 약30년 동안 El Niño 는1971-72, 1982-83, 1986-87, 1991-92 및 1997-98년에 일어나고 La Niña 사건은 1988-89, 1996-97 및 1998-2000년에 일어났다. 서부적도태평양이 더운물웅덩이(warm pool)이라 불리는 것은 표층 온난수의 수온이 연중 약 28℃를 유지하기 때문이다. 더운물웅덩이 인근의 중부 및 동부 열대태평양에서 무역풍에 의한 용승(upwelling)이 일어나 발산(한랭 설, cold tongue)과 연직순환으로 비교적 한랭하고 영양염류가 풍부한 심층수가 표면으로 올라온다. 이 형태는 수온약층의 깊이가 동부태평양에서 낮고(~50m) 서방으로 갈수록 점차 깊어지게 한다(더운물웅덩이에서는 ~150m). 적도발산(Equatorial divergence)은 무역풍에 의하여 유발된 평균서향류 즉 남적도해류(South Equatorial Current, SEC)안에서 일어난다. 표면수는 남적도해류에서 동에서 서로 수송되는 동안 더워지고 결국 더운물웅덩이에서 무역풍의 힘과 균형을 취하여 축적된다. 서측의 더운물은 대기 Walker 순환을 통하여 한랭한 동부태평양에 관련된 대기 대류순환을 유발한다. 해면에서 동에서 서로의 온도경도는 연결된 해양-대기 체제의 고리를 폐쇄하고 무역풍을 유발한다.

La Niña 현상은 위에서 설명된 평균상태의 강화이다. 더 강한 무역풍은 남적도해류(SEC)의 강도를 증가시키고 더운물웅덩이를 적도태평양의 가장 서측으로 밀어붙인다. 동측에서 용승강도가 증가하고 수온약층은 표면에 가까워지나 더운물웅덩이에서는 깊어진다. 반대로 El Niño 사건 동안에는 무역풍이 완화되고 더운물덩이의 온난수가 중앙태평양에서 동으로 멀리 펴진다. 일반적으로 가장 강한 사건은 크리스마스 계절에 캘리포니아 및 페루서안까지 이르고 폭풍과 홍수를 동반하는 대 이변상태에 이르게 된다. 중부 및 동부태평양에서 용승의 강도는 억제되고 수온약층은 깊어지는 반면 서부태평양에서는 수온약층은 이상적으로 상승한다. 이들 더운물웅덩이의 지역(동-서)적 전위(displacement)는 Walker순환의 변화에 동반되는데 이것은 Tahiti와 Darwin간 해면기압(SLP)의 차이로 계산되는 남방진동지수(SOI)에 나타난다.

서부적도태평양에서 더운물덩이의 구조상 특징으로 장벽층(barrier layer)이라 불리는 염분성층(haline stratification)이 출현하는데, 이것은 등염층(等鹽層,isohaline layer)이 등온층(等溫層,isothermal layer)보다 얕은 층에 있을 때 나타난다(Lukas and Lindstrom 1991, De Boyer Monte'gut C et al. 2004). 이 장벽층은 밀도혼합층(density-mixed layer)의 저변과 수온약층의 상부 사이에 있다. 이 성층의 중요한 영향은 서태평양에 출현하는 편서풍발발에 의하여 생기는 에너지의 하방 침투를 방해하는 것이다. 이것은 표층의 편서풍 발발의 운동량의 저지를 낳으며 강하게 동으로 흐르는 적도류를 유발한다. 이 표층의 동서이류는 더운물덩이의 범위에 영향을 미치며 El Niño 사건의 발달의 주 원인인 것 같다. 이들 바람의 발발에 의하여 생기는 서태평양의 간헐적 동향 표면류는 남적도해류의 서방으로의 이류와 마주치고, 더운물덩이 동측연변에 수렴대(convergence zone)를 형성한다. 이 수렴대는 평균적으로 180° 주변에서 진동하나 ENSO신호와 관련하여 특별한 동서전위가 일어난다.

열대태평양 표면수온의 변동은 엘니뇨(El Niño)의 발생에 관련되고 그 기간동안 일부변경선부터 남미서안까지의 적도표면수는 상당히 온난하다.

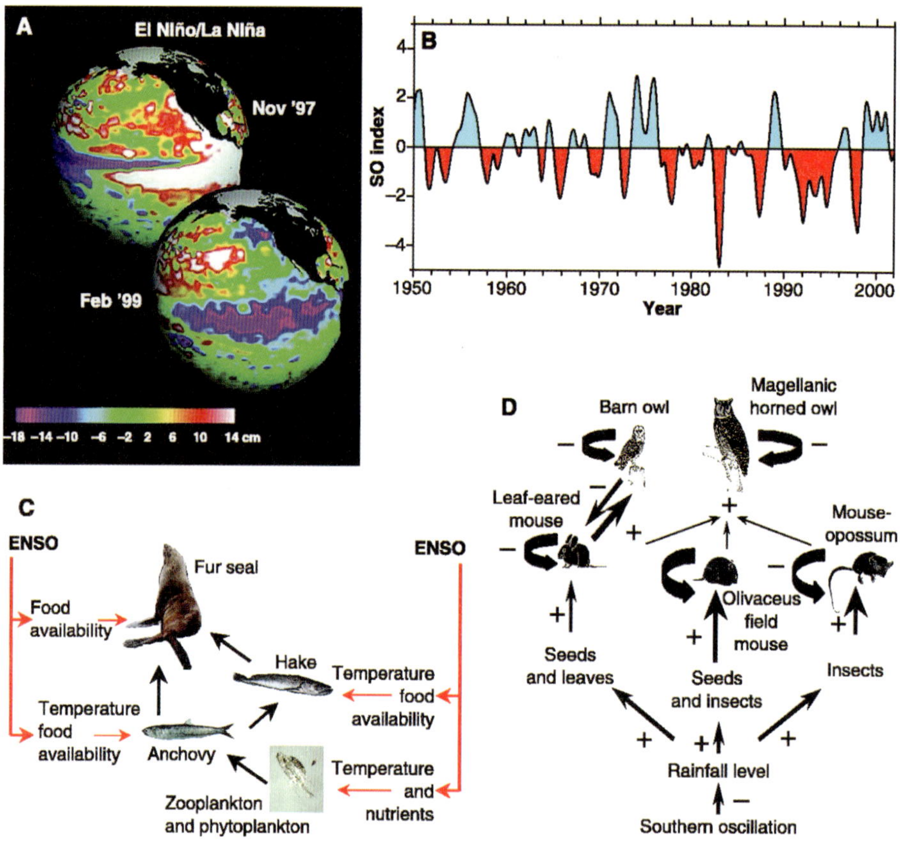

Fig. 1-3. ENSO related changes in land and marine ecosystems (Stenseth et al. 2002).

Fig. 1-3. 육지 및 해양생태계의 남방진동(ENSO)에 관련된 변화(Stenseth et al. 2002).

(A) TOPEX/Poseidon에 의하여 관측된 해면고도, 엘니뇨상태는 남미적도해역에서 서방에서 온난수편차를 지시하는 높은 고도(흰색/붉은색)로 표시되었다. 라니냐(La Niña)상태는 오른편 아래에 표시되었다(Fig. 1-3).

영상출처 : [Images from Jet Propulsion Laboratory at http://topex-www.jpl.nasa.gov/science/el-nino.html].

(B) 남방진동(SO)은 기단의 세계적 규모의 시소(see-saw)이며, 열대 및 아열대에 중심을 가진 동반구 및 서반구사이 공기의 교환을 포함한다. 남방진동은 북 오스트레일리아의 Darwin과 남태평양 Tahiti의 해면기압(SLP)의 상반된 변화에 의하여 특징지어 진다. 그러므로 SO의 단순지수(indexed at www.cgd.ucar.edu/cas/catalog/climind/soi.html) 는 정규화된 Tahiti의 해면기압(SLP)에서 Darwin의 것을 뺀 값으로 규정된다. 비록 열대태평양의 해면수온(SST) 변화가 SO의 진동이 없이 일어나더라도 엘니뇨와 SO 가 밀접하게 관련되었으므로 ENSO를 적도태평양의 대기–해양상호작용을 기술할 때 쓰인다. 그러므로 온난한 ENSO 사건은 부(–)의 SO극치와 엘니뇨가 같이 나타날 때이다. ENSO의 다른 위상은 심한 열대 강우량의 위치를 이동시키고, 이 대기의 단열적 가열의 변화는 수천 km의 대기의 흐름을 변형시키고 지표의 이상 한랭 및 온난지역을 유발한다.

(C) 엘니뇨의 결과로 다량의 플랑크톤, 어류(멸치, 민대구)와 그들의 주요 포식자(해양포유류 및 바닷새)의 폐사가 보고되었다.

(D) 소형포유동물(쥐) 3종과 올빼미 2종에 관련된 먹이사슬. 종내 및 종간관계와 영양단계 상호작용의 상대적 중요성과 강도가 화살표의 굵기로 표시되었다.

❽ 북대서양진동(North Atlantic Oscillation, NAO)

북대서양진동(NAO)은 아한대 저기압과 아열대고기압 기단의 교체 : 북대서양에서 가장 현저하며 재발하는 대기변화의 형태는 북대서양진동(NAO)에 동반된다. 흔히 동계의 북대서양진동지수는 포르투갈의 Lisbon과 아이슬란드의 Reykjavik의 동계 정규화된 해면기압 차이에 기초를 둔다(Hurrell 1995). 이 NAO는 북대서양 중부의 Azores 아열대고기압중심과 아이슬란드 아한대 저기압중심 사이 기단의 남-북교체이다. 이것은 40° N 와 60° N 간의 북대서양을 횡단하여 부는 편서풍의 강도를 측정한다. 편서풍의 방향과 세력의 변화는 대서양과 인접한 육지의 동계 온도, 강수량 및 증발량 균형의 변동원인이 된다. NAO지수의 정(+)의 위상 동안에는 편서풍은 강화되고 북으로 이동하여 북유럽과 남동미국의 강수량과 온도가 증가하고 지중해에서는 건조편차를 보인다(Brunel and Boucher. 2007)(Fig. 1-4a).

NAO의 변화는 북대서양의 동계의 날씨(폭풍진로/궤도, 강수량, 편서풍강도)에 영향을 미치고 해황(수온, 염분, 만류의 강도, 파고)에 대하여 강한 영향력을 가진다. 부(−)의 지수위상에는 대략 그 반대형태가 나타난다(Fig. 1-4b). NAO지수의 정의 위상은 남서부로부터 온난수의 흐름, 구름 및 온도의 증가로 모두 수온상승을 유발하여 어류 성장 및 생잔률에 직, 간접적으로 영향을 미친다(Ottersen , Stenseth 2001).

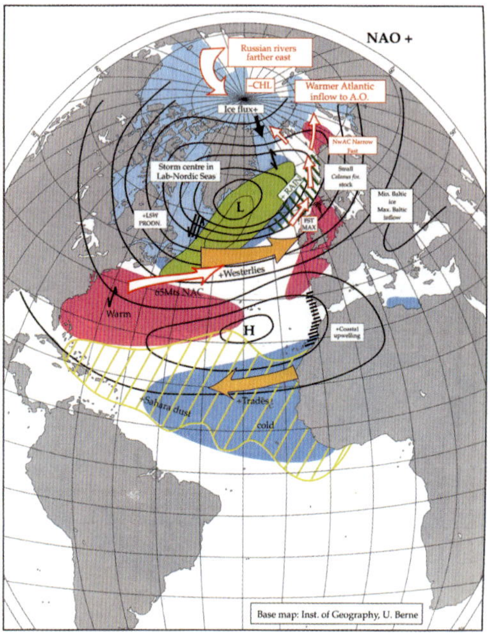

Plate 1a A schematic of the Atlantic–Arctic sector under NAO-positive conditions. The following will explain the abbreviated text and symbols and provide references to the sources of information.

Fig. 1-4a. A schematic of the Atlantic-Arctic sector under NAO-positive conditions (After Hurrell, Dickson 2005).

Fig. 1-4a. 북대서양진동(NAO)지수가 정(+)일 때의 대서양-북극구역의 기압배치모식도 (After Hurrell, Dickson 2005).

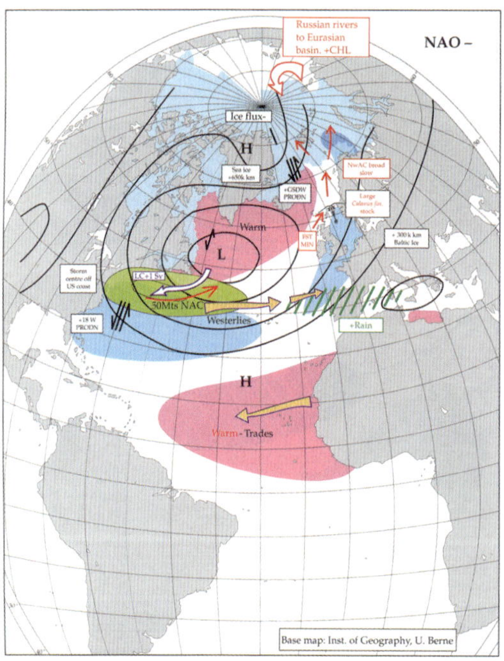

Plate 1b A schematic of the Atlantic–Arctic sector under NAO-negative conditions. The following will explain the abbreviated text and symbols and provide references to the sources of information.

Fig. 1-4b. A schematic of the Atlantic-Arctic sector under NAO-negative conditions (After Hurrell, Dickson 2005).

Fig. 1-4b. 북대서양진동(NAO)지수가 부(-)일 때의 대서양-북극구역의 기압배치모식도 (After Hurrell, Dickson 2005).

북대서양진동(NAO)과 그 생태계에 대한 영향 : 북대서양진동의 영향으로 나타나는 육상 및 해양생태계의 변동을 모식도로 나타내었다(Fig. 1-5).

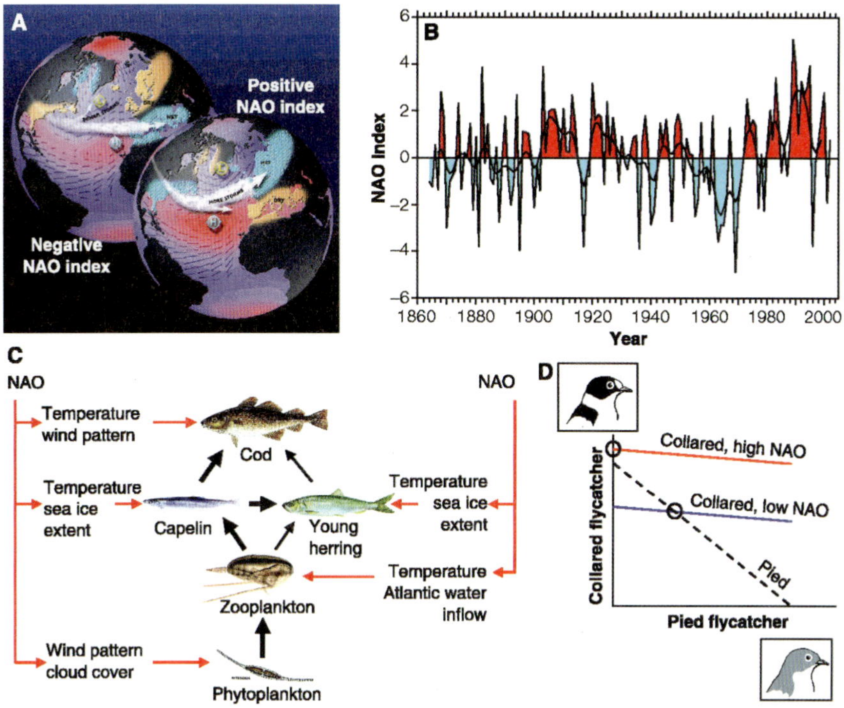

Fig. 1-5. The North Atlantic Oscillation(NAO) and examples of the ecological effects. (Stenseth et al. 2002). (http:/www.cgd.ucar.edu/cas/hurrell/Data).

Fig. 1-5. 북대서양진동(NAO)과 그 생태학적 영향의 사례(Stenseth et al. 2002) (http:/www.cgd.ucar.edu/cas/hurrell/Data).

(A) NAO지수의 정(+)의 기간(Postive NAO index)과 부(−)의 기간(Negative NAO index) 일 때의 대서양의 기압배치형태를 나타낸다.[Graph; www.ldeo.columbia.edu/NAO].

(B) 과거 140년의 동계 NAO의 시간적 진화(Index at www.cgd.ucar.edu/jhurrell/nao.html)를 나타낸다. 높은(낮은)지수의 동계는 적(청)색으로 나타내었다.

(C) 바렌츠해(Barents Sea)의 식물 및 동물플랑크톤, 열빙어(capelin, *Mallotus villosus*),청어(herring, *Clupea harengus*) 및 대구(cod, *Gadus morhua*)등을 포함한 단순화된 식물망. NAO지수의 정(+)의 위상은 남으로부터의 난수수송량 및 운량의 증가와 기온의 상승에 따른 바렌츠해의 생태계의 변화를 통하여 어류의 성장과 생존에 직, 간접적인 영향을 미친다.

(D) 중부유럽의 새 pied flycatcher(*F. hypoleuca*)와 collared flycatcher(*F. albicollis*)의 번식장이 중부유럽에서 중첩된다. 두 종이 보금자리를 두고 경쟁한다. 등경사선은 각 종이 밀도의 변화가 없는 밀도−조합을 나타낸다. NAO지수의 높은 정(+)이 위상동안에는 collared flycatcher는 pied flycatcher를 능가하고, 낮은 부(−)의 기간에는 두 종간의 균형이 잡힌 경쟁적 상호작용으로 안정된 공존을 유지할 것이다.

북동대서양(예, North Sea)에서 기후지수(예, NAO)에 관련된 생태계의 체제변화 ;

해양생태계의 체제변화를 확인하려면 (1)상이한 영양단계, (2)군집구조의 수준, (3) 주요수종(key species) 및 (4) 다양도(diversity)와 같은 생태계의 특성에 계단식 변화가 탐색되어야하고 (5) 생태계의 변화가 수리기후적변이성(hydro-climatic variability)을 반영할 수 있어야한다. 북해(North Sea)의 체제변화는 3대 특징에 관련하여 일어났다. 즉 (1) 국지적 수리–기상학적 외력의 변화, (2) 해양생물지리학적 경계가 유럽대륙붕 서측으로 이동하고, (3) 북해(North Sea)로의 해수 유입량이 증가하고, 이들 특징이 서로 관련을 가지고 공통된 대규모 기후적 외력에 영향을 받았다. 북해 해양생태계의 체제변화를 일으키는 과정별 요인으로 ① 기후변동지수(NAO, NHT) → ② 풍향/풍속, 표면수온 → ③ 해류의 유향/유속, 유입수량, 성층상태 → ④ 기질 비오톱 성분(이류과정), 안정비오톱 성분(지리적으로 안정된), 대륙붕상의 해양 생물지리적 변화 → ⑤ 해역 생태계체제변화 → ⑥ 해역생태계의 온난한 역학적 체제(1987-1999)를 들 수 있다(Fig. 1-6).

따라서 북동대서양 특히 북해(North Sea) 해양생태계의 체제변동의 원인은 대규모적인 수리–기상학적 외력(hydro-meteorological forcing)의 현저한 변화에 관련된다. 1970년대 말 서부 유럽해분에서 일어난 변화(표면수온상승과 풍향 및 풍속의 변화)가 유럽대륙붕의 해양생물지화학적 경계의 지리적 변화를 유발하여 1982년 이후의 체제변화를 일으키는 원인이 되었다. 그리고 대규모적인 수리–기후적 힘이 국지적 수리–기상학적 변화성을 수정하고 직접 1987년 후의 북해생태계에 영향을 미쳤다(Beaugrand 2004).

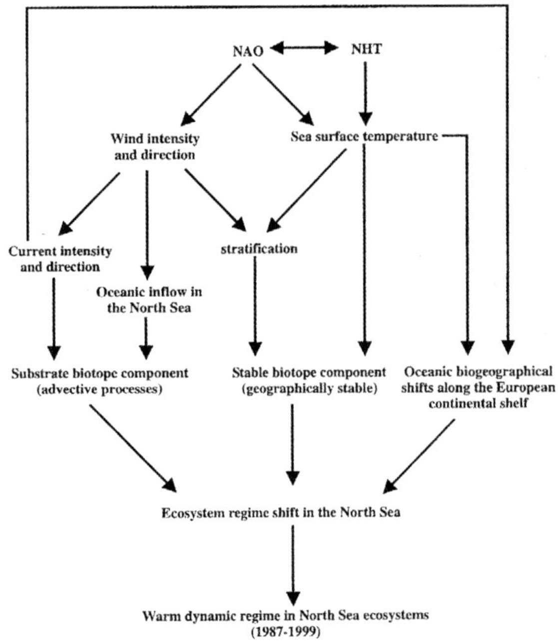

Fig. 1-6. Factors and processes thought to be involved in the North Sea ecosystem shift (After Beaugrand 2004).

Fig. 1-6. 북해생태계의 변화에 관련되리라 생각되는 요인과 과정 (After Beaugrand 2004).

1.2 지구온난화와 생태계의 변동(Global warming and ecosystem fluctuations)

(1) 지구온난화에 대한 해양의 역할 (Ocean plays an important part in the global warning)

지구온난화는 인간 활동에 의하여 이산화탄소와 같은 온실(온난화 효과)가스가 대기에 방출되어 기후가 변화하는 현상이다. 인간 활동에 의하여 대기에 증가하는 온실가스 농도는 20세기 지구온난화의 가장 중요한 원인인 것 같다(Figs.1-7)(Jones et al.1999,2001, Brohan et al. 2006). 해양은 지구온난화에 대하여 이산화탄소의 큰 저장고로서 방출된 이산화탄소의 일부를 흡수하여 큰 열용량으로 온난화를 지연시키는 두 가지 역할을 한다. 현재 방출된 이산화탄소의 약 3할이 해양에 흡수되고 전지구의 온도상승은 온실가스로부터 기대되는 온도상승의 반분정도이다.

온난화의 예측을 위한 연구는 다음 두 연구과정으로 진행된다. 첫째, 대기 중의 이산화탄소농도의 예측인데 이것은 화석연료소비량, 산림벌채량, 육상식물의 흡수량과 해양의 흡수량이 현재 어떻게 되어있어 금후 어떻게 될 것인가? 라는 탄소량 흡수로부터 대기 중의 농도에 대하여 장래 예측을 행하는 것이다. 두 번째는 지상기온이나 강수량등 기후변화의 장래 예측인데 이것은 주어진 대기 중 이산화탄소의 농도를 기초로 대기나 해양의 흐름 변화에 동반되는 지상기온의 상승이나 강수량의 증감에 대하여 예측을 행하는 연구이다(Oceanographic Society of Japan 2001).

현재와 장래의 기후변동추세(climate trends)를 이해하고 모델화(modelling)하기위하여 장구한 과거의 기후변화에 대한 지식이 요구된다. 고대기후기록을 기초로 온도와 두 주요 순환특징인 ENSO와 NAO의 변화를 검토한 결과(Jones et al. 2001), 지난 30년 동안 지구평균온도는 11 및 12세기의 온난기보다 0.2℃ 더 높아서 지난 1,000년에 가장 온난하였다(Jones and Moberg 2003). 20세기는 1,000년의 기간에 가장 강한 온난추세(0.6℃/세기)를 경험하였다. 일부 최근의 ENSO의 변화는 1800년 이후 독특하였으며 반면 최근의 보나 성의 NAO치의 추세는 1,500년 이후 몇 번 출현하였을 것이다. 기후변동추세에 대한 불확실성은 흩어진 기후기록에 관한 광범위한 표본을 통하여 줄일 수 있을 것이다.

지구온난화가 일어나고 있다는 것은 널리 받아지고 있으나, 세계의 가장 큰 생태계, 해양상층영역에 대한 그 영향은 크게 알려지지 않았다. 우리는 북동대서양의 해표면의 온난화는 한랭수역의 식물플랑크톤의 증가와 온난수역의 식물플랑크톤의 감소를 동반한다는 것을 보았다. 이 지구온난화의 영향은 긴밀한 영양단계연결 때문에 초식성 요각류부터 육식성 동물플랑크톤을 통한 상향조정(bottom-up control)에 의하여 식물망의 상층으로 전달된다. 그러므로 장래의 온난화는 생태계서비스에 영향을 주고 이미 고갈된 어류 및 해산포유류개체군을 고갈시키므로 기초 및 2차생산체제의 공간분포를 바꿔놓을 것 같다(Richardson and Schoeman 2004).

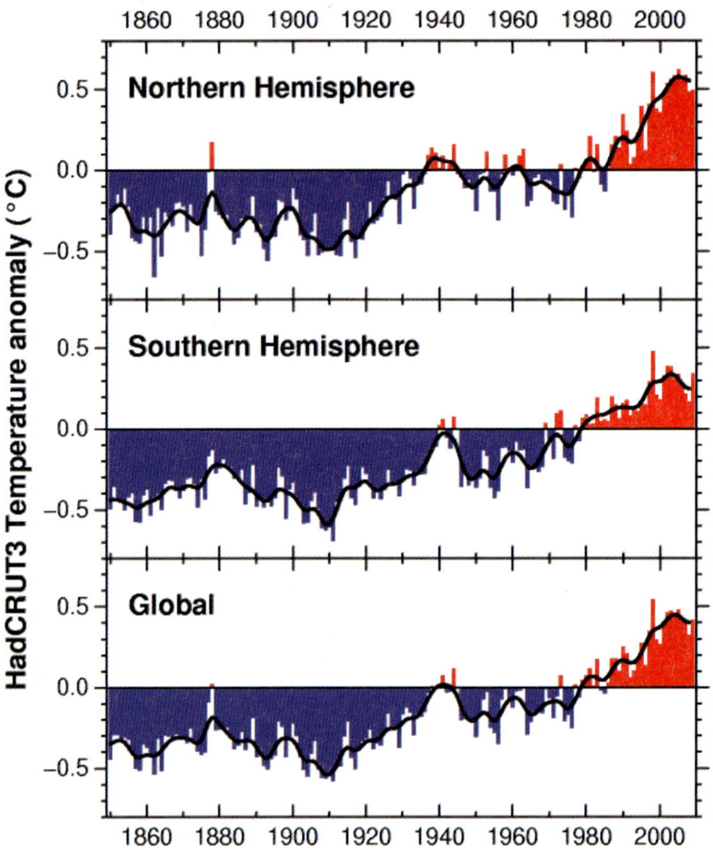

Fig. 1-7. Global air temperature anomaly, 1850-2007(Jones et al.1999, Brohan et al. 2006).
The time series shows the combined global land and marine surface temperature record from 1850 to 2007. The year 2007 was eighth warmest on record, exceeded by 1998, 2005, 2003, 2002, 2004, 2006 and 2001. This time series is being compiled jointly by the Climatic Research Unit and the UK Met. Office Hadley Centre. The record is being continually up-dated and improved.

Fig. 1-7. 1850-2007년의 지구온도편차(Jones et al.1999, Brohan et al. 2006).
이 시계열은 1850-2007년의 육지와 해양을 합한 표면온도기록이다. 2007년은 기록상 1998, 2005, 2003, 2002, 2004, 2006, 2001년에 이어 8번째의 가장 높은 온도를 보인 해이다. 이 시계열은 Climate Research Unit와 영국 기상청 Hadley Centre 에서 공동으로 편집되고 있다. 기록은 계속 갱신 및 개선되고 있다.

(2) 대규모 해양생태계의 급격한 온난화 (Rapid warning in the large marine ecosystems)

해양생태계-기반 관리는 대규모해양생태계(Large Marine Ecosystem, LME)에 관한 정보를 요구하므로 LME 내의 세계적 기후변화의 국지적 영향을 이해할 필요가 있다. 지난 50(1957-2005)년간의 세계해양 LME의 표면수온변화율은 강한 지역적 차이를 보였다. 특히 최근 25(1982-2006)년의 급격한 온난화는 아한대환류역, 유럽근해 및 동아시아해역에 국한되었다. 이들 LME에서는 지구평균온도보다 2-4배 더 온난하였다. 가장 급격한 온난화는 육지로 둘러싸이거나 반 폐쇄된 유럽의 바다(발트해, 북해, 흑해) 및 동아시아해역(동해, 동중국해)과 뉴펀들랜드-라브라도 대륙붕에서 관측되었다(Fig. 1-8a). 태평양의 수온상승의 원인의 하나로 자오선방향의 순환이 약하여 적도용승이 약해진 것을 들고 있다. 이 순환의 약화는 적도태평양으로부터 CO_2의 방출을 약화시킨다(McPhaden and Zhang 2002).

인도양 LME 및 오스트레일리아-인도네시아해역의 온난화는 완만하였고 두 주요 용승해역(캘리포니아, 페루근해)에서는 약간 한랭함을 경험하였다. 아한대환류역의 온난함은 북대서양진동에 관련된 자연변화에 기인되는 것 같다. 폐쇄 및 반 폐쇄된 유럽과 동아시아해역의 대단히 급격한 표면온난화는 주요 산업 및 인구집결에 따른 육지온난화가 인근 연안해역에 직접영향을 미친데 기인되는 것 같다. 유럽 및 동아시아 바다에서 담수의 영향을 받은 해역은 지구온난화영향을 지역적 규모에서 조절 및 강화시키는 특별한 역할을 하는 것 같다(Belkin 2009).

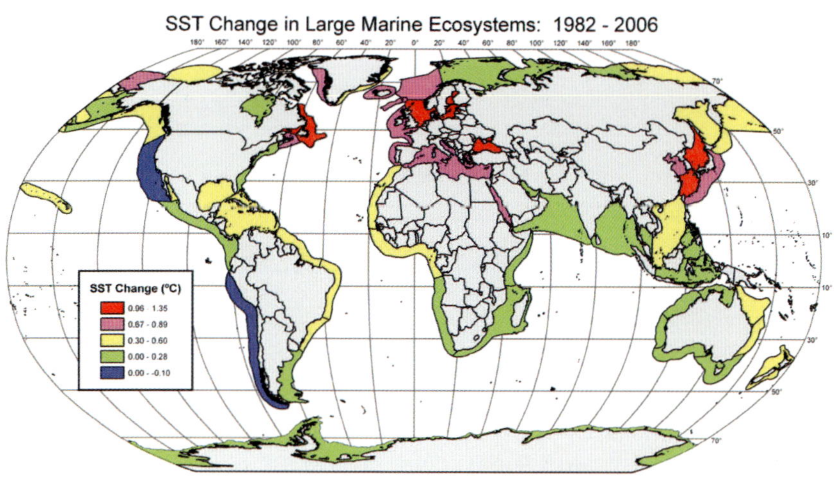

Fig. 1-8a. Net SST change(° C) in Large Marine Ecosystems, 1982-2006. Rapid warming(red and pink) is observed around the North Atlantic Subarctic Gyre, in the European Seas, and in the East Asian Seas. The Indian Ocean LMEs and Australian-Indonesian seas warmed at low rates. The California and Humboldt Current LMEs cooled(After Belkin 2009).

Fig. 1-8a. 대규모해양생태계(LME)의 25(1982-2006)년간의 표면수온(SST) 변화(℃).
북대서양아한대환류, 유럽의 바다, 동아시아 바다에서 급격한 온난화(적색 및 핑크색)가 관측되었다. 인도양 LME 및 호주-인도네시아바다는 낮은 율로 온난화되었다. 캘리포니아해류 및 페루근해의 Humboldt 해류에서는 한랭화 되었다(After Belkin 2009).

(3) 동아시아해역의 온난화(Rapid warming in the East Asian Seas) :

지난 2008년의 연평균해면수온의 전지구평균의 평년차는 +0.12℃로 통계를 개시한 1891년 이후로 10번째로 높은 치를 보였다. 연평균 해면수온의 전지구평균은 수년에서 수10년 시간규모로 해양–대기의 변동이나 지구온난화등의 영향을 중첩으로 받아 변하고 있으며 특히 1990년대 후반부터 장기적인 경향을 윗돌아 고온이 되는 해가 자주 나타나고 있다.

동아시아 해역중에 Kyushu, Okinawa해역 한국동해중부 및 남부, 일본 남방해역에서 2008년까지 100년간에 해역평균 표면수온(연평균)의 상승률은 +0.7~+1.7℃/100년이다. 이 상승률은 세계전체에서 평균한 해면수온의 상승률(+0.50℃/100)보다 크다. 황해 및 동중국해, 동해남부, 관동남부, Shikoku, Tokai근해북부에서는 해표면수온의 상승률은 기온의 상승률(+1.1℃/100년)과 거의 같다. Hokkaido 주변, 일본의 동남부해역, 한국동해북동부에서는 해역평균 표면수온(연평균)에 통계적으로 유의한 장기변화가 없다(JMA 2009).

황해 및 동중국해의 수온상승률 : 동중국해와 황해에서 2008년까지 100년에 걸친 해역평균표면수온(연평균)의 상승률은 황해에서는 +1.3 /100년, 한국남해를 포함한 동중국해북부에서 +1.3 /100년, 동중국해 남부에서 +1.2 /100년, 타이완북동부(先島諸島주변)에서 +0.7 /100년이다. 황해와 동중국해에서는 세계전체나 북태평양전체에서 평균한 해면수온의 상승률(각각 +0.50 /100년, +0.46 /100년)과 비교하면 2배 이상 높다. 황해와 동중국해의 해역표면수온은 기온의 상승률과 거의 같다. 계절별로는 모든 계절에서 유의한 상승경향을 보이고 황해와 동중국해에서는 동계(1–3월)에 상승률이 가장 크고 타이완북동부 (先島諸島주변)에서는 가을(10-12월)에 상승률이 가장 크다.

동해의 수온 상승률 : 한국 동해에서 2008년까지 100년에 걸친 해역평균표면수온(연평균)의 상승률은 중부에서 +1.7℃/100년, 남부에서+1.3℃/100년이다. 이것은 세계전체와 북태평양전체에서 평균한 해표면수온의 상승률(각각 +0.5℃/100년, +0.46℃/100년)의 거의 2–3배의 크기이다. 특히 동해남부의 해역평균해면수온(연평균)은 기온의 상승률과 거의 같으나 동해중부해역의 해면수온은 기온보다 큰 상승률을 보인다(Fig. 1-8b). 동해중부의 수온이 기온보다 상승률이 큰 이유는 확실하지 않으나 유라시아대륙의 중국동북부에서 연평균기온의 상승률은 약 2℃/100년, 동계의 기온의 상승률은 약 3℃/100년인 것으로 봐서 대륙기온과 여기서 배출된 온난한 하천수의 유입에 따른 상승의 영향이 큰 것 같다. 그리고 해양의 순환(해류의 유로 및 유량)의 변화나 해양대기간의 열수지변화의 영향도 받고 있을 것이다. 같은 동아시아해역에서도 해수온의 온난화가 소지역에 따라 차이가 있고 북부에서는 상승률이 낮은 것으로 봐서 전부 지구온난화의 영향이라 볼 수없다. 계절별로는 동해중부 및 동해남부에서는 동계(1-3월)에 상승률이 가장 높다. 동해중부의 계절별 해면수온의 상승률은 동계(1-3월)에 +2.4℃/100년, 춘계(4-6월)와 추계(10–12월)는 +1.9℃/100년으로 어느 계절이나 아주 높은 것이 특징이다.

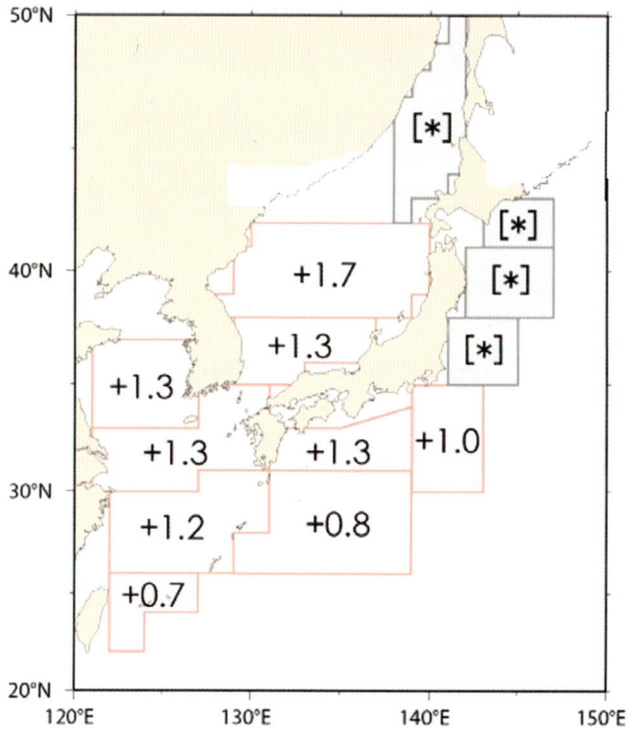

Fig. 1-8b. Long-term warming rates of SST in the East Asian Seas (After JMA 2009).

Fig. 1-8b. 동아시아해의 표면수온(SST)의 상승률(After JMA 2009).

동아시아해역의 최근의 온난화 : 동중국해의 최근(1982–1998년)의 SST는 2.2℃ 상승하여 상승률은 1.4℃/10년으로 지구상승률의 10배 이상이었다. 이 극도의 높은 상승률은 동중국해 서부의 동계의 급격한 온난화(>0.8℃/10년)와 밀접한 관계를 가지며 이 해역은 특별하게 빠른 온화(1982-2003년의 1.0℃/10년)를 보인 Yangtze강 하구를 포함한다. 황해의 온난화는 뚜렷하였으나 그 크기는 두 지연된 1977 및 1981년의 한랭기간(cold spell)에 의하여 과장되었다. 동계의 SST는 황해중부에서 상승률 >0.4℃/10년을 보였다. 쿠로시오해류 LME에서는 1981–1998년에 가장 급격하게 온난화하여 이때 SST는 1.5℃(~0.9℃/10년)로 상승하여 지구상승률의 거의 7배에 달하였다(Belkin 2009). 한국동해에서 가장 급격한 온난화는 1986–1998년에 나타났으며 이 기간에 SST는 2℃(1.67℃/10년)상승으로 지구상승률의 12배 이상이었다. 이 온난화는 동해의 북부와 남부에서 공간적으로 일정하지 않았는데, 그것은 이 바다의 전선을 경계로 그 북부와 남부의 열적 역사가 달라 서로 상관성이 약하기 때문이다(Park and Oh 2000).

한국근해의 급격한 온난화 (Rapid warming in the Korean waters)

대한해협서수도(부산-Tsushima Island 사이)에서 과거 70년(1921-1990)동안에 표면수온의 상승경향(상승률0.004 /yr, 0.4 /100yrs)이 인정되었다(Jo et al.1997). 국립수산과학원이 해양관측정선(Fig. 2-4)에서 측정한 동해, 한국남해(동중국해북부) 및 한국서해(황해의 동부)의 표면수온(SST)은 최근 41년(1968-2007)에 평균 1.04℃ 상승하였으며. 이 기간에 동해의 SST는 0.9℃, 남해는 1.14℃, 서해는 1.09℃ 상승하였다((Suh et al. 2003, NFRDI 1962~2008). 특히 1980년대 후반에 일어난 기후체제변동(1988/1989년)이후에 온도상승률이 현저하게 크다. 한국근해의 해역별 표면수온의 평년편차(Fig 1-9)에서 동해의 평년치로부터 편차가 황해 및 남해 보다 더 큰 것이 특징이다. 한편 이 기간에 동해의 100m 이심의 중층 수온은 오히려 낮아졌는데 이것은 표면수온의 상승으로 성층이 강화됨에 따른 결과이라 추정된다. 이와 같은 한반도 주변해역 상층수의 온난화에는 지구온난화에 관련된 기온의 상승과 산업 및 인구집결과 가열된 하천 및 생활하수의 영향도 한몫하였을 것이다. 상층수온의 상승에 따른 해양구조의 변화는 기초생산의 개시 및 그 질적 수준에 영향을 미칠 것이다(Longhurst 1995). 이와 같은 지구온난화에 관련된 해양기후의 변동이 특히 한반도근해를 포함한 동아시아해역에서 현저하므로(Figs. 1-8a, 1-8b, 1-9) 금후 조직적인 조사가 요구된다.

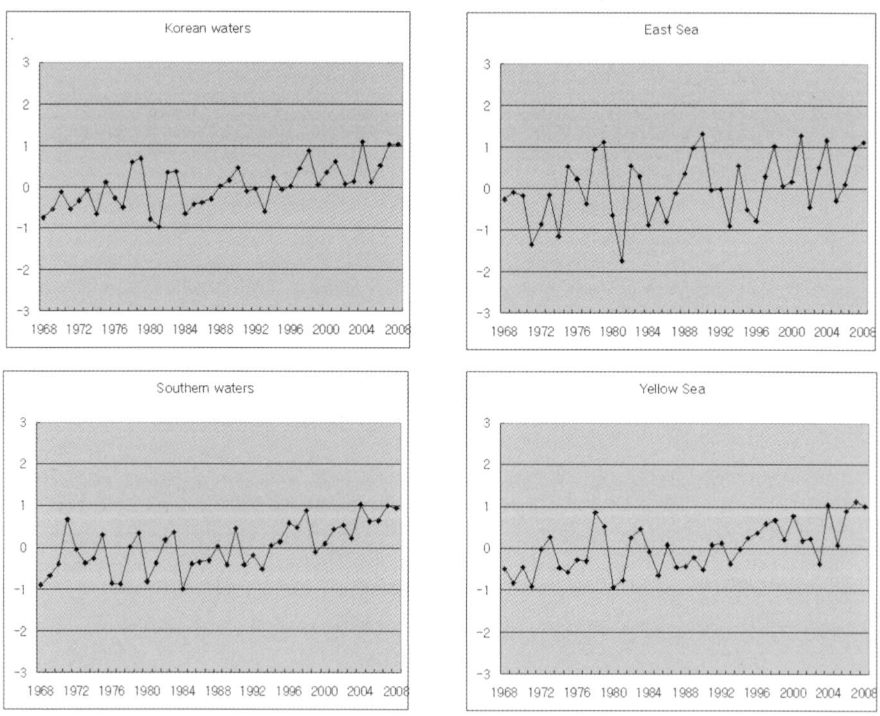

Fig. 1-9. Year-to-year sea surface temperature anomalies in the waters off Korea, 1968-2007.

Fig. 1-9. 한국근해표면수온의 40(1968-2007)평균으로부터 편차의 경년변동.

북서태평양의 쿠로시오 본류역의 온난화에 대한 해양생물지화학적 반응

(Marine biogeochemical response to a rapid warming in the main stream of the Kuroshio in the western North Pacific)

해양생물지화학적 인자와 생태계에 대한 기후변화의 영향은 중요한 환경문제의 하나이다. 최근 30년간 동중국해와 서부북태평양 쿠로시오주류역의 장기 수리학적 관측을 기초로 수온의 온난화와 해면상승이 해양상층생태계변화의 직접적인 증거임을 알게 되었다(Fig. 1-10). 동중국해의 쿠로시오 본류와 그 주변의 연평균표면기온 및 해면온도의 상승률은 10년에 0.15−0.21℃범위에 있어, IPCC(2007)가 보고한 1956-2005년의 10년간 지구평균온난화 0.128±0.026℃를 초과하였다(Trenberth et al.2007).

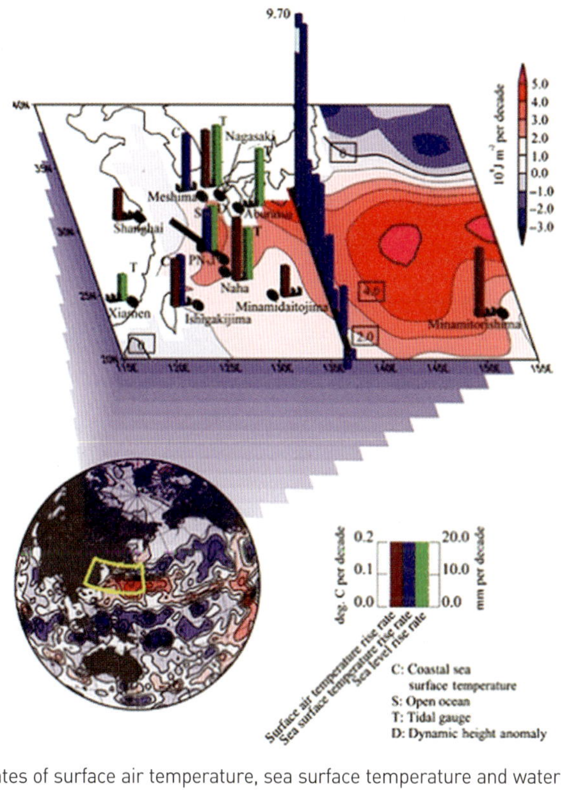

Fig. 1-10. Warming rates of surface air temperature, sea surface temperature and water column temperature, and sea level rise rates in the western North Pacific during the period from the 1970s to 2004. Contours represent the linear trend of ocean heat content for upper 0-300 m from 1973 to 2003. A thick black line in the East China Sea represents a location of hydrographic observation line called PN line and that south of Japan represents a location of hydrographic observation line called 137° E line (Aoyama et al. 2008).

Fig. 1-10. 1970연대부터 2004년까지의 서부북태평양의 표면기온, 해면수온, 수주온도의 온난화율과 해면상승률. 등치선은 1973-2003년 동안 상층(0-300m)의 해양열용량의 직선경향. 동중국해의 두터운 실선은 해양관측정선(PN line), 일본남부의 실선은 137° E 해양관측정선(Aoyama et al. 2008).

이렇게 급격한 온난화지역의 한 특징으로 세계적 온난수역의 동물 플랑크톤의 하나인 모악류 *Pterosagitta draco* 의 수량이 증가한 것이다. 동중국해의 쿠로시오주류역의 동물 플랑크톤 습중량, 200m이천의 식물색소 및 영양염류 농도와 같은 생물지화학적 인자가 감소한 반면 용존산소량은 증가하고 해수온도가 상승하였다. 이들 생물지화학적 인자의 직접적인 영향은 온대해양의 변화를 예측하는데 도움이 될 것이다(Aoyama et al. 2008).

(4) 북해의 온난화(Warming in the North Sea)

기후변화에 따른 해산어류의 분포역의 이동(Climate change and distribution shifts in marine fishes)

기후변화는 생물종의 분포역(species ranges)을 극지방으로 몰아 분산능력을 억제하거나 적합한 서식장(habitat)을 제한하여 광범위한 멸종의 잠재적 결과를 낳는다. 어류에 대하여 기후변화는 성장, 생존, 재생산 혹은 다른 영양단계에서의 변화에 대한 반응을 통하여 분포 및 풍도를 크게 변화시킬 수 있다. 이것은 상업적 어업의 본질과 가치에 영향을 줄 수 있다. 종 고유의 반응(species-specific response)은 개체군 전환율(population turn-over rate)에 따라 변하게 된다. 빠른 세대전환을 하는 어류는 온도변화에 대하여 가장 빠른 생물 통계적 반응을 보이고 온난화에 대하여 더 강한 분포반응을 보인다. 최근에 특히 북해에 분포중심을 둔 저서어류(90종) 분포의 대규모적이고 장기적인 기후관련변화에 대한 연구 결과가 보고되었다(Perry et al. 2005).

북해(North Sea)의 수온은 1962년과 2001년 사이에 평균 0.6℃ 상승하였다. 북해의 연평균 표면수온은 2020년에 0.5-1.0℃ 증가하고 2050년에 1.0-2.5℃ 그리고 2080년에 1.5-4.0℃로 증가할 것으로 예측된다. 북해의 개발 및 미개발 어류의 분포가 최근의 수온상승에 뚜렷하게 반응하여 지난 25년간에 거의 2/3의 어종들의 평균위치 및 분포수층이 바뀌었다. 북해에서 북 혹은 남으로 분포연변을 가진 어종들의 반은 온난화에 따라 경계의 변동을 보이고 한 종을 제외한 모든 종이 북으로 치우쳤다. 기후관련 위도변화를 보인 대부분의 어종은 연직적으로 수층변화를 보였는데 이것은 북해의 수심이 개략적으로 위도와 정 상관관계를 가지므로 놀랄 일이 아니다. 도다리(plaice)와 가오리(cuckoo ray)를 포함한 6종은 온난화와 함께 더 깊은 수층으로 이동하였으나 위도는 변하지 않았는데 이것은 그들이 국지에서 외해 혹은 심층수괴로 이동함으로써 기후변화에 대한 반응을 가졌음을 암시한다. 분포가 변한 종들은 그렇지 않은 종보다 더 빠른 생활주기(life cycle)를 가지고 몸 크기도 더 작았다. 온도가 더 상승하면 분포와 군집상호작용의 계속적인 변화를 통하여 상업적 어업에 격심한 영향을 미치게 될 것이다. 이 연구는 기후변화가 해산어류의 분포에 탐지 가능한 영향을 가진다는 것과, 관찰된 온난화에 따른 분포경계의 이동율은 장래의 분포역의 이동이 현저할 것임을 지시한다.

1.3 북태평양의 대기 및 기후변동
(Changes in atmospheric and climatic conditions in the North Pacific)

(1) 기후지수에 나타난 기후체제변동
(Climate regime shift manifested in the climate indices)

기후변동지수에서 나타나는 중요한 기후체제전환(climate regime shift)을 보기위하여 기후변동에 관한 4개의 기후지수(climate indices)와 그들의 누적합계(CuSum) 편차의 시계열을 비교하였다(Fig. 1-11). 연평균(5월-다음해 4월) 남방진동지수(SOI)는 1950-2000년에 큰 경년변동을 보였다. 특히 1976년에 뚜렷한 변화가 일어났으며, 이해부터 SOI는 정(+)에서 부(-)의 편차(1988년 제외)를 보여 El Niño 추세가 1977년 이후에 특히 1990- 1995년에 강화된 경향을 보였으나 La Niña는 1976년까지와 1998년 이후에 명백하였다.

SOI의 편차누적(CuSum)곡선은 1976년 및 1998년에 급격한 변화를 보였다 .태평양10년 진동(PDO)지수와 북극진동지수(AOI)는 10년 규모의 변동형태를 보여 PDO와 AOI에서 1977년 및 1989년에 그리고 AOI에서는 1971년에 뚜렷한 변화를 보였다. 동계의 계절풍지수(MOI)는 1987년경에 정(+)에서 부(-)의 편차로 급변하여 아시아계절풍이 약해졌음을 나타내고 1970년대 중기에는 뚜렷한 변화를 보이지 않았다. 결국, 1976/77년에 일어난 급격한 기후변화는 SOI, PDO 및 AOI에서는 공통적이었으나 1980년대 후반(1988/89)의 변화는 MOI, PDO 및 AOI에서 공통적으로 볼 수 있었다. 이들 4개 기후지수는 또 1990년대 후기에 가능한 변화를 나타내었다.

(2) 북태평양의 수10년 기후변동(Decadal climate shifts in the North Pacific)

겨울의 북태평양의 기후변동을 지배하는 것은 알류샨저기압(Aleutian Low Pressure)이다. 알류샨저기압의 지표인 북태평양지수(NPI)는 1920년대, 1940년대 및 1970년대에 급격한 변화 즉 기후체제변화(climate regime shifts)가 일어났으며 북태평양의 기후변동을 특징짓는다. 이에 관련되는 북태평양10년 진동(PDO)지수는 1920년대의 변화는 불명요하나 1940년대 및 1970년대의 변화를 명확하게 보였다.

1970년대의 기후체제변화는 아한대전선과 아열대전선에 특히 강한 진폭을 가졌음이 알려졌다. 최근에 편집된 SST자료에도 1940년대의 기후체제변화에 같은 특징을 보였다. 더욱 1940년대의 변화는1970년대의 변화에 비하여 극동해역에 큰 SST변화를 일으켜 이곳의 기후변동에 큰 의미를 가진다. 한편, 1988/89년의 기후체제변화는 NPI 및 PDO에서 보여주는 바와 같이 알류샨저기압의 변화로서는 미약한 것이고 PDO지수에도 극히 짧은 기간에만 편차가 지속되고 1920년대, 1940년대 및 1970년대의 기후체제변화와는 성질을 달리하는 것 같다. 더욱, 1988/89년의 변화는 북극진동지수(AOI)에 명확한 변화가 인정되는 것으로 봐서 북태평양이 아니고 북극권 혹은 북대서양이 변동중심이었던 것 같다. 따라서 이 기후체제변화는 다른 중요한 변화와 구별하여 미소 체제변화(minor regime shift)라 볼 수 있다. 그러나 이 미소 기후체제변화는 북태평양 전체의 변동을 이해하는데 국한되고 1988/89년의 기후변화는 황해를 중심으로 하는 한반도근해에 큰 영향을 미쳐 이곳의 해양생태계의 변화를 보는 데는 1988/89년의 기후체제변화는 1970년대의 그것 이상의 중요성을 가진다.

지난 1920년대, 1940년대, 1970년대의 기후변동이 20-30년 간격으로 일어나고 관련되는 고대 기후자료에 50-70년의 주기가 인정되고 기후지수(NPI, PDO) 변동의 해석에 비슷한 주기성이 나타나므로 50-70년 변동이 제안되었다(Minobe 1997). 주기성이 인정되므로 1998/99년의 변화가 1970년대 기후체제변화의 반전일지 모른다. 따라서 새로운 체제가 20-30년간 지속할 것이 예상된다. 한반도주변해역을 포함한 극동해역과 북태평양의 수십 년 체제변화를 어떻게 해석할 것인가, 그리고 황해를 포함한 극동해역의 기후체제변동이 북태평양의 기후변동지수(NPI)뿐 아니라 북극을 중심으로 일어나는 북극진동(Arctic Oscillation), 시베리아고기압–동계계절풍과 어떤 관련을 가지는가를 이해할 필요가 있다. 이상의 대기, 해양의 물리적 현상과 생태계의 각 구성인자들을 지속적으로 감시조사(monitoring)하는 일은 이곳의 생물자원을 이용하는 우리들의 기본과제일 수 밖에 없다.

(3) 동해의 수10년 기후변동(Decadal climate regime shifts in the East Sea)

동해 상층(0-400m)의 고해상도(高解像度) 수온 격자자료에 의한 3차원 수온변동도면에서 이 바다는 뚜렷한 준 10년 변동이 인정되었다. 이 변동은 직접적으로 시베리아고기압의 북반부 변동과 관련된다. 이것은 동계 아시아계절풍(Asian monsoon)의 강약에 따라 생긴다고 본다. 북반구의 원격접속의 문맥으로 설명하면 동해의 준 10년 변동은 북극진동(AO)과 북대서양진동(NAO)에서 볼 수 있는 준10년 변동을 반영하고 있다고 볼 수 있다(Minobe 2000, 2007).

이상의 북태평양 및 그 인접해역 기후의 준10년 규모 변동은 알류샨저기압에 강하게 지배되고 그 하나의 특징이 기후체제변화(climate regime shift)이다. 이 기후체제변화라는 개념은 생태계의 연구와 기후변동연구를 연결하는 요인이 되어 최근 해양과학의 연구에서 큰 의미를 가진다. 그러나 한반도주변해역을 포함한 극동해역의 변화를 고려할 때는 알류샨저기압의 변동뿐 아니라 시베리아고기압의 변동에 의한 동계 계절풍의 변화가 중요하며, 특히 황해, 동중국해, 동해 및 오호츠크해 등의 북태평양의 연변해역에서는 북극진동(Arctic oscillation) 및 동계계절풍(winter monsoon)이 알류샨저기압(Aleutian Low Pressure)보다 강한 영향력을 가졌다.

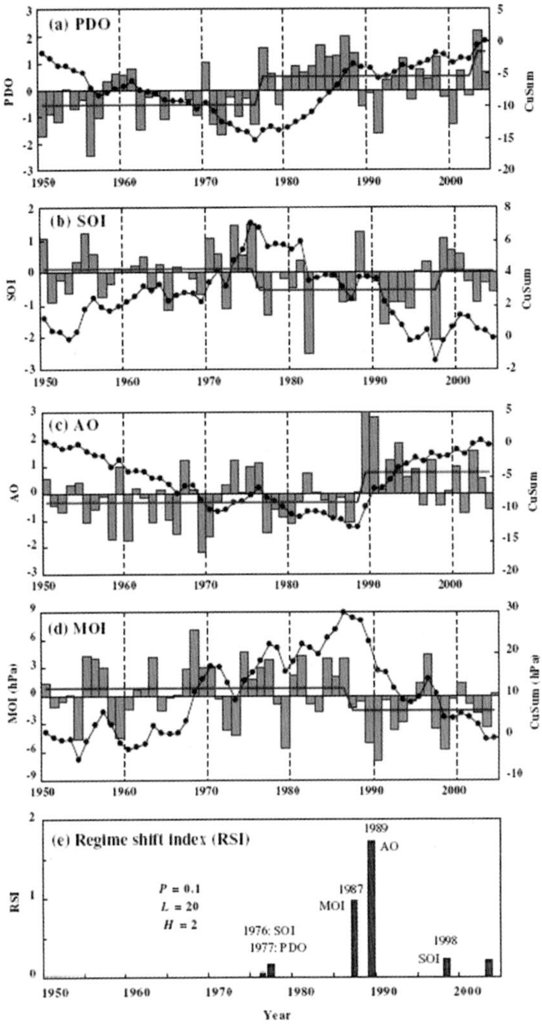

Fig. 1-11. Anomalies values (vertical bars), their cumulative sums (CuSum, solid circles) and step change detected by STARS (solid bold line) (a~d) and regime shift index (RSI) estimated by STARS for the four climatic indices from 1950 to 2004. (a) Winter Pacific Decadal Oscillation (PDO). (b)Annual Southern Oscillation Index (SOI) averaged during May through April. (c) Winter Arctic Oscillation Index (AOI). (d) Winter Asian Monsoon Index (MOI). (e) Regime shift index (After Tian et al. 2006, 2008).

Fig. 1-11. 55개년(1950-2004)의 4대기후지수(a~d) PDO, SOI, AO, MOI의 편차(연직기둥), 누적합계(CuSum, 흑점), STARS로 추적된 계단식 변화(a~d의 실선) 및 기후체제변동지수(RSI). (a) PDO(동계 태평양 10년 진동), (b) SOI(5월-다음 해 4월 평균 남방진동지수), (c) AOI(동계북극 진동지수), (d) MOI(동계계절풍지수), (e) 기후체제변동지수(RSI)(After Tian et al. 2006, 2008).

(4) 기후진동과 태평양 다랑어의 가입량 변동 (Climate oscillations and tuna recruitment in the Pacific Ocean)

태평양의 10년 기후진동(PDO)과 다랑어류의 가입량이 통계모델 MULTIFAN-CL (Hampton and Fournier 2001)과 공간환경모델 SEPODYM (Lehodey 2001)로 추정되었다. 적도태평양에서 1960-1976년에는 La Niña가 우세하고 1977-1998년에는 El Niño가 우세하였다. 추정된 가다랑어(skipjack)의 가입량은 El Niño기간에 높고, 남태평양의 날개다랑어(albacore)의 가입량은 La Niña 기간동안에 높았다. 날개다랑어의 가입은 2세에 일어나므로 시계열은 2년 뒤로 돌렸다(Lehodey 2005). 이들 어종들의 가입량사이에 직접적인 역상관관계가 있어 다음에 오는 해에 가능한 새 체제가 암시된다(Fig. 1-12).

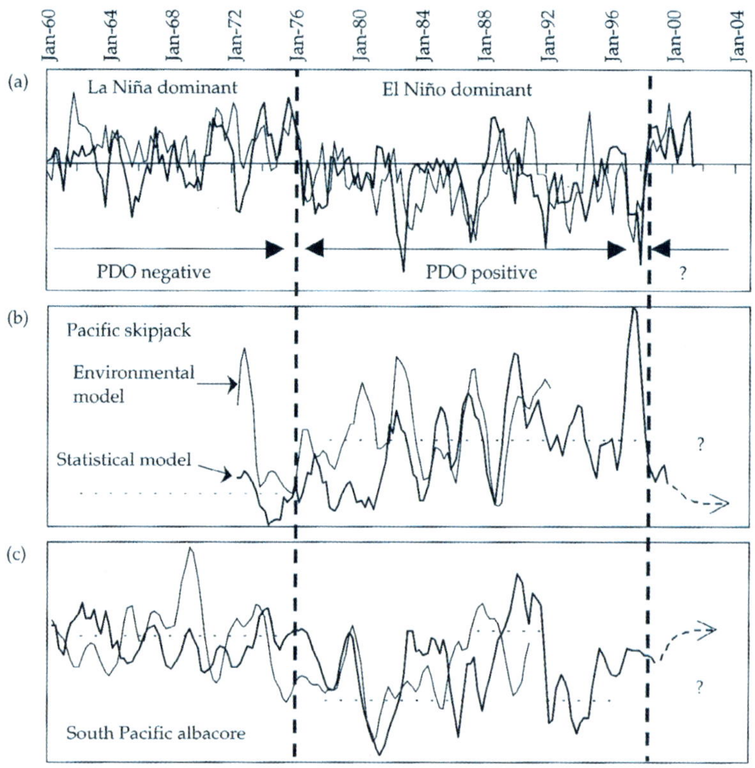

Fig. 1-12. Climate oscillations and tuna recruitment in the Pacific. (a) Fluctuation of the SOI (thick curve) and PDO (thin curve). Recruitment series from the statistical model MULTIFAN-CL(Hampton and Founier 2001) and the spatial environmental model SEPODYM(Lehodey 2001) for skipjack(b) and south Pacific albacore(c). There is a direct and opposite correlation between the interannual ENSO and decadal PDO signals and the recruitment of these species that suggests a possible new regime for the next coming years. The albacore series has been back-shifted by 2 years as the recruitment for this species is assumed to occur at age 2 years(it occurs after only one quater for skipjack). The question mark indicates unknown regime (After Lehodey 2005).

Fig. 1-12. 태평양의 기후진동과 다랑어류의 가입량 변동. (a)남방진동지수 SOI(두꺼운선) 및 북태평양 10년진동 PDO(가는 선)의 변동. 통계모델 MULTIFAN-CL(Hampton and Founier 2001) 및 공간환경모델 SEPODYM(Lehodey 2001)로 추정된 가다랑어(b) 및 남태평양 날개다랑어(c)의 가입량시계열. 경년적 ENSO 및 경 10년 PDO신호와 이들 어종의 가입량사이에 직접적 역상관관계가 있음은 다음 오는 해에 가능한 새 체제를 암시한다, 날개다랑어는 2년후에 가입(가다랑어는 1/4년에 가입)됨으로 시계열은 2년 뒤로 옮겼다. 의문표는 미지의 체제를 지시한다(After Lehodey 2005).

02

북서태평양 및 그 인접해역의 해양구조

(Ocean Structure in the Northwestern Pacific and its Adjacent Regions)

기후변화와 해양생태계

Climate Change and Marine Ecosystem

기후변화와 해양생태계

Climate Change and Marine Ecosystem

북서태평양 및 그 인접해역의 해양구조 (Ocean Structure in the Northwestern Pacific and its Adjacent Regions) 02

2.1 해저지형(Topography)

태평양북서부에는 세계에서 가장 깊은 해구(海溝, trench)들이 많다. 북쪽에 있는 알류샨해구는 알류샨열도를 따라 남으로 뻗어있다. 이것은 그 서쪽에 있는 코만드로스키군도 부근에서 알라스카만 까지 펼쳐있다. 알류샨해구의 최대수심은 7,822m이고 길이는 37,000km이다. 쿠릴–캄차카해구는 폐쇄된 캄차카남동부에서 알류샨해구의 서편까지 캄차카반도와 쿠릴열도를 따라 남서로 뻗어있다. 이 해구는 Hokkaido남부까지 2,200 km의 길이를 가지며 최대수심은 10,542m이다. 일본해구는 쿠릴–캄차카해구로부터 일본북부 연안을 따라 뻗어있다. 이 해구는 Izu(伊豆)반도근해까지 뻗어있으며 최대수심은 8,412m이고 길이는 800km이다. 그 남서편의 이주–보닌(Izu-Bonin)해구는 마리아나해구(Mariana Trench) 쪽으로 뻗어있고 최대깊이는 9,810m이고 길이는 800km이다. 마리아나해구는 20° N남쪽의 가장자리를 넘어 훨씬 남쪽까지 펼쳐있으며 길이는 2,250km이고 최대깊이는 11,034m로 세계에서 가장 깊다. 유구–남서제도해구는 유구열도외측에 있다. 이들 해구는 큐슈(Kyushu)남방으로부터 타이완(Taiwan)동쪽까지 뻗어있으며 길이는 2,250km, 최대수심은 7,507m이다. 이들 해구의 평균 폭은 50–90km로 비교적 협소하다. 예외적인 것은 쿠릴-캄차카 및 일본해구의 평균 폭은 100–130km이다(Fig.2-1a).

태평양의 북서부에는 6개의 주요한 해령(海嶺,submarine ridge)이 있다. 남혼슈해령(South Honshu Ridge)은 Izu-Bonin(Ogasawara)의 서방을 따라 Izu반도의 남쪽으로부터 수면까지 치솟은 화산정상을 가지며 12° N 남방의 마리아나해구까지 뻗어있다. 유구해령(Ryukyu Ridge)은 큐슈남단부터 유구열도를 따라 남으로 뻗어 필리핀의 루존 북단에 이른다. 큐슈–파라우해령(Kyushu-Palau Ridge)은 큐슈에서 남으로 뻗어 파라우(8° N)에 이른다. 황제해산(Emperor Seamounts)은 코만도로스키도의 남단에서 30° N, 175° E 부근까지 남으로 뻗어있다. 이 해산은 정상이 평탄하고 침수된 평정해산(平頂海山, Guyot-type seamount)으로 되어있다. 이들 가운데는 수심이 70-400m이고 지름이 30-80km인 평탄한 곳도 있다. 하와이해령(Hawaiian Ridge)은 황제해령의 남단으로부터 하와이군도(155° W)를 향하여 남동으로 뻗어있다. 미드웨이(Midway Island)북서부에도 몇개의 평정해산이 있다. 말크스–넥카해산(Marcus-Neker Rise)은 하와이해령 중앙부에서 말크스도를 향하여 뻗어있고 해산과 평정해산을 가지나 해저가 거칠다. 태평양북서부의 대륙붕(continental shelf)은 캄차카, 쿠릴열도, 일본 혼슈 및 유구열도의 태평양측을 따라 협소하게 형성되어 있으며 면적은 160,000km^2 정도이다. **오호츠크해(Okhotsk Sea)**의 심해대(深海帶, abyssal zone)는 이 바다의 남부의 반에 국한되고 쿠릴군도(Kuril Islands)의 북측해안을 따라 뻗어있는 오호스크해 심해평원Okhotsk Abyssal Plain)이라 불리는 초심해대(超深海帶, deep basin)로 구성되었다. 대륙붕은 서 캄차카, 오호츠크지역 및 사할린의 해안을 따라 잘 발달되어 있다. 오호츠크해의 면적은 1,590,000km^2 , 대륙붕은 620,000km^2 이다.

동해(East Sea)는 한반도, 아시아대륙 및 일본열도로 둘러싸여 북서태평양에 인접한 일연의 연해이다. 이 바다의 넓이는 약 1,300,000km², 길이1,600km, 폭 900km, 최대깊이 약3,700m, 평균깊이 약 1,540m 인 반 폐쇄해로 세계대양의 축소판으로 알려졌다. 이 바다는 해안을 따라 연장된 협소한 대륙붕(280,000km²)을 가지며 전체 면적(1.3백 만km²)의 약 60%이상이 1,000m이심의 심해대(abyssal zone)를 가진다. 이 바다의 해저지형(bottom topography)은 북동부를 향하여 타탈해협에 이르기까지 점차 치솟는다. 그리고 40° N 이남에서 해저지형은 점차 복잡하여 일련의 도서, 융기부 및 해곡으로 구성되었다. 주요 도서(섬)는 대한해협부근의 이끼(Iki), 대마도 한국근해의 독도와 울릉도, 혼슈서안의 오끼(Oki) 및 사도(Sado)등을 포함한다. 주요한 융기부는 대화퇴(Yamato Bank)와 북대화퇴(Northen Yamato Bank; Syunpu Bank)등이다. 이들 융기부는 각각 해면에서 285 및 435m이내에 있으며 하나의 깊은 해곡에 의하여 분리되었다. 대화퇴 남동부는 수심 3,000m 가 넘는 해곡이다. 한반도와 대화퇴 사이에 수심 3,000m 미만의 울릉해분(Ulleung Basin)이 대한해협을 향하여 뻗어있다. 이 바다는 협소한 타탈해협(Tatar Strait), 소야해협(Soya Strait), 쓰가르해협(津輕海峽, Tsugaru Strait)과 비교적 넓은 대한해협(大韓海峽, Korea Strait)으로 인접 해와 통하고 있다. 이 가운데 대한해협은 남서에서 북동으로 뻗어 있고 서수도(문지방깊이 204m)와 동수도(115m)로 구성되어 있다. 쓰가르해협의 최소 폭은 20m, 평균깊이는 약 120m 이고 문지방깊이는 130m이다. 소야해협은 비교적 넓으나(40km) 얕으며 문지방의 깊이는 50m 이다. 타탈해협은 협소(10km)하고 얕아(10m) 이 해협을 통한 해수의 교환은 대규모 순환에 미치는 영향이 거의 없다.

황해 및 동중국해(Yellow Sea, East China Sea) 의 전체면적(1,169,000km²)의 80%가 얕은 대륙붕(940,000km²)으로 구성되었다. 류구(Ryuku)군도의 내측에 연한 심해대(abyssal basin)와 전 해안의 천해에 산재하는 많은 도서를 제외하고는 이들 바다의 해저지형은 상당히 평탄하다(Fig.2-1b).

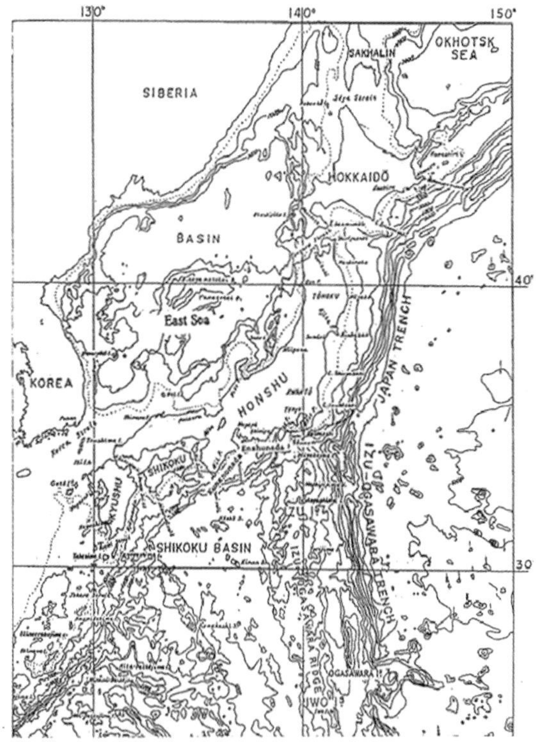

Fig, 2-1a. Bottom topography in the western North Pacific and East Sea.

Fig. 2-1a. 북서태평양 및 동해의 해저지형.

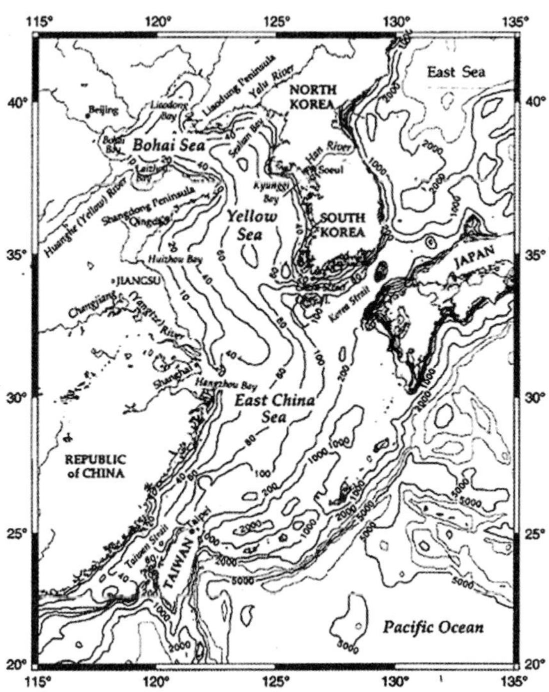

Fig, 2-1b. Bottom topography in the East China Sea and Yellow Sca.

Fig. 2-1b. 동중국해 및 황해의 해저지형.

2.2 북서태평양 및 그 인접해역의 해양물리학적 특징 (Hydrographic characteristics in the northwestern Pacific and its adjacent regions)

(1) 해양의 구조의 특징(Characteristics in ocean structure)

지구표면의 70%를 덮고 있는 해양은 수온, 염분, 수압 등의 물리적 특성치가 수평 및 연직적으로 크게 변하는 공간이다. 연안에는 간사지, 모래언덕, 암초가 있고 열대해역의 연안에는 맹그로브와 산호역이 전개되어있다. 육지와 바다의 경계지역에는 다양한 해조류와 해초가 번식하고 바다 안에는 생산력이 높은 해조장(海藻場)이 형성된다. 여기에는 해조류나 해초는 물론 이들 식물을 먹이로 하는 패류, 성게류, 갑각류 및 어류와 같은 식물식성 동물이 번식하고 이들 동물을 먹이로 하는 육식성동물이 군집하여 생산력이 높은 천해를 형성한다. 산호초해역에는 화려한 색채의 어류가 떼를 지어 유영하고 맹그로브(mangrove)숲에는 여러 종류의 패류와 갑각류가 서식한다. 그러나 연안을 벗어나 외양에 이르면 가끔 소형고래들이 떼를 지어 유영하고 해면을 스치는 물새가 보이며 연안에서 흘러온 바다 말(海藻)이 있으나 식물이 거의 보이지 않고 어류와 고래무리를 만나기 어렵다. 이와 같이 외양에는 해수가 단조롭게 펼쳐진 것 같으나 그 속에는 많은 부유생물과 유영생물(예, 샛줄멸, Myctophidae)이 있어 다랑어와 같은 대형어류의 먹이가 된다.

성질이 다른 해수가 접하는 조목(潮目)에 부유물 (flotsam)이 줄지어 있는 것을 볼 수 있다. 이것은 염분이 낮은 해수와 염분이 높은 해수가 접하는 곳이다. 다시 외양으로 나가면 수온과 염분이 높은 해류(예, 쿠로시오 혹은 동한난류)와 염분이 낮은 연안수간에 해양전선(oceanic front)이 형성된다. 동해로 흘러온 대마난류와 동해북부에서 남으로 흐르는 한랭하고 염분이 낮은 한류계수사이에 형성되는 해양전선은 극전선(Polar front) 혹은 아한대전선(subpolar front)이라 불린다. 인공위성으로 촬영된 해표면의 수온 분포를 보면 한반도근해의 난류계수와 한류계수를 기본으로 하는 복잡한 해양구조를 볼 수 있다(Fig.2-5a, 2-5b). 해양의 심층은 표층과 다른 세계이다. 세계에서 가장 깊은 마리아나해구는 수심 11,034m이며, 세계해양의 평균수심은 3,800m이다. 외양에서 표면으로부터 거의 200m까지의 상층에 태양광선이 투입되는 유광층(euphotic zone)에는 식물에 의한 광합성이 일어나고 그보다 깊은 외양에서는 미약한 태양광선 만 있는 세계이다. 다시 1,000m이심에는 태양광선이 전혀 이르지 않는 암흑의 세계이다. 수심 50−100m 부근에 수온이 급격히 낮아지는 층(수온약층, thermocline)이 있고 그 아래에는 다시 낮아진다. 동해의 심층에는 연중 0.5−1.0℃의 찬물로 채워지고 태평양의 심층에는 3−4℃의 냉수가 존재한다. 해수중의 염분은 표층에서 가장 낮고 쿠로시오와 대마난류의 중핵수(표층아래의 고온, 고염분의 해수)의 염분이 가장 높고 심층으로 내려가면 염분이 급격히 낮아지는 염분약층(halocline)이 존재한다. 수압은 수심 10m 증가 할수록 1기압씩 증가한다. 그러므로 해양동물은 100m층에서는 10기압, 500m층에서는 50기압의 압력을 받으며 생활하고 있다. 해양생물들은 연안과 외양, 북쪽과 남쪽바다 그리고 표층과 심층의 여러 환경에 적응하는 생활사를 발전시켜 육상동물과는 크게 다른 세계를 살고 있다.

(2) 북태평양의 해양구조, 순환 및 해류계
(Ocean structure, circulation and current systems in the North Pacific Ocean)

해양은 그 위를 부는 바람의 마찰력에 의하여 운동에너지를 공급받고 있다. 그 결과 표층에는 대규모의 순환이 생기고 이 순환은 바람이 일으킨다는 의미에서 풍성순환(風成循還, wind-induced circulation)이라 불린다. 따라서 대부분의 표층의 순환은 풍성순환이나 바람의 에너지는 심층에는 미치지 못한다. 심층의 흐름은 표층에 비하여 아주 약하고 심층의 순환은 해수의 냉각 혹은 가열에 의한 밀도의 변화로 생기는 열염순환(熱鹽循還, thermohaline circulation)이다. 북태평양의 표층 순환에서 가장 뚜렷한 것은 10° − 40° N의 고기압성(시계방향)의 순환계로 아열대순환계(Subtropical circulation system)라 불린다. 그 북측에 저기압성 순환계는 아한대 순환계(Subarctic circulation system)이다. 아열대순환계의 남부에서 적도에 걸쳐 비교적 강한 서향류와 동향류의 흐름이 있는 부분은 열대−적도순환계(Tropical-equatorial circulation system)라 불린다.

북태평양의 표면순환을 해상풍의 분포와 비교하여 보면 저위도에는 동에서 서로 부는 무역풍, 중위도에는 서에서 동으로 부는 편서풍 그리고 고위도에는 동에서 서로 부는 편동풍이 각각 탁월하다. 편서풍이 가장 강한 위도(40° N 부근)에서 무역풍이 가장 강한 위도(10° N부근)에 걸쳐 바람의 마찰이 해양을 시계방향으로 회전하도록 작용하여 아열대순환계의 흐름을 구동하고 있다. 한편, 아한대순환계의 흐름은 편서풍과 고위도의 편동풍에 의한 반시계방향의 마찰력에 구동되고 있다. 각 순환계의 서단 즉 서안부근에는 다른 해역에 비하여 10−100배의 강한 흐름이 있으며 이것을 서안경계류(western boundary current)라 부른다. 북태평양의 아열대순환계의 서안경계류는 쿠로시오(黑潮, Kuroshio)이다. 쿠로시오의 유속은 1−2ms^{-1}이며, 폭은 100km이고 매초 5천만 톤 이상의 해수를 수송한다. 쿠로시오는 방대한 열과 물질을 수송하고 그 변동은 기후뿐 아니라 수산자원의 변동에도 큰 영향을 미친다. 아한대순환계의 서안경계류는 오야시오(親潮, Oyashio)이다. 오야시오유속은 0.5ms^{-1} 이나 비교적 깊이까지 흐름으로 쿠로시오에 필적하는 유량을 가진다. 한편, 열대−적도 순환계에도 서안경계류는 존재하나 아열대, 아한대순환계 만큼 뚜렷하지 않고 북적도해류, 북적도반류, 남적도해류라는 동서방향의 흐름이 현저하다. 적도부근에는 중, 고위도보다 지구자전의 영향이 약한 것이 특징이다. 적도역의 특징의 하나는 엘니뇨(El Niño)이다.

해양은 대기와의 사이에 열을 주고받는다. 해면에서 출입하는 열을 단위면적, 단위시간당 열량으로 표시하는 것을 해면 **열흐름(heat flux)**이라한다. 세계해양의 해면 열흐름의 분포에서 정(+)의 값은 해양이 열을 흡수하는 것을, 부(-)의 값은 방출하는 것을 나타낸다. 열의 방출에서 해양은 냉각되고 흡수해역에서 더워지는데 각 해역의 연평균수온은 여러 해에 걸쳐 거의 일정하다. 결국 해양은 흡수하는 열을 그 장소의 열을 상승시키는데 쓰지 않고 열의 방출해역으로 수송하고 있다. 북태평양의 해면열의 흐름을 보면 저위도에서는 열을 흡수하고 중위도 특히 서부에서 방출하고 있다. 특히 쿠로시오해역에서 열의 방출량이 높다. 이것은 풍성순환인 아열대순환계가 열을 저위도로부터 중위도로 수송하고 있는 것과 관련된다. 특히 아열대순환계의 북서부에 현저한 열방출역이 있는 것은 쿠로시오가 이 해역에 대량의 난수를 가져오기 때문이다.

태평양의 주요 물리적 특성을 보이는 순환계에 대형 회유성 부어류인 가다랑어(skipjack) 및 날개다랑어(albacore tuna)의 분포역과 그들의 치어 출현 범위를 나타내었다(Fig.2-2). 가다랑어의 분포역은 열대해역에 국한되고 날개다랑어는 온대해역까지 분포하는 것을 볼 수 있다. El Ni o기간에는 서부열대해역의 더운물덩이(warm pool)에 분포하는 가다랑어 분포중심이 동방으로 치우쳐 어군을 쫓는 어선들은 평상시보다 수십 마일 동으로 이동해야한다(An et al. 2003). 다랑어류 가운데 가장 표층에 서식하는 가다랑어의 치어는 북적도해류에 기원을 둔 쿠로시오에 실려 아열대환류(Subtropical gyre)의 북서부연변까지 수송된다.

북태평양의 상층수는 염분이 낮으므로 성층(stratification)이 대서양보다 더 강하다. 북태평양의 표면수의 강한 성층과 저염은 비교적 얕은 혼합층과 수온약층 및 혼합층기저의 낮은 경사를 유발한다. 따라서 연직양수량(24.1 Sv)은 Ekman 펌핑(28.8 Sv)과 비슷하고 측면유도율(lateral induction rate, 9.0 Sv)은 비교적 적다. 북태평양에서 특히 아한대해역은 강한 염분약층이 형성되어 과잉강수에 기인하는 자오선방향의 overturning cell이 약하다. 북태평양의 통풍수온약층기저(ventilated thermocline base)의 최대깊이는 500m에 달한다(Huang and Qiu 1994).

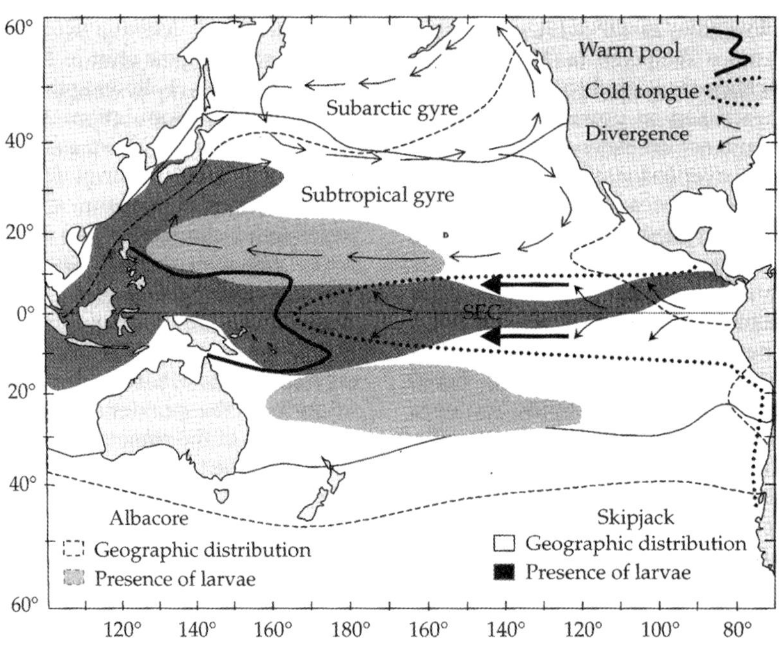

Fig. 2-2. Schematic map of the Pacific Ocean showing the main physical feature. Characteristics of the skipjack and albacore populations have been superimposed(After Lehodey 2005).

Fig. 2-2. 북태평양의 주요 물리적 특징을 나타내는 모식도. 가다랑어 및 날개다랑어 개체군과 그들의 치어의 분포범위를 같이 나타내었다(After Lehodey 2005).

(3) 북서태평양의 해류계(Current systems in the Nothwest Pacific)

태평양 북서부의 해황은 북쪽의 냉수괴, 남쪽의 난수괴 및 중간수괴의 수렴에 의하여 특징지어진다. 쿠릴(Kuril)열도–일본(Japan)–유구(Ryukyu)열도에 연한 해역은 두 해류에 의하여 현저하게 영향을 받는다. 열대기원의 난류인 쿠로시오(黑潮,Kuroshio)와 아한대기원의 한류인 오야시오(親潮,Oyashio)는 각각 남과 북으로부터 일본열도를 따라 흐르며 일본 동부해역(40° N부근)에서 수렴(收斂,convergence) 하여 해양전선(海洋前線, oceanic front)을 형성한다. 이것은 기후뿐만 아니라 생물학적 환경에도 영향을 미친다. 아주 풍부한 동물과 식물군은 극지–북방성(Arctic-boreal), 온대성 및 아열대성 종들에 의하여 특징지어진다.

쿠로시오(黑潮,Kuroshio) : 북적도해류에 기원을 둔 쿠로시오는 10° - 20° N을 따라 서방으로 흐르다가 필리핀근해에서 북으로 흐름의 방향을 바꾼다. 필리핀군도와 타이완(Taiwan)사이에서 쿠로시오는 유구열도(Ryukyu Islands)를 지나 북동으로 흘러 일본남부에 접근하여 동으로 향하다가 일본중부(35° – 40° N)의 연안을 떠나 동으로 흐른다(Fig.2-3). 유구열도부근의 쿠로시오로부터 나눠진 대한난류(大韓暖流, Korea Warm Current) 즉 대마난류(對馬暖流, Tsushima Warm Current)는 한국남해를 지나 동해로 유입한다. 쿠로시오의 표면유속은 1–3노트(1knot=1시간에 1해리 즉1,852m 전진하는 속도)이며 동계(1-3월)에 1.0–1.7노트, 하계(7-8월)에는 1.8-2.9노트이다. 쿠로시오의 유속이 1노트이상이 되는 유대의 폭은 평균 60km이고 그 흐름의 중심은 연안에서 100–200km에 이른다. 일본남부에서 수심 1,500m까지의 쿠로시오의 스벨드럽 유량(Sverdrup volume transport)은 약 $65 \times 10^6 m^3 sec^{-1}$(65 Sv)이다

쿠로시오의 유속과 유량은 7–9년의 장주기 변동을 보인다. 쿠로시오의 수온은 대서양의 만류(Gulf Stream)의 하계의 수온(25–27℃)과 같다. 염분은 최고가 35psu이므로 만류의 염분(36.5psu)보다 낮다. 동-춘계(1–5월)에 수온분포의 연직경도는 불명요하고 투명도는 상층에 번식하는 식물플랑크톤의 농밀한 분포로 감소한다. 하계에는 100m층 부근에 수온과 염분의 현저한 불연속층이 형성되므로 밀도약층(pycnocline)이 뚜렷하게 나타난다.

쿠로시오사행성(蛇行性, meandering) : 일본 혼슈남방을 따라 흐르는 쿠로시오의 유로와 유량은 변동이 심하여 연안가까이 직진하는 경우도 있고 남방으로 치우쳤다가 북동으로 흐르기도 한다. 연안을 따라 흐르면 쿠로시오의 따뜻한 해수가 연안으로 흘러들어 이상 조위(潮位, sea level)가 일어나고 어류의 치자가 연안으로 수송되기도 한다. 이와 같이 이 해역의 어류의 분포가 쿠로시오의 흐름에 좌우되는 일이 많아 그 유형에 관심이 많다. 키이(紀伊)반도근해부터 호소(房總)반도근해까지의 쿠로시오의 유로는 5 형태로 나눠진다. ① 이 해역을 직진하여 흐르는 N형, ② 가장 남쪽으로 치우쳐 이주(伊豆)제도 해역의 서방을 북상하는 A형(대사행, large meandering), ③ A형보다 작게 사행하는 B형, ④ 이주제도해역을 거쳐 사행하는 C형, 이주

제도 해역의 동으로 사행하는 D형이 있다. Kyushu 남동에서 쿠로시오가 외양을 향하여 멀어 지는 경우가 있다. 이렇게 부풀어 나온 것이 점차 동으로 이동한다. 이것이 쿠로시오의 작은 사행(小蛇行, small meandering)의 형성과 동진현상이다. 쿠로시오 유형 가운데 A형과 N형은 비교적 지속성이 있고 B, C, D형은 단기적으로 변한다고 알려졌다

쿠로시오사행기간 및 유형의 조사 : 쿠로시오의 대사형(A형)의 형태는 키이반도남부에 설치된 두 개의 검조소의 조위(潮位) 차이를 조사하면 알 수 있다. 이 조위차의 평년편차에 의한 쿠로시오의 대사행(A형)은 1975-80, 1982-85, 1987-88, 1990년에 일어났다. 구로시오유로는 일본 동경대학교 해양연구소의 쿠로시오 유로정보와 일본 해상보안청의 해양속보 및 해류도에서 수시로 볼 수 있다(Fig. 2-3, Fig.2-5c).

쿠로시오 역의 수온 및 유량의 측정 : 쿠로시오를 횡단하는 수온의 단면분포에서 수심700m부근에 수온이 연직방향으로 급변하는 부분 즉 영구수온약층(thermocline)이 있다. 수온의 연직구조는 이 층을 경계로 2층 구조로 되어있으며 수온약층의 깊이는 연안가까이에서 급히 얕아진다. 수평방향으로 수온이 다른 장소에서 그것에 의하여 생기는 압력경도력과 Coriolis힘의 균형으로 지형류균형이 취해진 흐름이 존재한다. 쿠로시오는 이렇게 수심 1,000m이천의 상층에 집중된 강한 흐름이다. 수온분포와 유속과는 깊은 관계를 가진다. 더운물은 (염분의 농도가 일정하면) 밀도가 낮아 같은 질량을 가진 찬물보다 부피가 크다. 해면에서는 대기압이 거의 일정하고 대기압에 해수의 중량을 더한 것이 해중의 압력(水壓)이 된다. 해양의 수온약층아래에는 거의 흐름이 없고 압력도 일정하다. 결국 수온에 관계없이 해수질량의 연직 적분양은 어디서나 거의 같음을 알 수 있다. 따뜻한 해수가 있는 곳은 해면이 높아지게 된다. 실제로 계산하여보면 쿠로시오의 외측 해면의 높이는 연안측보다 1m 정도 높다.

최근의 관측에 의하여 쿠로시오유량의 연직분포의 변동특성이 밝혀졌다. 쿠로시오의 각 수층에서 수심별 유량은 수심 2,000m부근으로부터 상층에서 해면의 유량에 비례하여 변하고 있다. 이것은 쿠로시오 해면에서의 유량만 알면 쿠로시오전체의 유량을 추정할 수 있음을 나타낸다. 쿠로시오 해면에서의 유량은 쿠로시오를 끼고 있는 해면의 높이의 차가 결정하는 압력차로부터 구해지므로 인공위성으로 계측된 해면 높이의 수평분포로부터 쿠로시오의 유량이 추정된다. 최근 위성관측 자료에 의한 30° N부근의 쿠로시오의 평균유량 계절변동의 진폭은 스벨드럽유량의 계절변동 진폭보다 상당히 작았다.

쿠로시오속류(黑潮續流, Kuroshio Extension) : 쿠로시오의 지속적 연속이 쿠로시오속류이다. 그 주요 부분은 35° N부근에서 동으로 흘러 160° -170° E까지 쿠로시오의 특징을 유지한다. 이것이 더 동방으로 흘러 북태평양해류(North Pacific Current)를 형성한다. 다른 한 지류는 북동으로 흘러 40° N부근에서 동으로 흐른다. 이 북쪽지류는 오야시오(親潮, Oyashio)와 급히 합류되나 북북동

으로 흐름을 유지한다. 쿠로시오속류는 이렇게 180° 선까지 흐르면서 북방에 기원을 둔 냉수와 혼합하여 아한대수(Subarctic Water)를 형성한다. 이 쿠로시오속류는 태평양을 가로질러 흐르는 서풍표류(西風表流, West Wind Drift)를 형성하며 마침내 북동태평양의 북부에 위치하는 알라스카환류(Alaska Gyre)에 도달한다. 쿠로시오속류와 오야시오의 수렴은 일본북동부해역에서 복잡한 해황을 보인다. 쿠로시오속류의 북부지류 북측의 아한대수의 반시계방향의 환류는 캄차카남동과 알류산서부에 있으며 이것이 서부아한대환류(West Subarctic Gyre)이다. 이보다 북쪽에 있는 환류는 베링해 서부에 있으며 오야시오의 기원이 된다.

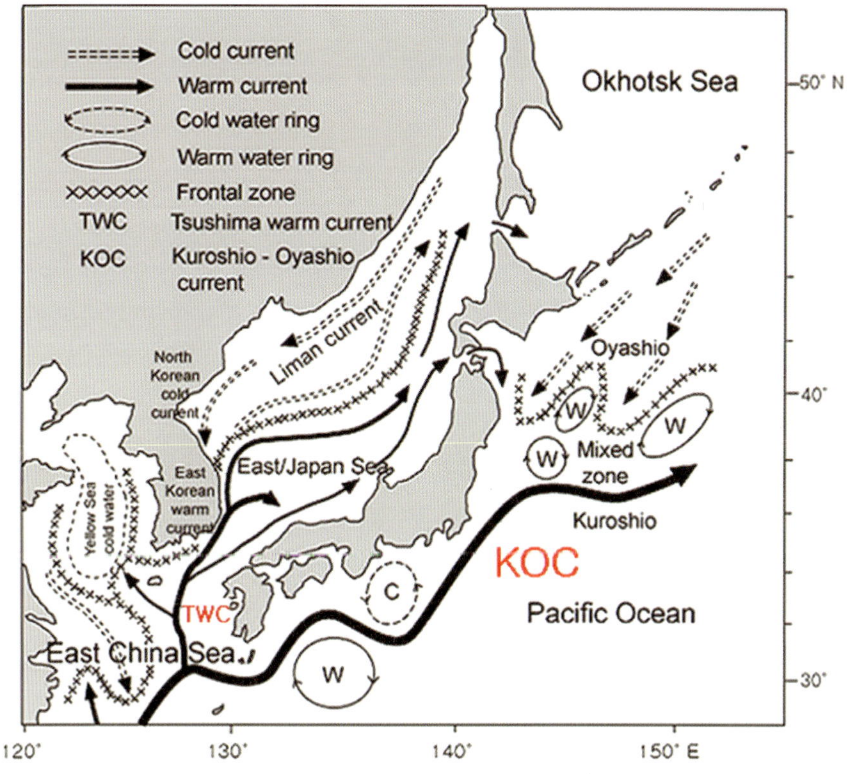

Fig. 2-3. Schematic current systems in Far-Eastern waters. The TWC (Tsushima Warm Current) region covers the East Sea, East China Sea and Yellow Sea, and the KOC (Kuroshio-Oyashio Curren) region covers the northwestern Pacific including the Okhotsk Sea and Set Inland) (After Gong et al. 2007).

Fig. 2-3. 극동해역의 해류계 모식도. TWC(대마난류)해역은 동해, 동중국해 및 황해를 포함하고, KOC(쿠로시오-오야시오)해역은 오호츠크해와 세도내해를 포함한 북서태평양이다 (After Gong et al. 2007).

오야시오(親潮, Oyashio) : 북서태평양의 오야시오는 베링해환류(Bering Sea Gyre)에서 흘러나와 캄차카반도를 따라 남서로 흐르는 한랭한 동캄차카해류(East Kamchatka Current)에 기원을 둔 것이다. 그 한 분지류는 오호츠크해에 유입하여 오호츠크환류(Okhotsk Gyre)를 형성한다. 그 해수는 더욱 냉각되고 자양분이 많은 생물로 비옥화되어 남 쿠릴열도의 태평양연안에서 주류와 다시 맞나 오야시오를 형성한다. 동캄차카해류의 한 분지는 혹카이도동방(45 N부근)에서 동으로 흘러 아한대환류를 향하고 이것이 더욱 동으로 흘러 태평양을 횡단한다. 쿠릴열도동방에서의 1,500m이천의 수송수량(volume transport)은 1.5×10^{6}m^{3}sec^{-1}로서 그 1/3은 오호츠크해에서 그리고 또 1/3은 베링해로 부터 나온 것이다. 오야시오의 영구적 특징의 하나는 100–200m수층에서 볼 수 있는 염분약층(halocline)이다. 여름에 상층에서 현저한 수온약층(thermocline)이 형성된다. 연직혼합은 냉각기에 점차 깊어지나 보통 영구염분약층에서 멈춘다. 쿠릴열도근해에서 오야시오의 표면수온은 여름에는 6–10℃, 겨울에는 1–2℃이다. 여름철에 상층에서 염분은 32.5–33.0psu이다. 투명도는 13–19m이다. 이들은 모두 쿠로시오에서보다 현저히 낮다.

북방으로부터의 오야시오와 남방으로부터의 쿠로시오가 수렴하는 북서태평양의 일본북동부 해역(33°–43° N, 141°–155° E)은 해양학적으로 가장 복잡한 형태를 보인다. 오야시오는 대체로 쿠로시오 아래로 침강하고 남방으로부터의 난수와 빨리 혼합한다. 수많은 난수와 냉수의 와류(渦流, eddy)가 형성되며 주위의 해수와 혼합이 일어난다. 이들 와류중에서 어떤 것은 아주 거대한 오야시오기원의 와류가 두 해류의 경계역(수렴선, 해양전선)의 훨씬 남쪽으로 이동하고 쿠로시오기원의 와류는 훨씬 북으로 이동한다. 이 쿠로시오와 오야시오의 수렴역을 쿠로시오–오야시오의 혼합수역 혹은 이행영역(Kuroshio- Oyashio transition zone)이라한다. 이곳의 와류발달의 역학적 변화는 기후 및 해황에는 물론이고 생물에도 큰 영향을 미친다. 이 쿠로시오–오야시오이행역(transition zone)은 각종 회유성부어류의 산란장, 자어 및 치어의 성육장으로 각종 한류성 및 난류성어류가 군집하여 어업생산이 높아 세계 3대어장의 하나이다. 이곳은 동물과 식물이 분포하는 조건을 이루나 때로는 생물을 치명적인 상태에 빠지게 한다. 이곳의 어업생물의 분포, 회유 및 생산의 측면에서 중요성은 다음에 소개되는 연구사례에서 확인할 수 있을 것이다(Gong et al. 2007, 2008, Yatsu et al. 2005, Watanabe and Takahashi 2007).

오호츠크해(Okhotsk Sea) : 오호츠크해는 서태평양의 가장자리에 위치하는 반 폐쇄해이다. 이 바다는 온대해역의 북측에 위치하여 약 54° N에 중심을 가지고 11-5월 사이에 계절적 얼음(ice)으로 덮인다. 이 바다는 동캄차카해류로부터 고온, 고염분의 해수를 공급받고 중간수층에서 오야시오와 아극해류에 한랭, 저염 및 높은 용존산소해수를 공급하므로 북서태평양의 순환과 밀접한 상호작용을 한다.

오호츠크해의 중앙부에는 오호츠크해 환류(Okhotsk Gyre)가 반시계방향으로 흐른다. 이 환류의 주위를 흐르는 냉수는 동캄차카해류에 기원을 두고 쿠릴열도의 북부를 통하여 들어왔다가 더욱 냉각되어 그 남부를 빠져나가 다시 동캄차카해류의 속류와 합류하여 오야시오를 이룬다. 오호츠크해 동계의 기후는 북서태평양에서 가장 맹렬한 한파를 보이며 동–춘계에는 두터운 해빙(海氷)으로 덮인다. 해빙이 최대로 덮이는 시기는 2–3월이고 극히 일부만 남는다. 한파가 심한 해에는 이 바다의 전역이 해빙으로 덮인다. 5월이 되면 이 바다의 남부로부터 얼음이 녹게(解氷)된다. 깨어진 빙판이 서방 및 남방으로 빠르게 흘러 쿠릴열도남부를 빠져나와 태평양에 나타난다. 5월에는 이 바다의 1/3은 해빙으로 덮어있으며 5월 하순부터 11월 사이에는 얼음에서 벗어난다. 연직혼합은 겨울에 일어나지만 영구염분약층(permanent halocline)의 구조는 50–100m이천에 국한되고 중간냉수층(dicothermal layer)이 1년 내내 형성된다. 여름에도 100–200m층의 수온은 -1.4℃ 정도로 낮다. 이 때문에 오야시오의 한 성분이 오호츠크해에서 냉각된다. 하계 해수의 염분(32.2–33.0 psu)은 오야시오의 염분과 비슷하다.

(4) 한반도 근해의 해양관측 체제정비
(System arrangement for oceanographic observations in the waters around the Korean Peninsula)

한반도 주변의 바다는 중위도에 위치하여 기후의 영향에 따른 해황의 변동이 크다. 따라서 이곳에는 열대성, 온대성 및 한대성 해양생물이 해역과 계절을 달리하면서 분포, 이동하므로 이를 대상으로 하는 어구와 어업은 세계 어느 해역에서보다 종류가 많다. 더욱 남해(동중국해북부–대한해협)는 황해 및 동해까지 분포역을 펼치는 소형수주성 회유어류의 원천해역(source area)이다. 따라서 회유성 부어류는 겨울에는 남해에 분포하는 각종 저서생물들과 서식장(habitat)을 같이하나 생태적지위(niche)를 달리하므로 공존한다. 그러나 같은 서식장을 이용하면서 생태적지위가 유사한 어류들 사이에는 우점종의 교체현상을 보인다.

어류의 회유목적의 하나가 종족유지를 위한 후손과 자신들의 먹이공급원을 찾는데 있다면 그들의 분포형태와 자원변동을 파악하기 위해서 원천해역의 생물생산체제를 이해할 필요가 있다. 기초생산은 물론이고 최상위포식자까지의 2차생산이 기후–해양의 변동에 관련된다는 것은 해양조사가 활발했던 1960년대부터 논의되었으나 그 중요성이 강조된 것은 1980년대부터이다. 1961년부터 재편성되어 실시된 국립수산진흥원(국립수산과학원의 전신)의 한국근해 해양관측체제로부터 해류계, 수괴 및 해양의 수평 및 연직구조와 동물플랑크톤 및 어류의 분포에 대한 많은 자료가 축적되었다(NFRDI 1962-2008). 우리는 이 정선해양관측자료와 인공위성영상자료를 기초로 한국근해의 수평 및 연직구조를 나타내는 전선층(frontal layer)이 생물의 생산 및 분포에 관련이 크다는 것을 강조한다. 한국근해의 해류 및 수괴의 분포와 그들의 수평적 및 연직적 접촉으로 형성되는 전선의 구조가 구체적으로 밝혀진 것은 1961년부터 개편된 해양관측망에 따른 조직적 해양조사의 결과이다(Fig. 2-4).

1920년대부터 시작된 정선해양관측과 어장조사결과에 의하여 밝혀진 한국근해의 해황(해류, 수괴, 수질 및 해면상태)을 기초로 보다 구체적인 해황을 파악하고 그 단기 및 장기예측을 위하여

1960년에 기존의 정선관측선과 관측점을 조정 및 보완하여 1961년부터 실시하였다(Fig. 2-4). 관측정선 및 정점의 조정에는 다음 사항이 고려되었다. ① 각 정선은 이미 밝혀진 해류를 횡단하도록 그 방향과 직각으로 배치한다. 각 정선의 출발점은 가능하면 등대를 기준점으로 한다. 그 이유는 그 당시에는 항해하는 모든 선박의 위치는 지문항법 및 천문항법으로 정하였으며 특히 연안에서 야간항해에는 등대 혹은 부표의 불빛을 이용한 지문항법에 의하여 항해를 하였기 때문이다. ② 해역별 정선의 번호는 당시 해역별 해도의 번호에 따라 동해는 100단위(예, 101,102,103, 104, 105, 106, 107)로 하고, 남해는 200단위, 서해는 300단위로 하였다. ③ 각선의 정점의 번호는 동해에서는 07점(130° E선)을 기준으로 연안측은 06, 05, 04로 하고 외측은 08, 09, 10, 11, 12 의 순으로 정하였다. ④관측정선의 정점간의 거리는 연안측은 해황의 변화가 심하므로 짧게(3 혹은 5마일), 외측은 길게(10 혹은 15마일)한다. ⑤ 정점의 채수기에 의한 관측수층은 0, 10, 20, 30, 50, 75, 100, 125, 150, 200, 250, 300, 400, 500 m 로 정하였다. 최근(1980년대부터)에는 이들 정점에 대하여 EXBT 및 CTD 등 자동관측계기로 모든 수층의 특정치 연속기록이 가능하다.

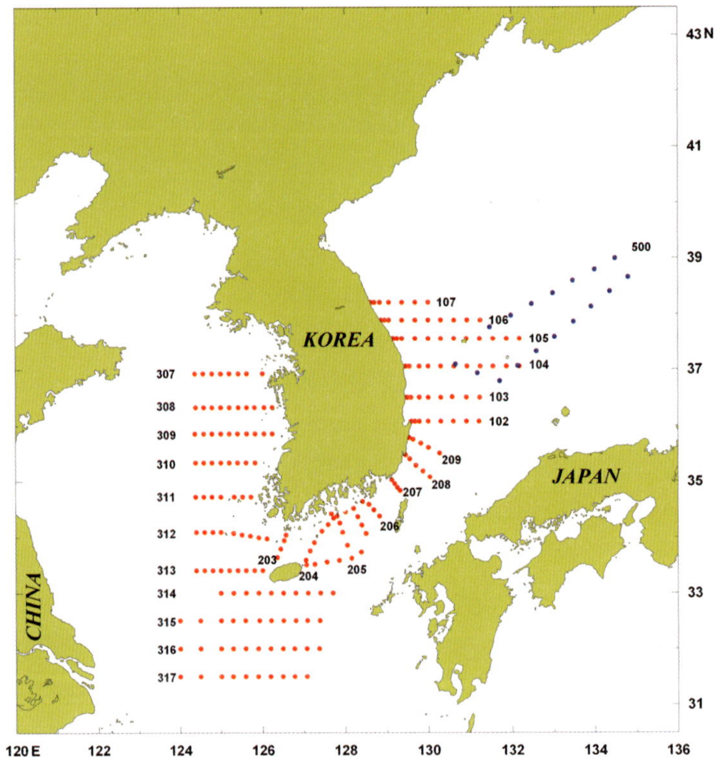

Fig. 2-4. Stations of oceanographic observations in the waters off Korea. Line and stations are rearanged in 1960 and covered by research vessels of the National Fisheries Research and Development Agency from 1961.

Fig. 2-4. 한국근해의 해양관측 정선. 이들 정선과 정점은 1960년에 조정되어 1961년부터 국립수산진흥원(국립수산과학원의 전신)에 의하여 조사되었다.

(5) 동중국해의 주요 해류계 및 수괴
(Major current system and water masses in the East China Sea)

동중국해 및 황해에는 3개의 분명히 상이한 수괴(water-masses) 즉 이 바다의 동부경계를 흐르는 ①쿠로시오와 그 한 분지인 대마난류, ②황해북부와 중국동안에 기원을 둔 한랭한 수괴, 그리고 ③남지나해로부터의 온난한 계절적 해류(warm monsoon current)에 의하여 특징지어진다. 이 해역의 해양물리학적 특성은 이들 수괴의 계절적 세력소장에 관련되어 분명한 계절변화를 보인다.

겨울에는 아시아대륙으로부터의 한랭한 공기로 인한 증발과 냉각은 활발한 대류작용을 일으킨다. 따라서 겨울에 대륙붕의 거의 전역의 수괴의 특성은 표면에서 저층까지 균질하다. 이 대륙의 고기압에 의한 강렬한 찬바람으로 냉각된 해수가 황해로부터 중국동측해안을 따라 동중국해를 향하여 남동으로 확장된다. 황해의 북부에서 이 냉수의 온도(0° C)는 이렇게 낮으나 동중국해와의 경계역(상하이-제주도간)에는 10–13℃의 범위에 있다. 동중국해의 연안수는 2월경에 11–15℃로 하강하나 쿠로시오와 대한/대마난류는 겨울에도 16–21℃의 높은 수온을 보유한다. 황해의 가장 북부연안과 발해만은 11–3월에 해빙으로 덮인다. 온난한 쿠로시오와 대한/대마난류는 하계에 가장 강하고 표면수온이 높아 8월에 동중국해에서 28-29℃, 황해에서 24–27℃이다. 이들 바다에서 조석(tide)의 강도는 또 하나의 중요한 해양물리학적 특징이다. 조석은 특히 한반도 서해안에서 강하여 고조와 저조간의 수위차이(조차)는 3–9m에 달하고 조류(tidal current /stream)는 5–8 knots에 달하는 곳이 있다.

황해, 동중국해 및 대한해협에 우세한 계절풍체제는 지역해양학적 과정에 기본적인 리듬을 제공한다. 특히 이들 해역의 상공에 밀려드는 동계의 대륙성기단은 세계에서 가장 맹렬하다. 대기의 힘은 두 형태로 나타난다. 즉 겨울에 심하게 한랭 건조한 북풍에 의한 냉각과 성층의 파괴, 여름의 대량의 강수량, 하천수의 유입과 태양방사로 상층에 온난, 저염수로 덮이는 잘 발달된 성층의 수주가 형성된다. 이들 해역의 수심과 지세는 대기와 해양의 힘에 대한 해양학적 반응에 중요한 영향을 미친다. 표층순환(surface circulation)은 계절풍체제, 쿠로시오–대한/대마난류–황해난류 체제 및 복잡한 지역지세(육지의 배치, 수심 및 하천)의 영향을 크게 받는다(Huh 1982). 동계의 대륙붕 해수의 냉각도 수심에 의존되어, 수심이 얕은 곳과 깊은 곳의 표면수온에 차이가 생기게 된다. 동중국해와 황해의 동계 수온분포형태는 저층수심 분포형태와 유사하다(Figs. 2-5a 및 2-5b). 동계 풍속의 최대치가 1953, 1956, 1963 및 1968년에 나타났다. 특히 1963년의 강한 동계 계절풍은 황해의 동중부에서 난류의 북상과 황해서부 및 동중국해에서 냉수가 현저하게 남하하는 순환을 유발하였다. 이것은 남동부에 난류(황해난류)를 가지는 반 폐쇄해의 자연스러운 저기압성 순환의 강화를 나타낸다.

쿠로시오–대마난류체제와 중국연안수사이의 수온육붕전선(thermal shelf front)은 강한 편서풍에 의하여 동중국해 중앙으로 밀린다. 이 해역의 계절풍의 연주기는 유라시아대륙과태평양사이의 열적(온도)차이에 의하여 생긴다. 동중국해와 황해의 저기압성순환은 동계의 계절풍이 강할수록 활발해지고, 쿠로시오해수가 동중국해로의 확장이 저지되고 태평양으로의 확장이 강화되어 동중국해 동남부의 쿠로시오 수송량이 증가할 것이다. 북풍의 영향으로 생기는 동중국해의 저기압성 순환은 황해난류수가 황해 동부로 치우쳐 강화되므로 대한해협을 통하여 동해로 흘러가는 대만난류의 세력은 약해질 것이다(Gong et al. 2008).

광대한 조류는 황해의 연안에서 중요한 특징이다. 황해 및 동중국해는 생산성이 높은 대륙붕 해역이다. 이곳의 연평균 기초생산은 300grC/m² /yr로 알려졌다. 동중국해는 겨울에 광합성 유효방사(PAR)가 광합성의 제한요인이 되지 않을 정도로 충분하여 강풍에 의한 소란이 없는 동안은 생산이 가능하므로 생물학적 겨울이 인정되지 않는다. 이 바다의 육붕연변은 난류성어류의 중요한 산란장이다.

동중국해-황해-대한해협의 해류계 및 수계의 특성 : 쿠로시오를 구성하는 물덩이(水塊, water-mass)는 동중국해동부의 쿠로시오해역에서 변질된 태평양수에 의하여 생성된 것이다. 동중국해의 ①쿠로시오 표층수는 온난한 반년에 존재하고 한랭한 반년에는 저온, 고염화 및 대류작용으로 그 아래에 분포하는 쿠로시오 아표층수와 겹쳐진다. 쿠로시오 표층수는 표면에서 75-100m수층에 분포하고 표면의 수온은 21.9-29.6℃(평균 25.6℃), 염분은 33.95-34.95psu(평균 34.44psu)의 범위에 있고 분포수층과 수온 및 염분의 계절변동이 심하다. ②동중국해의 쿠로시오 아표층수는 아열대 북태평양의 아표층수에 기원을 두고, 이 수괴의 상부경계는 겨울에는 표면에 있고 여름에는 50-75m층에 있으며 하부경계는 400m층에 이른다. 수온은 수심이 깊어짐에 따라 20℃이상에서 약15℃까지 하강하고, 염분은 125-200m층에서 최대치(고염핵; 34.67-34.99psu, 최대 35.06psu)를 가져 쿠로시오수계의 특징을 나타낸다.

쿠로시오아표층수의 서측연변(124° -126° E, 동서 60해리 진동)에서 용승이 일어나고 육붕연변에서 저염수와 혼합하면서 전선층을 형성하여 어류의 산란 및 색이환경을 조성한다. 이 쿠로시오아표층수의 세력이 우세한 해에는 그 고염핵이 서측의 천해까지 확장하기도 한다. ③ 동중국해의 쿠로시오 중간수는 북서태평양수괴에 기원을 두고 주요 분지류가 타이완동측과 오키나와부근에서 동중국해로 들어간다. 이 수괴는 900-1,000m층에 분포하고 그 두께는500-600m이고 오끼나와해구의 천해에서 급격히 얇아진다. 그 수온은 5.8-9.5℃(평균 7.8℃)이고 저염분핵(34.32psu)이 600-700m층에 나타난다. ④동중국해의 쿠로시오 심층수괴는 오끼나와해구의 900-1,000m층에 있고 수온(3.7℃) 및 염분(34.48psu)은 비교적 안정적이며, 북서태평양의 1,000-2,000m수층의 해수와 유사하다(Su et al. 1994).

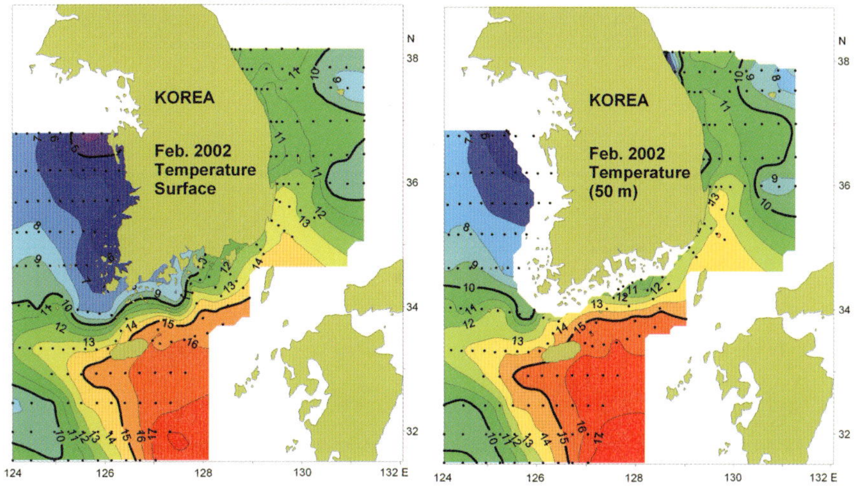

Fig. 2-5a. Distribution of temperatures at the surface and 50 m layer in the waters off Korea based on the oceanographic observations by the National Fisheries Research and development Institute in February 2002 (NFRDI 2003).

Fig. 2-5a. 국립수산과학원 시험선 정선해양관측자료에 의한 한국근해의 표면 및 50m 층 수온분포, 2002년 2월 (NFRDI 2003).

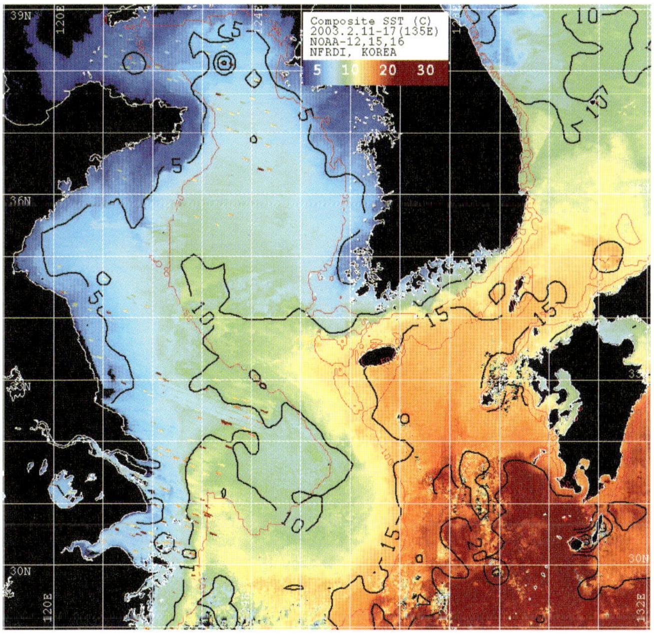

Fig. 2-5b. SST in the East China Sea and Yellow Sea, from NOAA infrared imagery, 11-17 Feb. 2003

Fig. 2-5b. 미국 국립해양대기청의 인공위성영상에 의한 동중국해 및 황해의 표면수온분포도, 2003년 2월 11-17일.

동중국해 및 그 인접해역의 수심과 지세는 대기와 해양의 힘에 대한 해양학적 반응에 주요한 영향을 미친다. 동계계절풍에 의한 해수의 균질화로 해저지형을 나타내는 등심선과 해수의 열적 구조를 나타내는 등온선이 비슷한 분포형태를 보인다. 동중국해의 중부까지 밀려온 황해냉수 및 중국 대륙연안냉수는 남동부의 대륙붕사면(continental slope)에서 같은 비중의 해수가 있는 수층까지 침강한다. 이 대륙붕사면에서 침강하는 **냉수폭하(冷水瀑下, cascading)**는 이 수괴와 함께 사면에서 심층으로 침강하므로 해양생물에는 일대 재앙일 수밖에 없다(Tsujita 1957).

대한난류(Korea Warm Current) 즉 대마난류(Tsushima Warm Current)는 도가라해협(Togara Strait)의 서방에서 쿠로시오로부터 분지된 것이다. 이 대한/대마난류는 큐슈(Kyushu)서방에서 황해난류를 생성하고 주류는 점차 북동으로 향하여 큐슈서방의 고또(Goto)부근에서 한 분지를 흘리고 결국 대한해협을 지나 동해로 유입한다(Fig.2-5c). 대한해협 서수도를 흐르는 대한난류의 최대유속은 크고 안정되어 심층에 달하나 그 동수도를 흐르는 지류의 유속은 서수도의 반밖에 안되고 불안정하여 심층에 이르지 못한다. 이 두 지류사이에 반류가 나타난다. 그러나 대한/대마난류가 쿠로시오로부터 나눠지는 것은 지속적이 아니고 간헐적이며(Huh 1982), 북상하는 동안 염분농도가 낮은 동중국해 대륙붕수와의 혼합으로 변질되어 동해로 들어간다. 동해에서 130° E 자오선을 따라 북으로 흐르는 동한난류와 그 반류역에서 유속이 가장 높은 것을 보여준다(Fig.2-5c). 이 동한난류역의 해양구조 및 변동과 기초생산에 관하여 다시 검토된다.

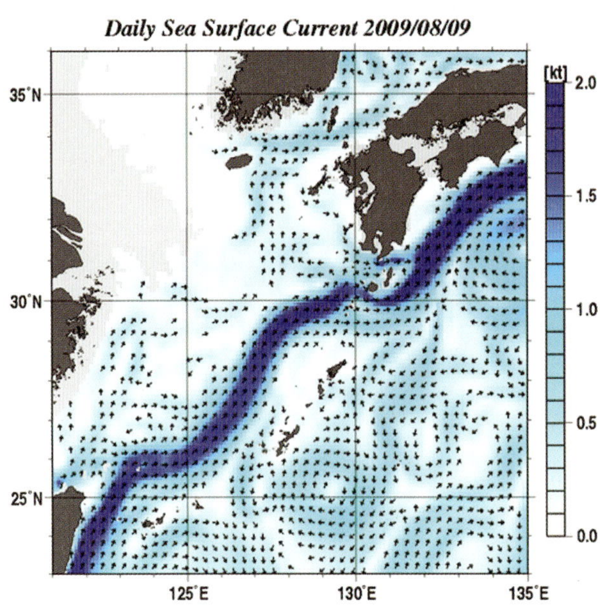

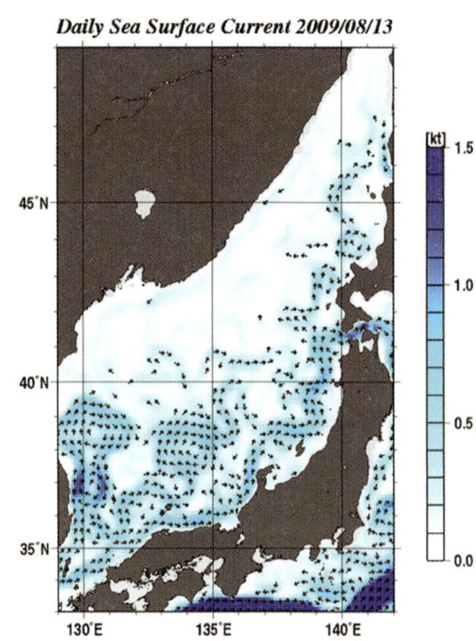

Fig. 2-5c. Sub-surface(50m) flow pattern in the Kuroshio main current and its branch current regions, 9 Aug. 2009(left) and in the East Sea, 13 Aug. 2009(right)(JMA 2009).

Fig. 2-5c. 한 여름(2009년 8월 9일)의 쿠로시오해류의 주류 및 그 지류역(왼쪽))과 한여름(2009년 8월 13일)의 동해(오른쪽)의 아-표층(50m)의 해류의 형태(JMA 2009).

황해난류(Yellow Sea Warm Current)는 대한/대마난류의 분지류 이지만 겨울에 고온 및 고염(염분 >34.0psu)의 수괴는 황해남부에 머물고 있다. 황해난류의 고염의 수괴는 이류와 수평 혼합 효과사이의 균형으로 나타난다. 황해난류는 겨울에 더 강하고 뚜렷하게 나타나고 여름에 약하다. 이 계절변동은 하계의 황해냉수괴의 출현과 관련되며, 이 냉수괴는 황해남부의 해곡을 따라 흐르는 난류의 통과를 저지하여 난류유속과 고염수괴의 강도가 감소된다. 황해난류의 유로는 겨울보다 여름에 더 동방으로 치우치며, 외양기원의 해수는 황해냉수괴의 경압순환(baroclinic circulation)의 경계를 돌아 북으로 흐르게 된다. 동해에 들어간 대한/대마난류는 여름에 강하고 겨울에 약한 것은 황해난류와 반대현상인데, 이것은 두 해수의 원천이 같으므로 당연한 현상이다.

한국서해연안수(West Korea Coastal Water)는 가을에 북서계절풍에 의하여 황해의 한국서해안을 따라 표층류가 남으로 흘러 한국서해 연안수를 형성한다. 매년 가을에 한국서해안에서 일평균수위(mean sea level)가 0.5m까지 내려간다. 이것은 입체효과(steric)의 기압(barometric)에 의한 것 보다 한 차원 높고 바람응력의 북방성분과 같은 위상에 있다. 한국서해연안수는 여름에 흘러 든 담수로 희석되고 가을의 한랭한 기단의 내습으로 차가워져서 남으로 밀리고 제주해협을 지나 한국남해안을 따라 동으로 흘러 대한해협을 지나 동해로 들어간다. 인공위성자료는 한랭한 한국서해연안수가 제주해협부근의 대한/대마난류에서 수렴하는 것을 보인다. 이 수렴대를 따라 강한 수온, 염분 및 밀도의 경계(불연속대)를 형성하는데 이것이 한국남해연안전선이며 이것은 가을 및 겨울에 가장 강하고 안정되며 이때 수온 및 염분경도가 일치한다. 겨울의 강한 북풍은 한랭, 저염, 고탁도수를 중국동측해안 및 한국서해안을 따라 남으로 흐르게 한다. 그러면 연안의 해수면은 연중 최저로 내려간다. 한국측에서 이 연안류는 흑산군도 바로 남측의 강한 수온전선역에서 멈추고 여기서 흐름은 서방으로 향하여 재순환을 한다(Huh 1982).

황해냉수괴(Yellow Sea Cold Water-mass)는 지리적 및 기후상태에 의하여 형성된다. 늦가을-겨울에 한랭, 건조한 북서계절풍으로 황해전역은 저온 및 다소 고염의 해수로 채워진다. 이른 봄부터 증가하는 태양열과 해빙에 의한 하천수의 유입양이 증가하고 온난한 남풍으로 고온, 저염분의 황해상층수(Yellow Sea upper layer water)가 형성된다. 이 상층해수에 덮여 그 아래 해수는 저온 및 다소 고염의 특징을 보유하여 소위 황해 저층냉수괴가 뚜렷하게 인정된다.

황해냉수의 분포범위는 수심이 증가할수록 넓어지고 경도 4°(120°E-125°E, 33°40′N-38°50′N)에 걸쳐있어 황해 총 체적의 29%를 차지한다. 이 황해냉수는 고온기 반년(4-11월)에 존재하는 계절적 수괴로서 비교적 저온(<10℃), 다소 고염(33 psu)이다. 황해냉수는 그 주위와 그를 덮고 있는 고온, 저염수 사이에 경도가 높은 전선층(前線層, frontal layer; 수평적으로 전선, 연직적으로 약층의 총칭)을 형성하고 내부의 등온선 및 등염선은 비교적 안정되어 그 수괴는 황해에서 가장 보존적 특성을 나타낸다. 황해냉수괴의 분포 및 용적은 봄에 최대이고 가을에 최소가 되는 계절적 변동을 보이고 중앙부의 저온중심 및 주위의 온도와 관계된다. 이 황해냉수괴의 분포범위의 경년

변동이 심하고 그 변화는 북측보다 남측이, 그리고 상층(30m이천)이 더 심하다.

대한해협을 통하여 흐르는 **수송수량**(volume transport)은 겨울에 최저, 여름–가을에 최고이며 그 평균이 약 2.0sv이고 계절 변이가 약 1.3sv 이다. 쓰가르해협을 통한 수송량은 약 1.35sv이고 소야해협을 통한 수송량은 약 0.85sv이다. 대한/대마난류가 대한해협 서수도를 흐르는 유속은 8–11월에 최고치를 나타내어, 동중국해남부의 쿠로시오의 유속주기보다 늦게 그리고 더 오래 지속된다. 이 대한해협을 흘러가는 해수의 연간흐름은 아래와 같은 과정으로 조정된다.

① 겨울철의 최소는 북풍, 계절적으로 발달하는 역의 압력경도 및 지역적 해수면변화의 복합적 작용으로 북으로 흐르는 쿠로시오수가 저지 및 저항되기 때문이다.
② 겨울에 황해의 표면에 공간적, 역의 압력경사 및 바람응력의 착륙이 일어나 발해만에서 동중국해의 육붕연변으로 향하면서 증가하는 해면경사가 일어난다.
③ 겨울의 강한 계절풍상태도 봄이면 완화되어 대한/대마난류계수가 황해를 향하여 점차 북, 북서로 향하는 난류가 되어 흐른다.
④ 대한해협을 통과하는 흐름의 최대는 황해의 수위가 한여름의 최대가 될 무렵에 시작되며, 이것은 황해가 가득 찬 것을 나타내고 황해난류가 더 유입되는 것을 저지하는 해면경사를 나타낸다. 한국서해(황해)의 강수량의 최대는 수위가 극대이고 해류흐름이 최대가 되기 전에 일어난다.
⑤ 쿠로시오 기원의 대한/대마난류계수는 한여름 황해로부터 벗어나 전부 대한해협을 지나 동해로 흘러간다.
⑥ 흐름이 늦은 여름에 극대치에 일단 도달하면 가을에는 보충되는 해류, 겨울 계절풍의 개시에 의한 반도주변의 동부황해수의 배출로 증가 및 지속된다.

따라서 쿠로시오는 황해, 동중국해 및 대한해협전역에서 해마다 바뀌는 열대/아열대수의 원천이 된다. 황해는 완충역할을 하는데, 한때는 받지 않으면 대한해협을 통하여 흘러가게 될 물을 받고 다른 때에는 주요 기여분을 해협을 통하여 배출하는 완충역할을 한다. 이와 같은 근원수의 변화는 대한해협 및 한국동해안의 물리적 특성치와 순환에 현저하게 영향을 미치게 된다. 이상과 같이 황해는 한국서남해역의 해황(해류, 수괴 및 바람)에 완충적 역할을 하고 쿠로시오의 간헐적 북향 분지류(대마난류, 황해난류 등)가 이들 해역의 표면순환에 밀접하게 관련된다.

동해의 순환과 열구조 : 동해의 대규모 순환형태는 주요 대양에서 볼 수 있는 것과 비슷하게 저기압성 및 고기압성 환류체제, 서부경계류와 깊고 균질한 수괴를 포함한다. 특이한 현상으로 풍성(wind induced) 및 열염유발(thermohaline induced)의 순환, 깊은 대류, 해빙과정과 중간규모의 순환형태 등을 포함한다. 동해는 대규모 대양에서 나타나는 것과 유사한 과정이 더 빠른 규모에서 나타나므로 해양과학자들에게 해양학적 과정을 조사하는데 특이한 자연적 실험실을 제공하게 되어 연구하기가 더 쉽다. 동중국해 동남부의 쿠로시오로부터 연속적 혹은 간헐적으로 분지되어 대한해협을 지나 동해에 들어온 대한/대마난류는 이 바다 난수의 근원이다. 대한/대마난류는 동중국해 및 한국남해에서 고온(겨울에는 저온)이며 염분이 낮은 해수의 영향으로 다소 변질되어 동해로 들어간다. 그러나 이 고온, 저염의 가벼운 해수는 고온, 고염의 무거운 대한/대마난류중핵수의 상층에 실려 들어가므로 동해에서도 여전히 대한/대마난류의 세력을 인정할 수 있다. 앞으로 대한/대마난류의 변질과정에 대한 연구가 요구된다.

❶ **동해의 해류유로** : 대한/대마난류는 동해에서 가장 중요한 해류로 보통 두 가지 형태로 흐르는데; 한 형태는 남서에서 북동으로 3개의 물줄기(3 branches)를 형성하여 때로는 안정된 흐름을 보이고 보통 여름에 볼 수 있다. 대한해협의 동수도로부터 유입된 대한/대마난류(제1분지류)는 일본서해안을 따라 북동으로 흐른다. 대한해협의 서수도를 유과한 대한/대마난류의 제 2분지(본류 혹은 근해분지)는 독도부근을 지나 북동으로 흘러 훅카이도의 남서방에서 제1분지류와 합류한다. 이 바다로 흘러든 본류에 연속되어 한반도 동해안을 따라 북으로 흐르는 제3분지류는 동한난류(East Korean Warm Current)라 불리는데, 38°−39° N부근에서 동으로 향하여 울릉도, 독도 혹은 대화퇴(Yamato Bank)부근을 지나 훅카이도 서방에서 제2분지류와 합류한다. 대한해협의 서수도를 통하는 흐름은 37° N 이남에서 간헐적으로 근해분지와 동한난류로 분리 된다. 예외적으로 1976, 1982 및 1990년에는 북으로의 흐름만 나타나서 동한난류가 우세하고, 가끔 동한난류와 그 반류가 우세하여 근해분지와 구별되지 않은 경우(예, 1969, 2009년 한여름)가 있다(Fig. 2-5c, Fig. 2-6a). 한편 1981 및 1986년에는 동으로 흐름만 인정되고 동한난류는 추적되지 않았다. 또 하나의 흐름형태는 사행성(蛇行性, meandering)의 흐름으로 겨울에 주로 나타난다. 동해에서 대한/대마난류가 사행성의 형태로 흐르는 경우에는 대한해협을 통하여 이 바다로 회유하는 난류 표층성 어류의 북상회유로가 여러 번 서지낭하게 될 것이다. 이들 두 흐름의 형태(modes)중에 전자는 주로 여름에 나타나고 후자는 주로 겨울에 나타나지만 이상 환경, 예로 여름에 이상저온이거나 겨울에 이상고온의 경우에는 계절과 관계없이 한 형태에서 다른 형태로 바뀌어 나타날 수 있다. 물줄기가 사행성의 유로를 취하는데 이것은 겨울에 자주 볼 수 있다. 사행성에 관한 해류도는 이 현상을 잘 나타낸다(Naganuma 1973).

동해에서 이들 두 유로는 남서에서 북동으로 흘러 사하린(Sakhalin)의 남서안까지 이르나 타타르(Tatar)해협까지는 미치지 못한다. 이 대한/대마난류의 중요 부분은 쓰가르해협(Tsugaru Strait)을 지나 태평양으로 흘러나가 오야시오의 서측부분과 접하여 전선을 형성한다. 대한/대마난류의 일부분은 훅카이도(Hokkaido)서방에서 북으로 흘러 소야해협(Soya Strait)을 지나 오호츠크해(Okhotsk Sea)로 들어간다. 그 나머지 흐름은 반시계방향으로 전환하여 러시아연안을 따라 남서로 흘러 리만해류(Liman Current)와 혼합한다. 겨울에 시베리아 동안을 따라 밀려오는 한랭한 계절풍의 영향으로 리만해류 유역에서는 과잉 냉각이 일어난다. 리만해류는 피터대제만

(Peter the Great Bay)을 지나 한반도 동안까지 이르며 이 한랭한 리만해류의 연속은 북한한류(North Korea Cold Current)라 불린다. 북한한류는 한반도 북—동안을 따라 더 남으로 흐르다가 동으로 전향하여 동 및 남으로 흐르는 다른 리만해류의 연속류와 만난다. 모자이크형의 복잡한 구조의 해양전선이 리만한류와 대마난류가 수렴하는 곳에서 형성된다. 이 전선은 극전선(Polar Front)이라 불리었으나 최근에는 아극전선(Subpolar Front) 이라 불린다. 이 전선대는 마치 북서태평양의 오야시오와 쿠로시오가 수렴하는 곳에서 형성되는 전선과 비슷하며 동해의 기초생산과 난류성어류(예, 다랑어, 꽁치) 및 한류성어류(예, 연어)의 분포에 영향을 미쳐 생태적 경계로 큰 의미를 가진다. 이 아극전선의 해양생태학적 중요성은 다음 장에서 강조된다.

❷동한난류역의 유동 특징 : 동해남서부에서 동한난류와 북한한류의 접촉으로 이루어지는 해양전선역의 수리학적 특성치(예, 수온, 염분 및 밀도)의 수평경도는 현저하게 높을 경우가 있다. 초여름(6월)에 동한난류가 북한한류와 접하여 형성되는 아극전선은 표면에서는 난류표층수가 확산되어 표면수온분포도에서는 추정되지 않으나 아표층(예, 50m 층)의 수온분포도에서 뚜렷하게 나타난다(Fig. 2-6a, Fig. 2-6b). 동해남서부(동한난류역)의 아표층의 수온전선의 위치는 봄여름(6–8월)에는 50m층에서 뚜렷하고 가을(9–10월)에는 100m층에서 뚜렷하게 나타난다. 이 현상은 온난한 동한난류계수의 하방으로의 침투과정에 나타나는 시차 때문이다.

초여름의 동한난류역 염분의 수평분포경도가 낮으므로 밀도의 분포는 수온분포에 따르며, 300m기준 표면(0/300m)의 역학적 고저도(geopotential topography)에 의한 해수의 유동은 울릉해분에서 고기압성순환(anticyclonic circulation)을 뚜렷하게 나타낸다(Fig. 2-6c). 이렇게 아표층의 수온분포도 혹은 수온 및 염분의 함수로 나타나는 역학적 고저도는 해양의 구조와 해수유동을 잘 나타내며, 아극전선은 동한난류가 울릉해분을 지나 북으로 흐르다가 한류계수와 접하여 울릉도 동방에서 반류를 보이는 사행성(蛇行性, meandering)을 뚜렷하게 나타낸다.

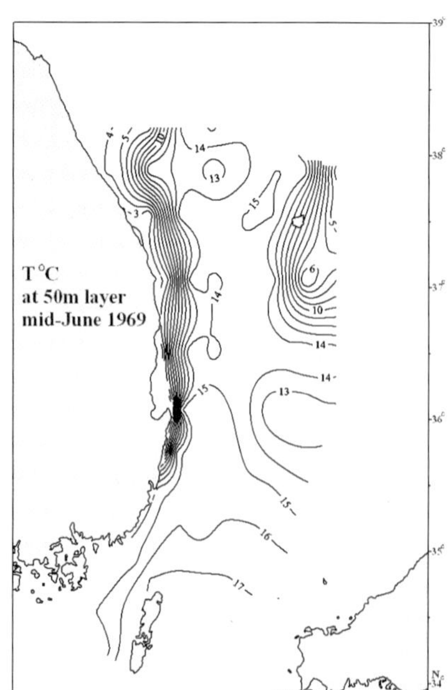

Fig. 2-6a. Thermal front at the sub-surface in the southwestern East Sea in June 1969, indicating sharp boundary between the North Korean Cold Current and the East Korean Warm Current(Gong and Oh 1977).

Fig. 2-6a. 북한한류와 동한난류의 불연속으로 이루어지는 아표층(50m)의 수온전선을 나타내는 수온수평분포도, 1969년 6월(Gong and Oh 1977).

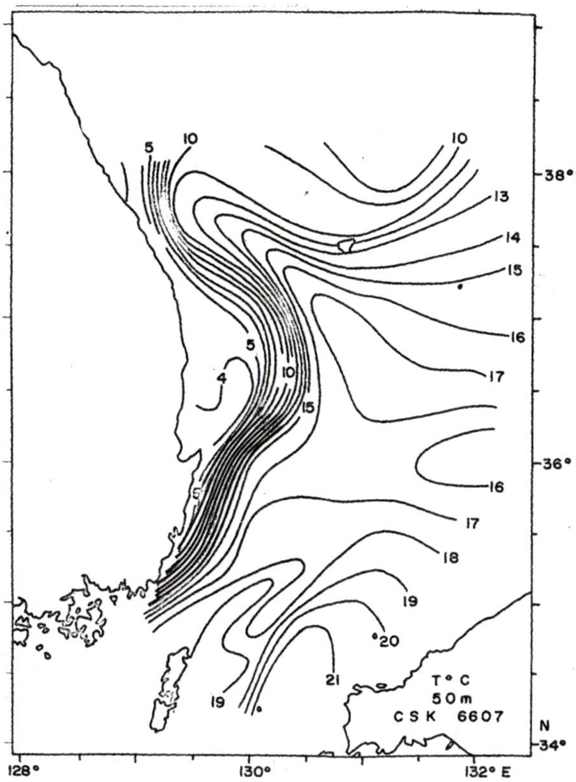

Fig. 2-6b. Thermal front at the subsurface in the southwestern East Sea in July1966)(Gong and Oh 1977).

Fig. 2-6b. 동해남서부의 동한난류와 연안냉수의 불연속으로 이루어지는 아표층(50m)의 수온전선을 나타내는 수온 분포도, 1966년 7월(Gong and Oh 1977).

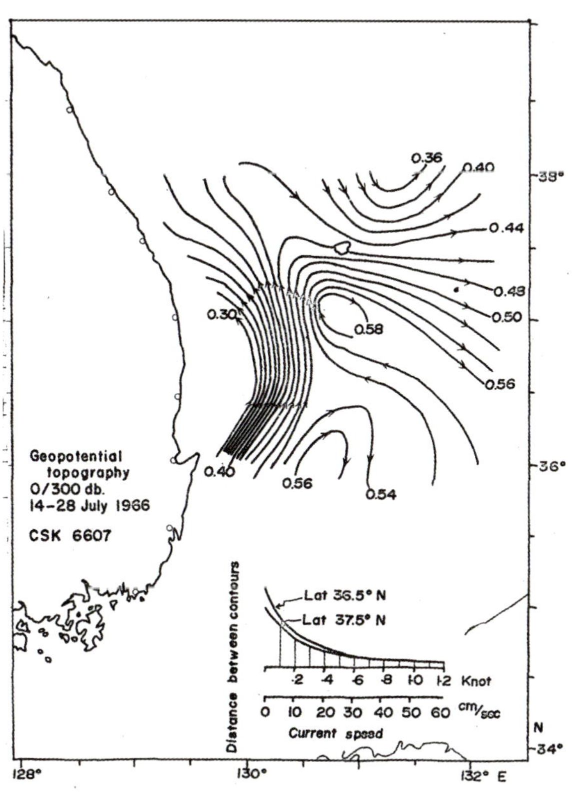

Fig. 2-6c. Geopotential topography (0/300db) in the southwestern East Sea in July 1966, denoting current pattern in the East Korean Warm Current system in early summer(Gong and Oh 1977).

Fig. 2-6c. 동해남서부의 동한난류역의 흐름을 나타내는 300m기준 표면의 역학적 고저도, 1966년 7월(Gong and Oh 1977).

❸ 동해남부 수주의 연직구조 : 상부혼합층깊이(MLD)와 영구수온약층의 깊이(PTD)

해양의 상부혼합층은 물리적 관점에서 표층해류, 대기–해양흐름 및 표면수온에 미치는 영향 때문에 중요하고, 생물학적 관점에서는 혼합층 유입(entrainment) 및 혼합층 깊이(뚜께)는 유광층에 영양염류의 공급과 식물플랑크톤이 받는 광강도의 결정에 중요한 결정인자이기 때문에 중요하다. 동해는 강하고 해마다 반전하는 계절풍 때문에 유입, 혼합층 두께 및 생물학적 활동의 연주기가 극단적이므로 이들 생물–물리적 과정(biophysical process)의 연구에 적합한 장소이다.

한반도 근해는 기상의 영향과 난류계수의 유입에 따라 그 상층해수의 수온과 염분의 계절변화가 뚜렷하고 특히 동해남서부(34° 30′N–38° 30′N, 128° 30′E-132° 30′E) 상층수의 수괴는 염분 보다 수온의 계절변화가 커서 그 연교차는 약 20℃를 넘는다. 따라서 수온의 수평 및 연직분포는 이 바다의 기초생물생산의 계절변화를 뚜렷하게 하고 고차영양단계 생물의 연직 및 수평분포를 통제한다. 수주(water column) 연직구조의 계절 변동을 보기위하여 10년(1961-1970년)에 실시된 68회 정선해양관측자료를 기초로 월별수온의 연직분포도로부터 상부혼합층깊이(upper mixed layer depth, MLD)와 영구수온약층의 깊이(permanent thermocline depth, PTD)를 구하였다(Figs. 2-7, 2-8). 이 MLD의 결정기준은 각 정선 단면도에서 표면수온과 차이(△T= ℃)가 1℃이하인 수층의 깊이를 읽은 것이며, 그 월별 MLD의 평면도는 각 정점의 10년 월별평균치를 plotting 한 것이다. PTD는 표면에서 영구수온약층의 주심까지의 깊이이다. 동해남부의 10년 평균상부혼합층깊이(MLD)는 여름(6,7 및 8월)에 가장 얕아 10-20m범위에 있고 연안에서 10m 이하이고 근해로 나갈수록 난류표층수의 뚜께의 증가와 함께 증가하여 대한해협 북동부에서는 30m 이상인 경우도 있다. 겨울(12, 1, 2월)의 MLD는 연안에서는 30m정도이고 외해로 나갈수록 증가하여 울릉도남서부에서는130-150m에 달한다. 특히 2월의 MLD는 울릉도남부에서 150-170m 에 달한다(Fig.2-7). 이 MLD는 광합성유효방사(PAR)와 관련하여 기초생산을 결정하는 중요한 물리적 요인이다. 이상의 MLD 는 10년의 월평균 상태이지만 기후변동에 관련된 해황의 변동에 의하여 해에 따른 변동이 심하므로 그 장기변동형태를 분석할 필요가 있다.

영구수온약층의 깊이(PTD)는 주년 변화가 거의 없이 연안에는 30m정도이고 울릉해분에서는 200m 정도이다. 계절에 따라 이 PTD의 수평분포형태는 다소 변동하나 기본적으로 대한해협동북부에서 울릉도를 향하여 북상하는 동한난류의 유로방향을 따라 깊은 골이 나타난다. 특히 2월의 평균 PTD는 울릉해분의 울릉도남부에서 220m에 달하나 연안에는 영구수온약층의 상층으로의 치솟음(thermoclime tilting)으로 인하여 50m보다 얕아진다(Fig. 2-8). 동계의 MLD 및 PTD가 깊은 울릉도부근은 하계에 고기압성순환의 중심부와 일치함을 볼 수 있다(Fig 2-6c, Fig.2-7, Fig.2-8). 이MLD와 PTD는 난류계수의 해역별 침강상태를 잘 나타내고, 상층의 온난해역에 서식하는 Okaba 군집의 분포의 하한과 냉수성생물인 Taraba군집 분포의 상한을 가르는 경계층이므로 생물군집의 분포에 관련하여 중요한 의미를 가진다. 예를 들면, 동해의 극전선 이남의 동한난류역 주변에서 명태 혹은 대구와 같은 냉수성저서어종을 목표로 하는 자망, 저연승 혹은 트롤과 같은 어구는 이 MLD 혹은 PTD보다 깊은 수층에 설치 혹은 예인되어야할 것이다. 이와 같은 해양상층의 구조는 기후변동에 따라 경년변동이 예상된다. 동해의 혼합층의 깊이(MLD)는 극전선부근이 낮고 연해주부근에서 가장 깊어 500m에 달하며 특히 동해의 중서부의 한반도근해에서 낮다(Bathen 1972, Gong and Oh 1977, Kim and Isoda 1998).

동해의 46년(1960-2005)간의 기후와 해양상층의 열구조의 분석결과에 의하면, 순열속과 상부혼합층수온(MLT)은 전 해역에서 증가하는 경향이었고, 바람의 응력(wind stress)과 상부혼합층깊이(MLD)는 아극전선 이북해역에서는 증가하고 그 이남해역에서는 감소하는 경향이었다(Lim and Zhang 2009). 따라서 이 기간에 순열속은 동해전역에서 증가함에 따라 MLT가 전역에서 증가하고, 바람의 응력은 아극전선 이북해역에서만 증가함에 따라 그곳의 MLD가 깊어지고 그 남부해역에서는 바람응력의 감소로 MLD가 얕아지는 경향이었음을 알 수 있다.

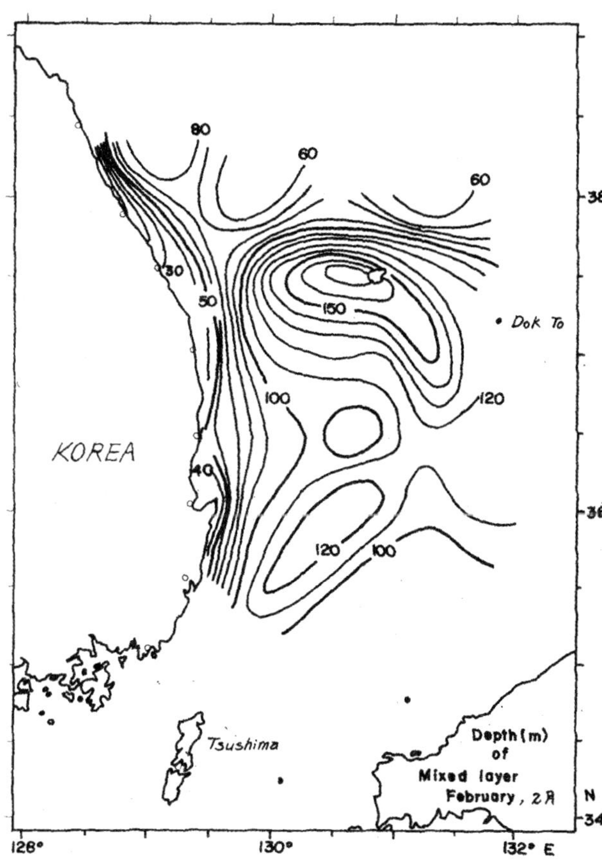

Fig. 2-7. Depth of the upper mixed layer (MLD, m) in the southwestern East Sea in February for 10-year (1961-1970)mean, indicating strong penetration of the East Korea Warm Current water in the Ullung Basin and sharp tilting of the seasonal thermocline along the coast(Gong and Oh 1977).

Fig. 2-7. 동해남서부의 2월 10년(1961-1970)평균상부혼합층의 심도(MLD, m)는 동한난류가 울릉해분에서 강하게 침투하고 연안에서 수온약층이 급격하게 치솟음을 보여준다(Gong and Oh 1977).

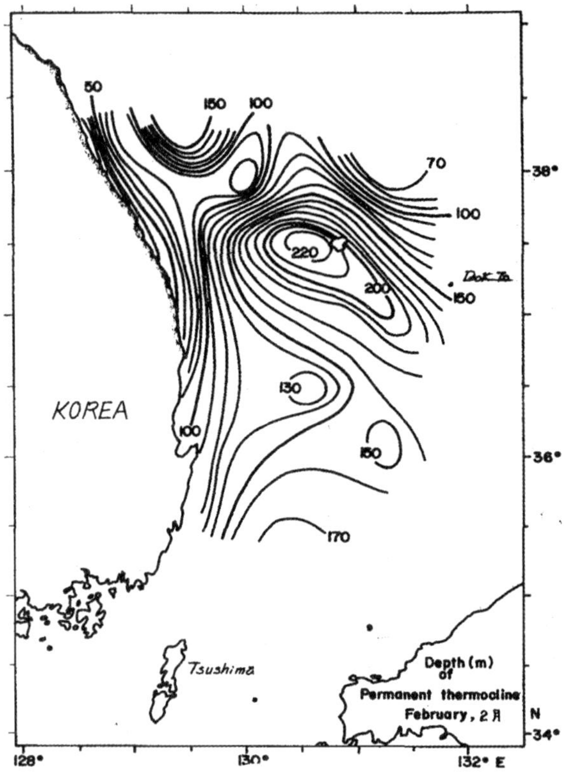

Fig. 2-8. Depth of the permanent thermocline(DPT, m) in the southwestern East Sea in February for 10-year(1961-1970)mean, indicating sharp sinking of the boundary between upper warm water and lower cold water in the Ullung Basin(Gong and Oh 1977).

Fig. 2-8. 동해남서부의 2월 10년(1961-1970) 평균영구수온약층의 심도(DPT,m)는 상층의 난수와 하층의 냉수간의 경계층이 울릉해분에서 예리하게 침강함을 보여준다 (Gong and Oh 1977).

(6) 황해 및 동중국해의 조석류(Tidal current in the Yellow Sea and East China Sea)

황해 및 동중국해의 해수유동에는 해류와 조류가 동시에 작용한다. 이곳의 조석은 일반적으로 반일주조가 탁월하다. 이곳의 조차(潮差, tidal range)는 2–8m에 달하고 특히 한국서해와 중국연안에서 크게 나타나고 인천부근의 대조기의 조차는 13m에 달한다. 그러나 한국 동해에서는 조차가 0.3m 정도에 불과하다. 달이 135° E자오선을 경과하여 고조가 될 때까지의 시간을 등치선으로 나타낸 동시조도를 보기로 하자(Fig. 2-9).

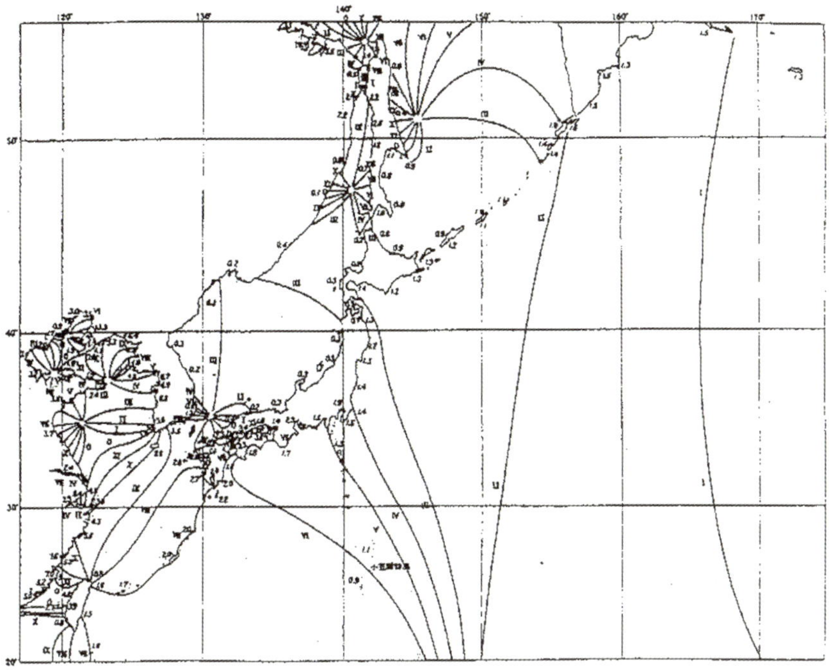

Fig. 2-9. Co-tidal chart referred to 135° E for the M_2 tide. Roman numerals represent the mean lunar time in hours to take the moon to move from meridian transit of 135° E to flood water. Arabic numerals show the mean tidal level in meters at the spring tide(Japan Maritime Safety Agency 1992).

Fig. 2-9. 자오선135° E 을 기준으로 하는 반일주조(M2 潮)의 동시조도. 로마숫자는 달이 자오선135° E를 지나 만조까지의 평균태음럭시(太陰時)를 나타낸다. 아라비아숫자는 대조승(大潮升)(m)으로 대조에 있어서의 고조의 평균조고를 나타낸다.

동시조도에서 조랑(潮浪)은 이 동시조선에 직각방향으로 진행하고 전반적으로 남동에서 북서로 전해진다. 황해북부, 발해 및 대한해협에 무조점(無潮點)이 있다. 무조점부근에서는 분조(반일주조나 1일주조등)의 조석이 없고 조랑은 무조점을 중심으로 거의 12시간에 1회의 원운동을 하고 이 부근에서 조차도 작다. 대한해협부근의 조랑의 진행방향을 보면 동중국해에서 일본 Kyushu 및 Honshu측을 향하여 한국동해로 들어가고 그 뒤 한반도를 지나 동중국해로 돌아가며 동해입구를 중심으로 조랑은 12시간에 반시계방향으로 회전한다. 여기에 지구자전의 편향력이 작용하여 동중국해의 고조시로부터 저조시까지는 일본 Kyushu 및 Honshu 측의 해면이 높고 한국 측이 낮으며 저조시부터 고조시까지는 한국 측이 높다. 동해입구의 한국측과 일본측의 수위차에 의하여 계산된 유속은 50cm sec^{-1}로서 대조시의 최대강류의 실측치와 거의 일치한다.

조류는 조석에 따른 해수의 수평방향의 주기적인 유동으로서 조차가 큰 해역일수록 조류는 우세하다. 따라서 같은 해역일지라도 대조시 와 소조시의 유속이 다르며, 대조의 유속은 소조의 1.5-2.0배에 달한다. 같은 대조라도 춘계의 삭망기(朔望期)에 연간 최대를 보인다. 동중국해의 대륙붕에서 대조평균유속은 1-3 knots이고, 한국서남해역에서는 6 knots정도이다. 조형(潮型)은 동중국해에서 전반적으로 반일주조(半日周潮)가 탁월하다. 그러나 해저지형이 복잡한 해역이나 도서주변에서는 1일주조가 탁월하다. 제주도 근해에서 반일주조류는 서북서에서 동남동방향으로 유속이 크고 반일주조가 탁월하다. 항류(恒流)는 거의 북으로 향하고 유속은 41cm sec^{-1}내외로 크고 대마난류가 북상하는 해역에 해당한다. 한편 대한해협의 동수도에서 1일주조류와 반일주조류는 남서에서 북동방향으로 흐르며 크다. 1일주조류는 유속에 변화가 없고 시간에 따라 유향만 변한다. 동중국해의 항류는 대륙붕외연에서 제주도동방의 대마난류역을 제외하고는 조류에 비하여 전반적으로 작다. 제주도와 Kyushu사이의 대마난류역에서는 해류에 조류가 크게 관여하여 해수유동의 형태는 복잡하다.

한반도의 남서부해역은 복잡한 해저지형, 많은 도서, 해류 및 조류의 접촉과 기상의 영향으로 수주(water column)의 보존성분 및 비보존성분의 연직 분포는 계절에 따라 변화가 심하다. 특히 성층기에는 수온연직분포에 역전층(temperature inversion layer)이 형성된다(Choi et al. 2009). 한국남해안 특히 제주도주변에서 연안으로 밀려드는 대마난류와 연안수사이에 형성되는 전선층과 조류와의 접촉으로 이중조(二重潮)가 형성되고 이곳의 상하층의 유향이 반대일 경우에 연직으로 투하된 건착망이 파손되는 일이 빈번하였다. 이 이중조는 외측의 난류계수와 연안수가 접하는 곳(예, 대마도, 제주도, Koto부근)에는 정상적으로 일어나며 이것은 강수량과 일조량이 증가하는 여름에 급격하게 일어나는 경우도 있다. 주로 고등어 전갱이를 어획하던 1960년대의 건착망의 망지가 면사로 구성되었기 때문에 쉽게 파손되었으나, 최근의 선망의 재질은 합성수지이므로 파손되는 일이 거의 없다. 이 이중조는 냉수폭하(冷水瀑下)와 함께 이 해역의 해수유동이 해양생물의 분포와 이동에 미치는 특이한 현상이다(Tsujita 1957).

2.3 북서태평양 및 대한/대마난류역의 기후-해황변동
(Climate-ocean changes in the northwestern Pacific and Korea/Tsushima Warm Current regions)

(1) 기후체제변동(1988/89)에 관련된 해황 변동
(Changes in oceanographic conditions in relation to climate regime shifts 1988/89)

북서태평양 및 그 인접해역의 해황변동을 표면 및 아표층의 수온편차와 오야시오 전선위치의 시계열에서 볼 수 있다. 동해남서부(34° 30′N~38° 30′N, 128° 30′E~ 133° 30′E)의 아표층(50 및 100m층)의 수온평년편차에서 1980년대의 저온과 1990년대의 고온체제가 각각 뚜렷하다(Fig. 2-10). 동중국해(30° N, 126° E), 서태평양(34° N, 138° E) 및 동해남동부(34° N, 138° E)의 동계 표면수온(SST)평년편차에서도 1980년대 후기(1988/1989)의 기후체제급변이전의 한랭체제(cool regime)와 그 후의 온난체제(warm regime)가 뚜렷하다. 쿠로시오속류역의 동계 표면수온 편차와 제일오야시오관입의 남편에서 북편으로의 변동이 1988/1989년의 기후체제변동이후에 뚜렷하게 나타났다.

(2) 대한/대마난류역의 동계 기후체제변동(1988/89)과 표면수온(SST)
(Climate regime shift in winter 1988/89 and sea surface temperatures in the Korea/Tsushima Warm Current region)

동해에서 동계 표면수온(SST)의 1970년대부터 2000년대 초기까지의 평균으로부터의 편차와 두 체제기간(1987−2004년 및 1976−1986년)의 SST 차이의 공간분포도에서 준10년 편차는 준10년 평균치와 30년(1970−1999)평균치간의 차이로 규정된다(Fig. 2-11). 1980년대에는 동중국해북동부(대한해협−Kuyshu서방)와 동해동남부의 표면수온이 평년보다 현저히 낮은 한랭체제(cool regime)가 인정되고, 1980년대 후기부터 2000년대 초기까지 대한/대마난류역의 표면수온이 기후체제전환(1988/89년)이전에 비하여 뚜렷하게 높은 온난체제(warm regime)를 나타낸다.

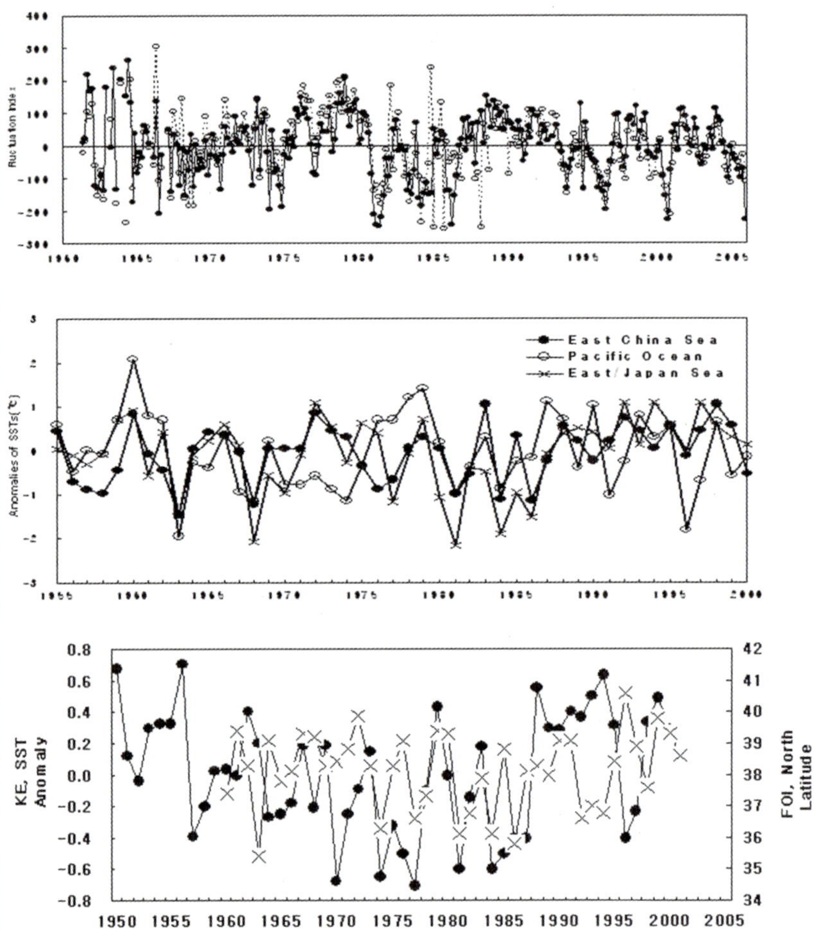

Fig. 2-10. Fluctuation indices of subsurface (50~100m) temperature in the southwestern East Sea (34°30'N~38°30'N, 128°30'E~133°30'E) (top): Anomalies of winter SSTs in the East China Sea (30°N,126°E), western Pacific (34°N,138°E) and southeastern East Sea(35°N,131°E) (Uehara and Mitani 2004) (middle): Anomalies of winter SST in the Kuroshio Extension (KE) (dot) and position of southern limit of First Oyashio Intrusion (FOI) (cross) (bottom) (After Gong et al. 2007).

Fig. 2-10. 동해남서부(34°30'N~38°30'N, 128°30'E~133°30'E)의 아표층(50~100m) 의 수온변동지수(상), 동중국해(30°N,126°E), 서태평양(34°N,138°E), 동해남동부(35°N,131°E)의 동계표면수온편차((Uehara and Mitani 2004)(중), 쿠로시오속류역의 동계표면수온편차(점) 및 제일 오야시오관입의 남측한계위치(십자(하)(After Gong et al.2007).

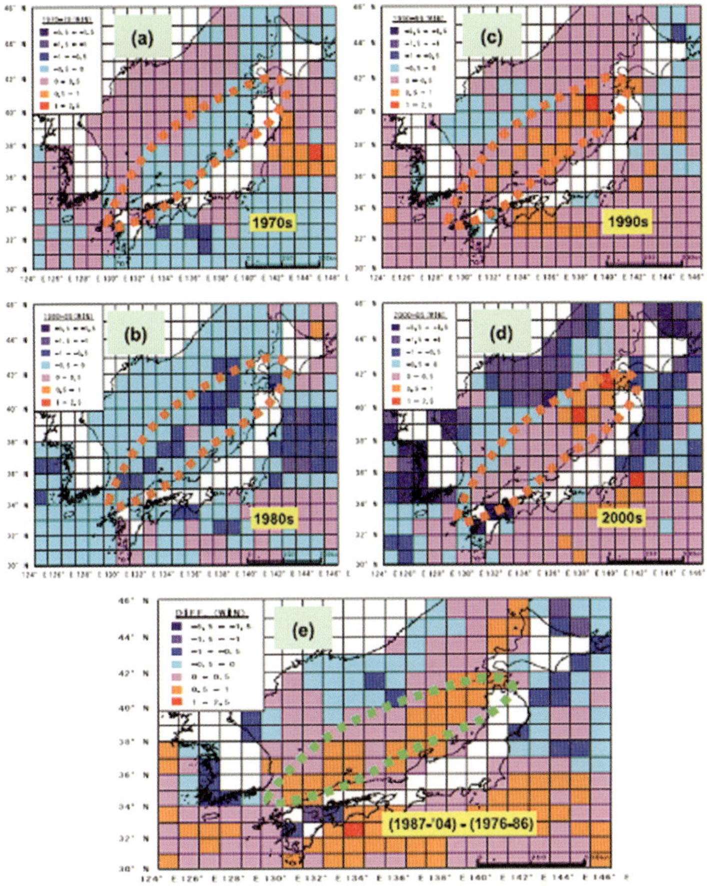

Fig. 2-11. Spatial distributions in winter SST anomalies by decadal mean from 1970s to early 2000s(a-d) and differences between two(1987-2004 and 1976-1986) regimes (e) in the East/Japan Sea. The decadal anomalies were defined as the difference between the decadal mean and 30 years(1970-1999) mean. The dotted ellipses approximately indicate the TWC region(After Tian et al. 2008).

Fig. 2-11. 동해의 동계표면수온의 1970년부터 2000년대 초기까지의 준10년 평균치로부터의 편차(a-d)와 두 기간(1987-2004 및 1976-1986)사이의 차이(e). 준 10년 편차는 준 10년 평균과 30년(1970-1999) 평균사이의 차로 규정되었다. 점선타원은 동해의 대한/대만난류역(TWC)을 개략적으로 나타낸 것(After Tian et al. 2008).

(3) 동해, 황해 및 동중국해의 열수지(Heat budget)와 광합성의 수리적 조건 (Heat budget and hydrographic forcing functions for photosynthesis in the East Sea, Yellow Sea nad East China Sea)

해면을 통한 대기-해양간의 열수송(heat transport)은 여러 가지 해양 및 대기현상에 영향을 미친다. 예로, 열염순환(thermohaline circulation)과 심층수의 형성에 동반되는 깊은 대류는 해표면의 냉각에 의하여 일어난다. 대기저층의 가열현상도 대기의 대류와 순환을 일으킨다. 해표면의 열수송에 대한 정확한 정보는 대기-해양의 상호작용을 기술하는데 필요하다. 열유량(heat flux)의 자료는 열의 경계조건으로서 해양 및 대기의 순환모델작성에 필수적인 것이다. 특히 해면에 투사되는 태양방사광은 식물플랑크톤의 광합성을 결정하는 주요 인자이다.

동중국해, 황해 및 동해의 장기(31년)연평균 표면 열유량이 추정되었다(Hirose et al. 1996, 1999). 동중국해(ECS)의 연평균태양방사광 $Q_s=I_0(0.865\text{-}0.5C^2)(1\text{-}L_s)$은 148.8 Wm^{-2} 이고 그 범위는 7월의 217 Wm^{-2}에서 12월의 87 Wm^{-2} 에 있다(Table 2-1, 2-2, Fig. 2-12). 동중국해의 연평균 열유량 $Q_{net} = Q_s\text{-}(Q_b+Q_h+Q_e)$은 -73.5$Wm^{-2}$ (−부호는 상방으로의 열 흐름, Q_b는 역방사, Q_h은 현열, Q_e은 잠열)이고 연간변동범위는 7월의 123Wm^{-2}에서 12월의 -320Wm^{-2}에 있다. 황해(YS)의 연평균 태양방사광(Q_s)은 148.8Wm^{-2} 이고 그 범위는 6월의 209Wm^{-2}에서 12월의 80Wm^{-2} 에 있다. 황해의 연평균열유량, Q_{net} 는 123Wm^{-2} 이고 그 범위는 6월의 170Wm^{-2}에서 12월의 -185Wm^{-2}에 있다. 동해(ES)의 연평균태양방사광(Q_s)은 128.5Wm^{-2}이고 그 연변동범위는 5월의 190Wm^{-2}에서 12월의 55Wm^{-2}에 있다. 동해의 장기연평균 열유량(Qnet)은 -53Wm^{-2} 이고 연변동 범위는 5월의 133 Wm^{-2}에서 12월의 -296 Wm^{-2} 범위에 있다. 한편 평균표면열흐름의 결과에서 Tsugaru 해협의 수송수량이 1.35 $10^6m^3sec^{-1}$로 일정하다면, 대한해협 및 Soya 해협을 흐르는 장기평균 수송수량은 각각 약 2.20 $10^6m^3sec^{-1}$ 및 0.85 $10^6m^3sec^{-1}$로 추정된다(Hirose et al.1996).

Table. 2-1. Monthly and annual surface heat flux over the East Sea. The unit is in W m-2 (After Hirose et al.1996)

Region	Total					NW			SE		
Flux	Q_{net}	Q_s	Q_b	Q_h	Q_e	Q_{net}	Q_h	Q_e	Q_{net}	Q_h	Q_e
Jan.	-280	61	67	123	151	-224	106	112	-339	140	193
Feb.	-177	85	62	90	111	-144	83	85	-213	97	139
Mar.	-22	135	53	32	71	9	23	52	-54	40	92
Apr.	79	163	42	2	41	88	-1	32	69	4	50
May	133	190	36	-6	27	141	-8	20	123	-3	34
Jun.	132	184	31	-3	24	139	-5	18	125	-1	30
Jul.	125	174	26	-3	26	123	-3	22	127	-3	31
Aug.	83	171	30	2	55	80	2	51	87	3	60
Sep.	-35	143	46	15	116	-16	13	98	-55	17	136
Oct.	-133	109	58	33	151	-103	28	124	-166	38	180
Nov.	-247	70	66	78	173	-230	79	151	-266	77	198
Dec.	-296	55	69	113	169	-264	111	135	-330	114	204
Ann.	-53.2	128.2	48.9	39.6	92.9	-33.5	35.7	74.9	-74.2	43.7	112.2

Note; $Q_{net}=Q_s\text{-}(Q_b+Q_h+Q_e)$, Net heat flux(평균해표면 열유량, Wm^{-2}),
Q_s; Mean solar radiation, short wave(평균태양단파방사광),
Q_b; Long wave(해면으로 부터의 역방사광), Q_h; Sensible heat flux(현열),
Q_e; Latent heat flux(증발잠열).

Table. 2-2. Monthly (a) mean values of solar radiation (short wave, Q_s Wm^{-2}) and (b) net heat flux Q_{net} in the East China Sea(ECS), Yellow Sea(YS) and East Sea (ES) (After Hirose et al. 1996, 1999)

Table. 2-2. 동중국해(ECS), 황해(YS) 및 동해(ES)의 (a)월평균 태양방사광(단파방사 Q_s Wm^{-2}) 및 (b)순열유량(Q_{net}) (After Hirose et al. 1996, 1999)

(a) Solar radiation(Q_s , Wm^{-2}), $Q_s = I_0(0.865-0.5C^2)(1-L_s)$

	Jan	Feb	Mar	Apr	May	Jun	Jul	Aug	Sep	Oct	Nov	Dec	Ann
ECS	88	106	137	165	181	182	217	207	175	137	104	87	148.8
Y S	84	114	151	185	208	209	188	187	160	126	94	80	148.8
E S	61	85	135	163	190	184	174	171	143	109	70	55	128.5

(b) Net heat flux(Q_{net} Wm^{-2}), $Q_{net} = Q_s-(Q_b+Q_h+Q_e)$

	Jan	Feb	Mar	Apr	May	Jun	Jul	Aug	Sep	Oct	Nov	Dec	Ann
ECS	-315	-240	-120	0	55	90	123	75	-25	-155	-255	-320	-73.5
Y S	-145	-30	53	125	150	170	145	100	-20	-85	-155	-185	123.0
E S	-280	-177	-22	79	133	132	125	83	-35	-133	-247	-296	-53.2

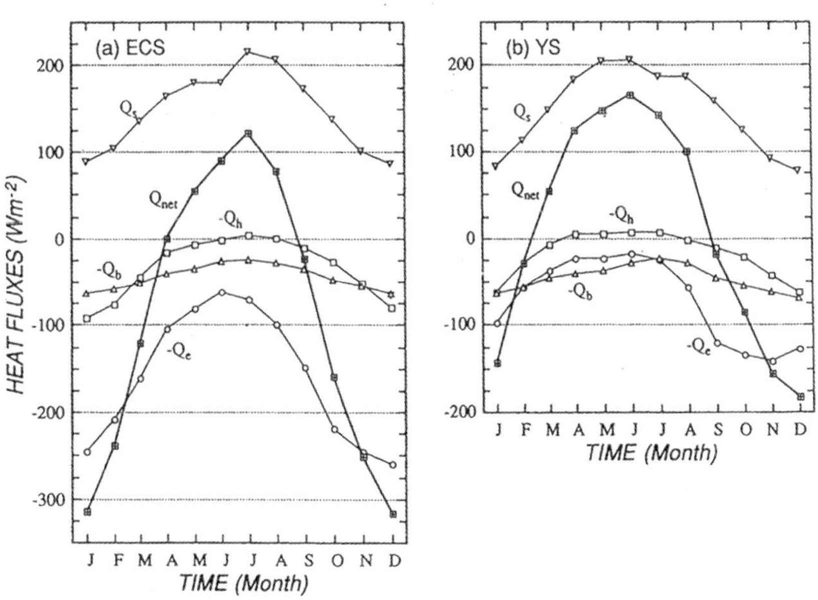

Fig. 2-12. Seasonal variation of the areal mean heat flux for the (a) East China Sea and (b) Yellow Sea. The unit is in Wm^{-2}. Positive value indicates that the sea gains heat from the air (After Hirose et al. 1996, 1999).

Fig. 2-12. (a)동중국해 및 (b)황해의 평균 열유량의 계절변동. 단위 Wm^{-2}. 정의 값(+)은 바다가 대기로부터 열을 받음을 뜻한다(After Hirose et al. 1996, 1999).

동해의 연평균태양방사광(단파방사)의 계절별 해역별 분포를 보면(Fig.2-13), 동-춘계에는 서고-동저, 하-추계는 남고-북저의 형태를 보인다(Maizuru Marine Observatory 1972, Hirose et al.1996, Kim and Isoda 1998). 특히 동해의 중서부해역(한반도동안)의 동-춘계의 단파방사광(Q_s=80~170Wm^{-2})은 다른 해역에 비하여 높아 식물플랑크톤 생산에 관련되는 임계심도(Dcr)가 깊은 값을 가지게 되고 상부혼합층깊이(MLD)는 다른 해역에 비하여 얕다(Zhang and Gong 2005). 따라서 이 해역은 동계에도 기초생산에 필요한 수리적 조건(MLD 〈 Dcr)이 충족된다(Fig.2-7, Fig. 2-13, Fig. 4-3). 여기서 영양염류가 충분히 공급될 수 있도록 약한 성층역(weakly stratified waters) 이 형성되면 기초생산이 활발할 것이 기대되다. 실제 동해의 극전선이남의 중서부해역과 한국남해를 포함한 동중국해역에서는 생물학적 겨울이 없이 주년 기초생산이 가능하며, 춘계에 강한 북풍에서 벗어나게 되어 수주의 성층이 아직 강하게 형성되지 않고 안정되어 얕은 혼합층과 충분한 광합성유효방사는 식물플랑크톤의 폭발적 번식(bloom)을 유발한다. 동해에서 춘계의 개화(spring bloom)는 4월경에 개시되나 해역간의 차이가 있고 그 남부해역에서는 겨울에도 기초생산이 가능하여 특히 한반도연안측은 거의 주년 Chlorophyll-a의 추적이 가능하다(Yamada et al. 2005).

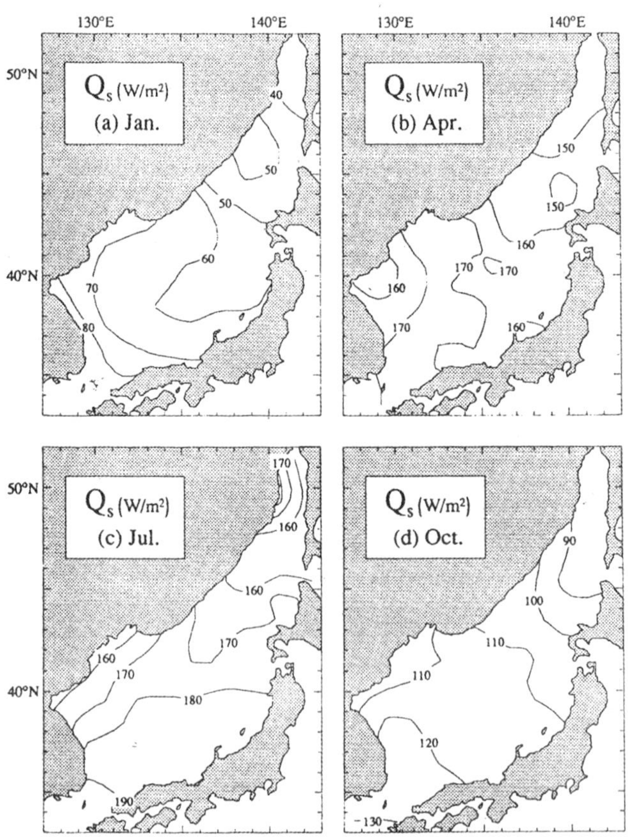

Fig. 2-13. Spatial distribution of the long-term monthly mean solar radiation (Q_s, in Wm^{-2}) (After Hirose et al.1996).

Fig. 2-13. 동해의 월별평균태양방사광(Q_s Wm^{-2})의 분포(After Hirose et al.1996).

2.4 북태평양의 기후 및 해양변동이 어류개체군 및 군집에 미치는 영향 (Effects of climate-ocean changes on the fish populations and community in the north Pacific Ocean)

(1) 북서태평양의 해황변동 (Fluctuations in oceanographic conditions in the northwestern Pacific)

표면수온(SST) : 북서태평양 쿠로시오해류역의 수온과 유속이 다같이 1987/88년경부터 증가하였다. 지난세기동안 이해역의 연평균 표면수온(SST)은 쿠로시오해역에서 23.0℃(변이 7.0%), 이행역 (TZ)에서 17.8℃(변이 23.6%) 그리고 오야시오해역에서 9.9℃(변이 21.0%)이었다. 동계 쿠로시오해역, 춘계의 이행역 및 하계 오야시오해역의 수온편차 누적(CuSum)의 경년변동을 보면 SST는 큰 경년변동으로 준 10년 변동형태를 보였다.

동계 쿠로시오해역의 SST는 1950년대와 1980년대 이후에 온난하였고 춘계의 이행역(TZ)과 하계의 오야시오해역에서는 1960년대 중기와 1980년대 초기부터 1990년대 후기사이에 낮았다. 쿠로시오, 이행역 및 오야시오해역의 표면수온은 1960년대 초기까지는 높았으나 그 형태가 쿠로시오해역에서는 1980년대 후기부터 달랐다. 이들 3개 해역의 동계 SST는 1987/88년에 뚜렷한 변화를 보였다.

결국, 쿠로시오해역의 해황의 뚜렷한 체제변화(regime shift)는 1987/88년에 일어나고 1976/77년에 일어난 변화는 비교적 약하였다. 북서태평양 동계의 표면수온장 (SST field)의 공간차이를, 1977-1988 및 1988-1997년간의 차이(1987/88 체제급변)와 1988- 1997 및 1998-2000년간의 차이(1997/98 체제급변)로 나타내었다. 1987/88년 체제변동기에 북서태평양은 온난형태(warming pattern)를 나타내었는데 특히 강한 온난화가 쿠로시오해역에서 또 일어났으며 1997/98년 체제변화가 일어나는 동안은 오야시오해역(40° N이북)의 냉각에 동반하여 나타났을 것이다. 이 강한 온난해역은 꽁치와 같은 온대성부어류의 산란장 및 성육장과 잘 일치한다(Tian et al. 2004).

상부혼합층(MLD) : 쿠로시오속류역은 쿠로시오에 의하여 수송되는 방대한 열량의 수괴가 북태평양중앙부를 향하여 확산되는 곳으로 그 물리적 특성치의 변동은 기초생산 및 2차생산에 큰 영향을 미치므로 정어리, 멸치, 꽁치 및 고등어와 같은 회유성어류의 가입량의 변동을 좌우한다. 이들 어류의 가입량의 변동은 쿠로시오속류역의 동-춘계의 해면수온 및 혼합층심도(mixed layer depth, MLD)등 상층환경에 관련된다. 특히 정어리자원의 변동기작을 이해하여 예측하기위해서는 이 해역의 수온과 상부혼합층의 변동을 이해하고 예측할 필요가 있다. 쿠로시오속류역의 상부혼합층 변동은 대기로부터의 냉각과 해류에 의한 열수송이 관여한다고 알려졌으나 혼합층심도의 장기변동에 대해서는 아열대 mode 수와 관련되므로 보다 더 구체적인 연구가 요구된다.

쿠로시오속류역은 쿠로시오에 의하여 수송된 열이 대기로 방출되는 곳이므로 쿠로시오의 열수송이 변동함에 따라 MLD가 변하고 기후변동을 일으킬 가능성이 있다. 북태평양과 그 인접해역의 해양변동이 알류샨저기압 및 북극진동에 관련된다고 알려졌으나 실제 이 쿠로시오속류역의 수온 및 MLD의 변화는 알류샨저기압이나 북극진동보다 빨리 일어난다. 이와 같이 쿠로시오속류역은 기후나 해양생태계변동의 열쇠를 가진 해역이므로 보다 상세한 연구가 필요하다.

특히 정어리자원이 50년 이상의 주기로 큰 변동을 보이는 것은 쿠로시오속류의 변동에 이와 같은 장주기변동성분이 포함되어있기 때문인 것 같다. 북태평양의 기후와 해양의 장기변동을 대표한다고 알려져 있는 알류샨저기압(Aleutian Low)의 강도를 대표하는 북태평양지수(NPI), 태평양10년 진동(PDO)지수, 동계극동계절풍지수((MOI) 및 북극진동지수(AOI)의 수 10년 시간규모의 변동에는 공통적으로 20년 주기 및 50-70년 주기의 변동이 지배적이다(Minobe 1999). 극동해역의 부어류자원의 변동과 어종교체를 이해하여 예측하기 위해서는 장주기의 기후 및 해양변동 현상의 기구를 명확하게 밝힐 필요 가있다.

(2) 기후체제변화에 대한 생태계반응의 지역차이 (Regional difference in ecosystem response to the climate regime shifts)

대양의 지역간의 기후체제변화 : 태평양 수10년진동(PDO)과 같은 기후지수들에 의하여 지시되는 바와 같이 기후체제변화와 대기 및 해양환경의 준 10년 규모의 변동성은 북태평양 중위도 해역의 탁월한 특징이며 어류 개체군의 역학과 생태계에 강하게 영향을 미친다. 체제변화(regime shifts)는 대기 및 해양장(ocean field) 뿐 아니라 멸치와 정어리와 같은 소형부어류, 어류군집 및 해양생태계에도 일어날 수 있다는 증거가 자주 나타나고 있다. 1980년대 말기(1987/88) 그리고 특히 1970년대 중기(1976/1977)의 체제변화는 북동태평양, 북서태평양, 남태평양의 페루 용승생태계, 대서양의 Benguela 용승생태계, 그리고 북해를 포함하는 태평양과 대서양의 여러 곳에서 잘 입증되고 확인되었다(Beaugrand 2004).

여하간 체제변화의 생태적 과정이 비록 지역적 규모에서도 충분히 이해되지 않은 것은 생태계의 구조적 및 기능적 복잡성과 장기간의 생물학적 시계열이 부족하기 때문이다. 기후체제변화에 대한 해양생태계의 시공간적 반응은 지역적으로 변할 수 있으므로, 어류군집과 생태계역학의 지역적 변화를 확인하는 것은 특별히 중요하다.

북태평양의 1980년대 후기의 기후체제변화 : 북동태평양과 베링해의 100개의 생물학적 및 물리학적 시계열을 기초로 북태평양과 베링해에서 1988년경에 체제변화가 일어났음이 확인 되었다(Hare and Mantua 2000). 동부베링해의 저서어류(주로 flat fishes)의 가입량이 1988/89년에 변하였으며 이것은 준 10년 기후변동성과 해황변동에 기인된다고 보았다. 더욱 식물플랑크톤에서 전갱이 및 청어와 같은 어류까지 풍도수준과 생물지리적 분포의 변화를 동반한 생태계체제변화가 1988년경에 북해(North Sea)에서 나타나고 이것이 NAO에 관련되었음이 확인되었다. 여하간, 1980년대 후기의 체제변화는 1970년대 중기의 지구적 규모의 체제변화에 비하여 비교적 잘 알려지지 않았으나, 1980년대의 기후체제변화의 반응은 동부태평양보다 북서태평양의 고위도에서 더 강하였던 것 같다. 비록 플랑크톤에서 소형부어류까지 일부 특정 생태계성분은 해황에 의하여 영향을 받았으나 북서태평양의 기후체제변화의 생태적 과정에 대해서는 극히 최근에 확인되고 있다(Zhang et al. 2000, Tian et al. 2008, Gong et al. 2006, 2007, 2008, Jung 2008, Jung et al. 2009).

2.5 동해의 기후 및 해황과 어류군집
(Climate-ocean and fish populations in the East Sea)

(1) 어류군집구조에 미치는 기후체제변화의 영향
(Effect of climate regime shifts on the fish community structure)

한국동해는 북서태평양의 한 연해(marginal sea)이지만, 큰 해양체제의 한 model 혹은 미소생태계(microcosm)라 볼 수 있어 생물지리학적 경계는 고도의 역학적 경계와 같다. 대마난류와 리만한류는 북태평양의 아열대 및 아한대순환을 각각 연상하게 하는 동해의 두 주요 해류이며 39°-40 °N부근을 경계(극전선, Polar front)로 남부의 온난해역과 북부의 한랭해역으로 나뉘진다(Senjyu and Suda 1994). 동해의 북부 및 남부해역은 수리학적으로 독특하며 남부해역은 더욱 열대성/빈영양적이고 북부해역은 더욱 한대성/부영양적이다. 그러므로 동해 상층대마난류와 균질하고 한랭한 심층수사이의 공간적 및 시간적 변동성은 저층의 영양단계 플랑크톤부터 고층의 영양단계 어류까지의 생태계 역학과 크게 관련되어있다(Uda 1938, 1958, Uda and Ishino 1958).

기후변동을 나타내는 5개 기후지수 및 그들의 누적합계(Cumulative Sum; CuSum)에서 한반도 근해 특히 동해의 기후 및 해황변동을 볼 수 있다. 남방진동지수(SOI)의 누적합계(CuSum)는 1978년 및 1998년에 급격한 변화를 보였다. 북태평양지수(NPI)와 태평양10년 진동(PDO)지수는 다 같이 1977년경에 뚜렷한 변화를 보였다. 북극진동지수(AOI)는 1971, 1977 및 1989년에 뚜렷한 변화를 가지고 10년 규모의 변화 형태를 보였다. 계절풍지수(MOI)는 1987년에 급격한 변화를 가지나 1970년대 중기에 뚜렷한 변화가 없이 큰 경년 변동을 보였다. 1976/77년에 나타난 급격한 변화는 SOI, NPI 및 AOI에서 공통으로 볼 수 있었고 1980년대 말기(1988/89)에 일어난 변화는 MOI 및 AOI에서 분명하게 나타났다.

(2) 동해의 표면수온변동 특징
(Characteristics of sea surface temperature change in the East Sea)

동해 북부와 남부의 표면수온 변동형태는 실질적으로 다르다. 지난세기 후반에 북부해역의 연평균표면수온은 10.9℃(변이 19.0%), 남부해역에서는 17.6℃(변이 18.6%)이었다. 동해의 북부 및 남부의 1950-2003년의 SST편차도에서 북부의 SST는 뚜렷한 7-10년 주기로 변동하였다. 남부해역의 SST는 북부해역보다 더 큰 경년변동을 보이고 1960년대와 1980년대 후반에는 한랭기, 1990년대는 온난기이었다. 이 SST의 부(-)편차에서 정(+)편차로의 급격한 변화는 두 해역에서 다 같이 1987/88년에 나타났다. 동해남부해역의 SST는 계절풍지수(MOI)와 유의한 상관관계($r = -0.69$, $p < 0.001$)를 가지나, 북부해역의 SST는 태평양10년 진동(PDO)과 관계($r = -0.36$, $p < 0.05$)를 가지는 것은 두 해역이 서로 다른 기후체제의 영향을 많이 받는다는 것을 나타낸다(Tian et al. 2006).

동해남동부 일본연안역의 해황은 대한/대마난류에 의하여 크게 영향을 받는다. 지난 40년(1964-2003)의 동해남부의 50m층 수온평년편차를 보면 1972-1973년 및 1978-1979년의 정(+)의 편차를 제외하고 수온은 1966-1986년 동안 부(-)의 편차, 1987-2003년 동안 정(+)의 편차를 보이고 1986/87년경에 대마난류에 한랭체제로부터 온난체제로의 급격한 변화가 일어났다. 이 들 현상은 수온, MOI 및 AOI에서 확인된 바와 같이 동해의 해황에 1980년대 후반기에 급격한 기후-해양 체제변동(climate-ocean regime shift)이 일어났음을 강하게 암시한다. NPI, PDO 및 SOI와 같은 세계적 기후지수에서 1976/77년경에 나타난 체제변동은 동해의 해양학적 지수에는 그다지 뚜렷하지 않았다. 따라서 북서태평양은 1987/88년의 변동과 함께 온난형태를 나타내고 특히 동해남동부와 남해의 대한/대마난류역에서 강한 온난화가 나타났다.

동해의 생물군집지수(community indices)는 기후/해양지수(PDO를 제외하고)와 유의한 상관관계가 없으며, 이것은 탁월하게 10년 변동형태를 가지는 군집구조가 기후/해양의 경년적 변화에 의하여 직접적으로 영향을 받지 않음을 나타낸다(Tian et al. 2006). 따라서 어류의 개체군 단위자원과 군집구조에 미치는 기후-해양변동은 경년적 변동보다 장기변동이 더 중요한 의미를 가진다고 볼 수 있다. 이들 어류개체군의 장기변동에 미치는 기후-해양변동을 나타내는 여러 기후지수는 북반구내에서 해역에 따라 중요도가 다소 차이가 있음을 고려하여 해당해역에 맞는 기후지수와 자원변동과의 관계를 검토함으로서 자원의 장기변동을 예측하는 지수로 이용될 수 있을 것이다. 예로, 북서태평양 한반도 주변해역의 기후-해양-생태계변동을 파악하는 데는 북극진동지수(AOI)와 계절풍지수(MOI)가 알류샨 저기압(Aleutian Low)지수에 못지않게 중요하기 때문이다.

이상과 같이 평균 영양단계와 같은 군집지수를 기초로 분석된 동해의 대한/대마난류역의 어류군집구조는 1980년대 후기에 일어난 변화와 함께 준 10년 변동성을 보이고, 어획보다 기후체제전환에 크게 영향을 받는다는 것을 보였다.

(3) 동해남부의 연안용승, 냉수 및 생산벨트
(Coastal upwelling, cold water and production belt in the southern East Sea)

초여름에 대한해협을 지나 동해로 들어가는 대한(대마)난류계수가 우세하면 아표층(20–30m층)에 5℃ 이하의 냉수를 볼 수 있다(Gong and Park 1969). 동해남부의 연안에서 이렇게 냉수가 표층 혹은 아표층에 나타나는 현상은 난류계수와 한류계수가 접촉하는 과정에 역학적 균형으로 두 수괴의 접촉면인 전선층(frontal layer)이 연안에서 표층으로 치솟기(tilting) 때문이다. 북반구에서 북으로 흐르는 난류가 지구자전의 영향으로 우측으로 치우치므로 연안측의 냉수가 표층으로 치솟게 된다. 이것은 해수유동의 역학적 균형에 따르는 해류유발 용승(current-induced upwelling)이다.

일반적으로 북반구의 중위도해역에서 봄부터 여름사이에 월의 진행과 함께 표면수온은 상승한다. 그런데 한반도남동부연안(35°~37°N, 울산-죽변간)에서 초여름에 수주에 성층이 형성될 무렵이면 7월의 연안의 표면수온이 그 전달(6월)의 수온보다 더 낮아 이 냉수와 그 외측의 고수온역 사이에 뚜렷한 수온전선이 형성되는 경우(예, 1961년 6 및 7월)가 있다(Gong and Oh 1977). 이것은 6월말부터 7월초에 남풍계열의 바람이 강하여 에크만수송(Ekman transport)에 의하여 상층수가 외측으로 수송되고 중층의 냉수가 표층까지 올라오는 용승(upwelling)현상 때문이다. 이는 일종의 연안용승(coastal upwelling)이며 그 성인에의 하여 분류하면 풍성용승(wind-induced upwelling)이다.

이와 같이 동해남부의 한국연안의 냉수는 북으로 흐르는 난류와의 사이에 역학적 균형으로 인하여 형성되므로 봄-여름 수주의 성층초기에 흔히 볼 수 있으며, 연안냉수와 외측의 난류계수간의 전선층(frontal layer)이 해면으로 완전히 노출(outcropping)되고 용승된 냉수가 외해로 확산되는 완전한 연안용승은 남풍계열의 바람이 상당히 강할 경우에 나타나게 된다. 따라서 이와 같은 뚜렷한 연안용승은 고온 저염의 표층난류계수가 대한해협을 지나 동해에 확장하기 시작하는 늦은 봄부터 이른 여름(6~7월)에 볼 수 있다(Fig.2-14)(Gong and Oh 1977). 상층난류계수가 우세하게 확장되는 한여름부터 초가을에는 바람이 아주 강하지 않으면 이 용승은 일어 날 수 없게 된다. 이렇게 대한해협의 한반도연안측에서 용승된 냉수가 북동으로 이류(advection)하는 현상은 6월말에서 7월초에 자주 나타나며 (예, 1961,1987, 1995, 1996, 1997, 2000), 용승된 냉수와 난류가 접하는 용승전선대(upwelling frontal zone)에서 높은 Chlorophyll-a의 patch를 인공위성의 영상으로 확인할 수 있다(Suh et al. 1999, 2001, 2004).

연안용승역의 상층기저에서의 연직용승속도는 $W_{-h}=-(k/\rho f)\tau_y e^{kx}$ 로 주어진다. 여기서 $k=f(gh\triangle\rho/\rho)^{-1/2}$ 는 *Coriolis force*(f), 중력장강도(g), 상층의 깊이(h),상층의 밀도(ρ), 상 하층의 밀도차($\triangle\rho$)로 주어지고, $\tau_y=\rho_{air} C_d | U | U$ 는 바람의 응력이다. 용승역에서 해안과 수직방향의 Ekman 수송량은 $M_n(x=-L)=\tau_y/f(1-e^{-kL})$ 로 주어진다. 다라서 이 풍성용승과 이에 따른 Ekman 수송량은 Coriolis 인자($f=2\Omega\sin\Phi$), 풍속(U) 및 공기밀도(ρ_{air})로 결정되는 바람의 응력(τ_y)에 의하여 지배된다.

이와 같은 바람에 의한 용승은 남미, 북미 및 아프리카 서안의 동단경계해류(eastern boundary current)역과 같은 해류의 발산역에서 해류방향과 같은 바람이 탁월할 때 일어난다. 그러나 한반도 남동해안과 동해안에 흐르는 대한(대마)난류 및 그 지류인 동한난류는 비교적 강류대를 가지는 일종의 서단경계류(western boundary current)이다. 이와 같은 서단경계류역에서 연안용승이 일어나는 것은 아프리카동안의 소마리해류(Somari Current)역과 같이 해안을 따라 부는 바람이 강할 경우에 일어난다(Smith 1967, 1968, 1995). 이 해역의 용승은 성층이 형성되는 초기(늦봄-초여름)에는 해류유발 용승이 기대되고 이시기에 바람이 강하면 용승은 강하게 일어나고, 성층이 강하게 형성되는 한여름에는 표층에 확산된 두터운 난류표층수 때문에 바람이 대단히 강하지 않으면 연안용승은 기대되지 않는다. 이 연안 용승에 따라 중층의 부영양염류의 해수가 유광층으로 공급되어 식물성플랑크톤의 번식이 강화되나 용승속도가 현저하게 강하면 광합성이 활발한 곳은 용승해역보다 그 외측에 치우쳐 일어난다(Cushing 1971).

따라서 한반도 동남해안에 출현하는 냉수는 다음과 같은 특징을 가졌다. 첫째, 한반도 동남부의 연안에 성층형성기에 북상난류와 남하하는 한류 사이의 역학적균형으로 냉수가 표층으로 상승하고, 둘째, 한반도 동안의 냉수는 대한(대마)난류와 그 분지류인 동한난류가 강할수록 역학적 균형으로 전선층의 강한 치솟음에 따라 강하게 나타나고, 셋째로 성층형성초기(늦봄-초여름)에 남풍계열의 바람의 응력(wind stress)이 강할수록 연안용승이 뚜렷하여 연안의 냉수와 외측의 난류계수사이에 뚜렷한 용승전선(upwelling front)이 형성된다. 넷째, 동남해안(울기-장기갑간, 35° 30′-36° N)에서 발생한 연안용승에 의한 냉수는 해안을 따라 북북동으로 확산하여 용승된 냉수의 확산범위(L)는 연안으로부터 약 50miles에 달할 것으로 추정된다(Yoshida 1955).

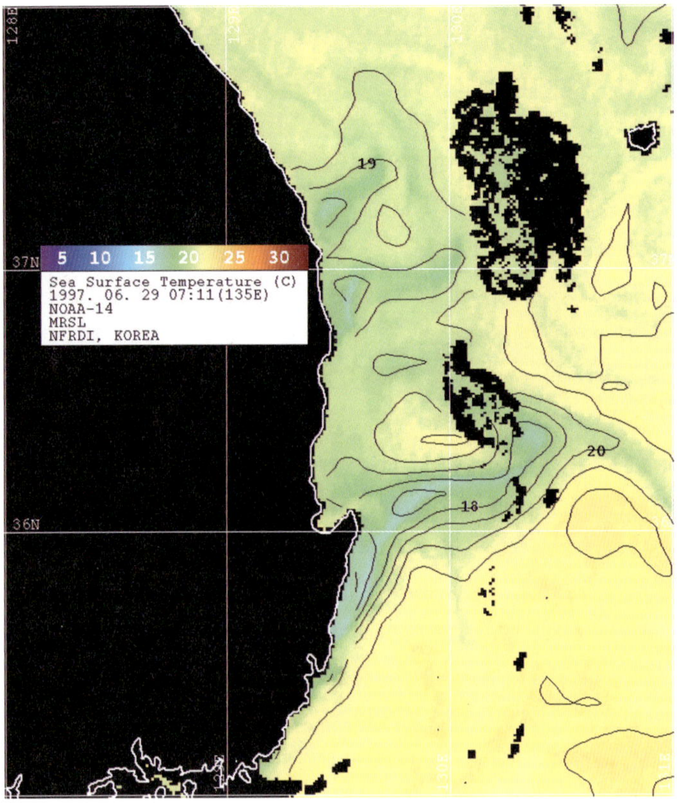

Fig. 2-14. Distribution of sea surface temperature in the southwestern East Sea from NOAA satellite, June 29 1997(After Suh et al. 2001).

Fig. 2-14. 동해남서부의 인공위성영상 표면수온, 1997년 6월 29일(After Suh et al. 2001).

한국동해안을 따라 춘계와 추계에 북상하던 동한난류의 가장자리(동한만 근해)에서 발사되는 난류 jet 는 시계방향으로 회전하면서 냉수와(cold eddy)를 둘러싸고 이 냉수와 주변의 전선대에 출현하는 Chlorophyll-a 농도(3 mg/m^3)는 그 주위를 둘러싸는 난류 jet 연변의 Chlorophyll-a 농도(1 mg/m^3)보다 높았다(Suh et al. 1999, 2000a).

2.6 북서태평양과 그 인접해역의 생태학적 특징–전선대의 어장 (Ecological characteristics and frontal zone fishing grounds in the northwestern Pacific and its adjacent regions)

(1) 인공위성 원격탐사에 의한 대규모해양생태계의 해양전선 추적 (Detection of oceanic front in the large marine ecosystem, LME by satellite)

해양전선(oceanic front)은 해수의 성질을 나타내는 특성치(수온, 염분, 영양염류 등)의 수평경도가 큰 협소한 대(zone)로서 상이한 수괴와 상이한 연직구조를 가진 넓은 해역을 분리한다(Uda 1938). 전선은 때로는 그 급격한 특징 때문에 불연속대로 기술된다. 전선의 길이는 수 m에서 수천 km까지 다양하다. 대부분의 전선은 준정체전선(quasi-stationary front)이고 계절적으로 지속되고 중요한 전선은 주년 지속되나 아주 단명(수일)인 것도 있다. 표면수온 및 염분의 전선횡단차이(cross-frontal differences)는 각각 10−15℃ 및 2−3ppt 정도로 크기도하나 전형적인 차이는 2−5℃ 및 0.3−1.0 ppt 정도이다. 전선의 연직범위는 수m에서 1km를 넘을 수 있으며 해양에서 4km를 넘는 저층에 이를 수 있다. 여러 가지 물리적 과정이 다양한 전선을 형성한다. 전선은 강어귀 및 연안부력전선, 조류혼합전선, 연안용승전선, 적도용승전선, 서단 혹은 동단경계전선, 아열대수렴전선, 연변빙하전선 및 수괴전선 등이 있다.

이들 전선은 화학적 및 생물학적 징후를 가진다. 원래, 한 특성치에 의한 전선이 다른 특성치에 의해서도 추적된다. 예로, 수온전선은 염분전선을 동반하는 경우가 많다. 밀도는 수온, 염분 및 수압(깊이)의 함수이기 때문에 이런 열염전선(thermohaline front)은 밀도전선을 동반한다. 중요 열염전선은 영양염류, 수색, 엽록소 및 탁도와 같은 다른 특성치에 의한 전선을 동반한다. 비록 상이한 특성치에 의한 동일전선의 위치에 비교적 미세한 공간적 상쇄가 관측되기는 하지만 같은 전선에서 같이 일어나는 물리, 화학 및 생물학적 특징은 특별히 배열된다. 이렇게 여러 가지 특성치가 전선에 배열되므로 인공위성에 의한 표면수온전선의 관측은 세계적 해양전선의 도면화 및 관측과, 회고적 연구를 위한 가장 긴 위성자료(질 높은 SST장)를 제공하는 원격탐사의 중요한 수단이라는 확실한 증거를 입증한다. 해양전선은 해양생태계의 주요 역할을 맡는다. 전선의 중요성은 그 물리적 화학적 및 생물학적환경에 대한 영향에서 유래된다. 실로 밀도전선은 방대한 열량, 염분 및 영양염류수송을 맡은 역학적 연변전선해류(geostrophic along -front current)를 동반한다.

북대서양에서 대규모 수온 및 염분편차(Great Slug)가 아한대환류주위로 확장할 때 그 해역 생태계에 심각한 영향을 미치므로 이 역학적 전선연변해류는 Great Slug에 대하여 도관(conduit)과 같은 역할을 한다(Dickson et al. 1988, Cushing 1995, Man and Lazier 1996, Belkin et al. 2009). 이들 전선연변해류는 전선으로 나눠진 상이한 수괴간의 해역을 유지시키고 이들 수괴와 함께 생태계의 상대적 독립성과 고립을 촉진한다. 대부분의 전선은 적어도 전선의 한편에서 전선을 향한

표면수렴(surface convergence)의 특징을 보인다. 이와 같은 수렴은 전선에서 기초생산을 높이는데 기여하고 이것은 식물플랑크톤에서 정상포식자까지의 해양생물의 hot spots이라 알려졌으며 어류, 물새, 해양포유류의 산란, 성육, 및 색이장이며 생물다양성이 높은 곳으로 알려졌다. 표면수렴은 오염물질의 농축을 유발하여 이 전선에 모이는 전선대생물에 위험을 줄 수도 있다.

해양전선은 그 아래의 해저와 그 위의 대기에 까지 영향을 미친다. 전선에서 표면수렴은 침강(downwelling)을 유발하고, 증가된 기초생산과 결부되어, 주요 안정된 전선아래의 침전물기록에 지질학적 흔적을 남기기에 충분한 침전을 촉진한다. 주요 전선에서 해양–대기상호작용은 비교적 얇은 대기경계층 뿐 아니라 전 대류권아래부분에 영향을 미친다. 연변 해빙대(ice zone)의 해양–대기상호작용으로 고위도해역의 해빙가장자리를 따라 해양전선이 형성된다. 그리고 해양전선은 수중음향환경을 형성하여 고래류와 다른 동물의 통신, 색이 및 회유를 위한 수중음향전송 및 음향위치에 직접 영향을 미친다. 해양전선은 수평적 및 연직적 수괴간의 경계이므로 이입체적 경계는 전선층(frontal layer)으로 표현되었다(Gong ,1971, 1972). 수중에서 활동하는 잠수정의 수평적 및 연직적 활동범위는 이 전선층의 위치와 특성치의 전선층–횡단–기울기에 깊은 관련을 가진다,

이렇게 해양전선은 LME의 영역(domain)과 어업자원의 개발 및 관리에 관련된 해역(province) 구분과 인간 및 동물의 수중활동에 중요한 경계가 된다. 해양전선의 생태학에 대한 많은 연구는 개별 전선에 대한 것이었으나, 최근 LME의 규모에서 생물의 핫스팟(hotspots)인 전선과의 관계에 대한 연구가 활발하게 수행되고 있다. 이 LME 규모에서의 경계와 해역의 구분에 관련하여 인공위성원격탐사(satellite remote sensing)기법을 이용하여 광역동시적 해양전선이 추적되고 있다(Qiu et al. 1990, Sherman 1990, 2005, Longhurst 2006, Belkin et al. 2009). 결국 어업에 관련해서는 개별 전선과 개별 LME에 대한 전선과 어업을 포함한 생물학적 특성을 연결하는 일이 중요하다. 이하 어업활동의 기본 무대인 어장에서의 전선의 중요성을 검토해본다 .

(2) 동중국해 및 황해 대규모해양생태계(LME)의 전선 (Fronts in the LME of the East China Sea and Yellow Sea)

이들 바다의 대규모생태계(LME)의 특징으로 대단히 안정적이고 기초적 동계의 전선들이 광범위한 물리적 과정에 의하여 형성된다(Uda and Ohira 1958). 이들 전선은 시험선에 의한 정선해양관측자료와 인공위성의 영상에 의하여 비교적 잘 밝혀졌다. 동중국해에서 볼 수 있는 전선의 형태는 황해 LME에 형성되는 전선보다 다양하다. 동중국해의 북부에서 양자사주환형전선(Yangtze Bank Ring Front, YBRF)은 양자강하구 사주(沙洲, shoal)를 둘러싼다(Fig. 2-15). 이 전선은 양자강의 방대한 담수의 방출에 따라 형성되며 조류의 정류에 의하여 유지되며 시계방향의 흐름과 사주주변에 폐쇄된 반영구적 원형전선(closed quasi-circular front)을 유발한다. 해안을 따라 남으로 흐르는 한랭한 담수와 Taiwan해협을 지나 북으로 흐르는 고온 고염의 근해수사이에 형성되는 수괴전선(Fujian-Zhejiang front)이 해안을 따라 형성된다. 쿠오시오전선(KF)은 타이완북

부의 대륙붕으로 침투한다. 이들 해수의 왕복은 열, 염분 및 영양염류의 육붕횡단교환을 위하여 중요하다.

한국남해전선(제주서방에서 동방으로 연장된 전선)은 고온 고염의 쿠로시오-대한/대마난류계 해수와 한랭하고 저염의 한국연안수간에 형성되는 예리한 전선이다. 황해LME에서 가장 강한 전선은 Shangdong 반도, Jiangsu 사주 그리고 한국서해안을 따라 형성되는 조석전선(tidal front)/조류혼합전선(tidal mixing front)들이다(Lie 1989, Hao et al. 2003). 동중국해전선을 유지하기위한 Yangtze 강의 역할에 비하면 황하(Yellow River)로부터 배출되는 담수가 황해의 전선을 유지시키는 데는 미약한 역할 밖에 못한다. 인공위성자료는 동중국해 및 황해에서 형성되는 SST전선의 구조와 예로, 조류혼합, 수괴수렴, 하천수의 배출 및 깊은 동계의 대류와 같은 전선형성을 유도하는 물리적 기작에 따른 여러 가지 연주기 변화를 잘 나타낸다. 이 해역의 어떤 전선은 그들의 횡단전선경도(cross-frontal gradient)의 부호가 겨울과 여름에 바뀌어 계절적으로 역전한다. 예로, 양자양자사주환형전선으로 둘러싸인 양자강하구사주는 봄-여름에는 외양수보다 더 고온이고 나머지 계절에는 더 한랭하다(Hickox et al 2000).

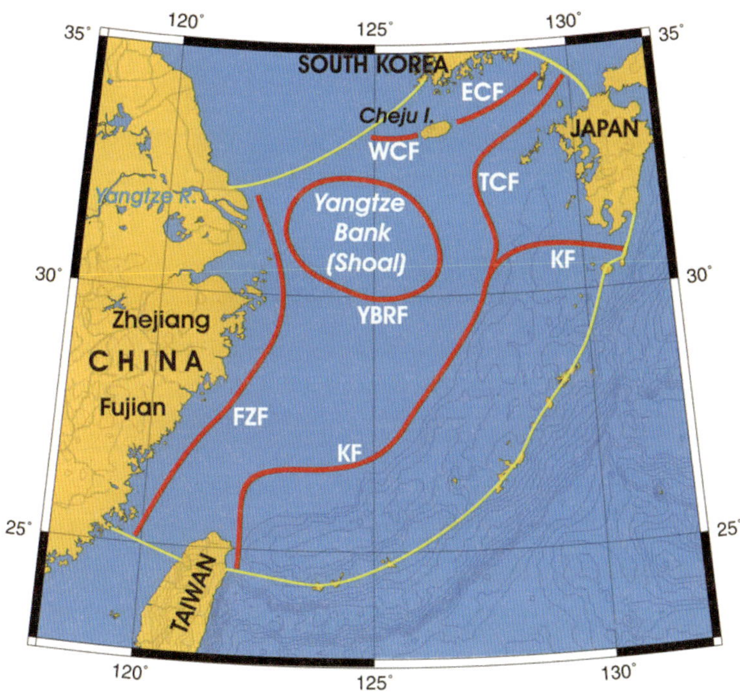

Fig. 2-15. Fronts of the East China Sea LME. Acronyms: ECF, East Cheju Front; FZF, Fujian-Zhejiang Front; KF, Kuroshio Front; TCF, Tsushima Current Front; WCF, West Cheju Front; YBRF, Yangtze Bank Ring Front. Yellow line, LME boundary(After Belkin et al. 2009).

Fig. 2-15. 동중국해 대규모해양생태계(LME)의 전선. ECF(제주 동방전선), WCF(제주서방 전선), FZF(Fujian-Zhejiang 전선), KF(쿠로시오전선), TCF(대한/대마난류전선), YBRF(양자둑환형전선), 황색선은 황해의 LME (After Belkin et al. 2009).

(3) 북서태평양의 해양전선역 어장
(Fishing grounds in the frontal zone of the northwestern Pacific)

북서태평양과 그 인접해역의 해양학적 특징은 성질이 다른 여러 가지 해류와 수괴가 접하여 형성되는 해양전선 및 와동의 형성으로 복잡하고 역동적이다. 이 복잡성은 이해역의 해양생물에는 호적한 환경을 형성하여 결국 세계해양에서 가장 높은 어업생산(2004년까지 10년간의 FAO 61해구의 연간어획량은 2,000~2,500만 톤)을 제공하였다(FAO 2007). 어업생산, 어장형성 혹은 어업자원변동에 관련된 해양환경에는 여러 요인이 있으나 생물의 생산과 어군의 군집에 전선역의 중요성이 특히 강조되어 어장형성에 관한 어황예보에 해양전선(oceanic front)이 흔히 이용되고 있다. 북서태평양측에는 쿠로시오(Kuroshio), 혼합수역(transition/mixed zone) 및 오야시호(Oyashio)가 접하는 해역에 거대하고 복잡한 해양전선이 형성된다. 이들 해역에는 기초생산과 2차생산이 높아 좋은 어장이 형성된다. 이곳은 특히 참다랑어(blue fin tuna), 가다랑어(skipjack tuna), 고등어(chub mackerel), 정어리(Japanese sardine), 꽁치(Pacific saury), 멸치 (Japanese anchovy) 및 오징어(common squid)와 같은 상층 회유성어류가 군집한다(Yamanaka et al. 1988). 동해에는 해양전선(아극전선)이 남서부에서 북동으로 연장되고 이 전선대에는 남방으로부터 난류 따라 북상한 난류성 어류(예, 고등어, 멸치, 방어)와 북으로부터의 한류성어류(예, pink salmon)가 군집하여 좋은 어장을 형성한다. 특성을 달리하는 두 이질 수괴가 수렴하는 이 전선대(frontal zone)에는 각종 부유물질이 집적되므로 이곳을 은신처로 하는 어류의 치어 및 자어가 모이고 집적된 해조류에 산란하려 군집하는 어류(예, 꽁치)가 높은 분포밀도를 나타내므로 어장으로 가치가 높다(Yamanaka et al. 1988, FAO 2007).

동중국해의 쿠로시오 주류로부터의 분지류와 중국연안으로부터의 한랭한 대륙연안수사이에 형성되는 해양전선역은 전갱이, 고등어 및 꽁치등의 회유성부어류와 여러 저서어류들의 산란장 혹은 월동장이며, 중요 저서어류(대하, 참조기 등) 분포역의 남쪽 한계로 이들의 남하회유기에 좋은 어장이 형성된다. 이외에 해산, 도서 혹은 암초(岩礁) 주변에 해저의 특징과 흐름에 따라 전선이 형성되며 그 주변은 어군의 군집효과가 높아 좋은 어장이 형성된다.

해류(쿠로시오, 오야시오, 대한/대마난류 및 리만한류) 주류의 역학적 사행성(meandering)에 관련되어 주류에서 분리된 대규모의 온난 및 한랭수괴는 대단히 복잡하고 역학적인 전선을 형성한다. 그런 현상이 특히 북서태평양의 쿠로시오 및 오야시오 전선의 주변과 동해의 아극전선 주변에 나타나서 부어류자원의 어황에 크게 영향을 미친다. 더욱 이들 수괴는 때로 그들 기원해류 및 다른 해류에도 영향을 미쳐 그들 기원이 복잡해지고 또 다른 사행성이 일어나게 된다. 난류계 수는 순환을 보이며 그 중심에는 냉수와동(cold eddy)이 형성되고 시계방향의 난수와동류(anticyclonic warm eddy)과 이들 고립된 수괴는 크기, 위치 및 움직이는 방향이 많이 변한다. 이들 현상은 어류의 이동/회유 및 어군형성/군집(schooling/swarming)에도 크게 영향을 미쳐 결국 이들 어류자원의 어황을 변화시킨다. 이상과 같이 해양의 구조적 특징이 기초생산은 물론이고 어업자원의 분포밀도 및 자원변동에 영향을 미치므로 어황예보와 자원변동의 장기예측을 위하여 정기적인 해양조사의 필요성이 강조된다.

쿠로시오 및 오야시오는 북서태평양의 서측연변을 흐르는 가장 뚜렷하고 강한 해류이다. 쿠로시오는 더 남쪽의 열대해역에 기원을 두어 여름에 표층수온이 25–27℃이며 오야시오는 북측의 극지해역에 기원을 두어 한랭한 것(여름에 6–10℃)이 특징이다. 쿠로시오가 어업에 미치는 영향으로 중요한 것은 북서태평양의 남–서측에 형성되는 그 역학적이고 대규모적인 사행성(meandering)이다. 이 쿠로시오의 사행은 때로는 직경이 100 miles이나 되는 큰 한랭수괴(cold water mass)를 둘러싼다. 이 냉수괴는 보통 2–9년 동안 지속되며 그 주변의 해황변동에 따라 위치와 형태가 변하며 쿠로시오에 대한 강한 서향반류(westerly counter current)가 일본 혼슈(Honshu)남측에 나타난다. 쿠로시오는 이와 같은 현상 즉 냉수괴와 반류형성의 영향을 받아 그 흐름의 방향이 남–남동으로 치우친다. 이들 물리적 현상은 부어류 개체군의 생태학적 특징 즉 분포, 회유, 어군형성, 산란의 성공 혹은 실패, 생활사 초기단계의 생잔률 등에 크게 영향을 미친다(Ogawa and Wakabayashi 1992).

쿠로시오와 오야시오가 수렴하는 일본 혼슈의 동–북동해역에서 이 사행성이 일어나면 때로 해류의 상부가 쿠로시오의 주류로부터 분리되어 고립된 난수괴(warm water mass)를 형성된다. 그것은 급히 확산하지 않고 오야시오에 기원을 둔 주위의 한랭수와 혼합하지 않고 서서히 북으로 이동한다. 오야시오 선단부분에서 이와 반대현상이 일어나서 여러 고립된 냉수괴(cold water mass)가 형성된다. 따라서 이들 두 주요 해류사이에서 형성되는 해양전선은 그 위치 및 형태뿐 아니라 그 해역의 수괴들의 모자익형의 구조가 대단히 역학적이고 변화무상하다. 이 해역에 내유하는 꽁치, 고등어, 가다랑어 및 오징어와 같은 많은 부어류들은 이 해황의 변동에 대단히 민감하게 반응하므로 그 반응은 그 어획 특히 중심어장형성에 영향을 미친다. 한랭한 오야시오는 혹카이도 동–남동안을 따라 더 남으로 흘러 혼슈의 북동부 해역에 이르고 여기서 쿠로시오의 북단과 맞나 앞에서 설명된 비와 같은 대규모의 역학적 해양전선을 형성한다. 겨울에는 오야시오서단에서 혼슈의 북–동안을 따라 흐르는 또 다른 난류의 끝부분과 접하여 복잡한 전선을 형성한다. 이 난류는 동해로부터 Tsugaru 해협을 통하여 태평양으로 흘러나온 대마난류의 한 부분이다. 이 전선은 크지 않으나 연안어업에 크게 영향을 미친다.

여름–가을에 황해중앙부의 황해중앙저층냉수(Yellow Sea Central Bottom Cold Water)는 겨울에 황해중앙부를 향하는 대마난류의 한 분지류인 황해난류(Yellow Sea Warm Current)와 한반도 서안 및 중국연안의 한랭하고 비옥한 연안수가 혼합하여 형성된 것이다. 북부중국연안의 해수는 많은 대 하천으로부터의 방대한 담수에 의하여 희석되므로 이 연안수는 염분농도가 낮고 비옥하여 이 해역의 많은 어업자원생물의 생산성을 높인다.

겨울에 아시아대륙으로부터의 한랭한 공기가 4–5일 간격으로 황해 및 동중국해의 표면수를 냉각시켜 선 연안수의 표면에서 저층까지 대류에 의한 혼합이 일어나게 한다. 이것이 황해중앙저층냉수의 생성의 기본과정이다. 동시에 대륙내부의 고기압에 의한 강하고 한랭 건조한 북서풍에 의하여 표면수가 남–남동으로 확장한다. 그러므로 이 냉수와 동중국해의 동–동남연변의 쿠로시오사이에 뚜렷한 전선이 형성된다. 이것이 부어류 자원의 어획에 크게 영향을 미친다. 이들 해수들이 수렴하는 곳에 혼합이 일어나고 혼합수는 대한/대마난류를 따라 동해로 흘러간다. 이들 바다의 해황은 대단히 변동이 심하고 수괴들의 시공간적 변동은 특히 전선대 연변에서 활발하게 일어난다. 이들 해역에서 이 한랭 혹은 온난한 수괴들의 출현은 어황의 단기변동뿐 아니라 어업자원의 풍도의 장기변동에 영향을 미치는 중요한 요인이다.

황해 어업자원 생물군집의 구조 및 변동은 해양수리학적특징에 밀접한 관계를 가진다. 황해남부 및 동중국해 북부에서 겨울을 보낸 어류들이 봄부터 수온의 상승과 함께 북상회유를 개시하여 황해 및 발해연안의 산란장으로 향한다. 산란후 대부분의 어류는 여름과 가을에 황해중부로 색이회유를 하고 늦가을부터 수온이 하강함에 따라 황해남부와 동중국해의 월동장으로 이동한다. 이와 같은 어류의 계절회유로 계절간의 다양성지수가 변하게 되어 보통 가을과 봄에 높고 여름과 겨울에 낮다. 종의 다양성(species diversity)이 증가하면 생물량이 종사이로 확산되므로 균질도(evenness)가 증가한다.

2.7 동중국해와 그 인접해역의 해양생태계역학 (Ecosystem dynamics in the East China Sea and its adjacent regions)

(1) 생태구의 무기 세계(대기, 수권, 해저) 및 유기 세계(생물계) (Inorganic world (atmosphere, hydrosphere, lithosphere) and organic world(biosphere) in the ecosphere)

한반도남해를 포함한 동중국해와 그 인접해역의 해황은 대륙에 연하여있으므로 육상기후와 해양성기후의 영향을 받아 그 경년변화가 심하다. 이 바다는 수심이 낮은 대륙붕이 광범위하게 발달되고 육지로부터 하천수와 각종 물질을 받아 기초생물생산이 활발한 해역으로 알려졌다. 이곳은 저서어류뿐 아니라 회유성부어류의 산란장 및 성육장으로 어업의 측면에서도 중요한 해역이다. 여러 연구결과에 의하면 북태평양에서 인정되는 기후변화와 원격접속에 의하여 공변하는 북서계절풍 및 북극진동과 같은 기후지수에 나타나는 기후체제 변화(climate regime shifts)는 기초생물생산과 어업자원에 이르기까지의 이 바다의 해양생태계가 준10년 규모로 변한다는 것을 보여준다(Tian et al. 2006, 2008, Zhang et al. 2000, Gong et al. 2006, 2007, 2008). 생태구(ecosphere)내의 유기 세계인 생물계(biosphere)의 비교적 상위영양단계에 있는 어업자원생물의 풍도, 분포 및 종의 조성 및 군집구조는 무기의 세계인 대기(atmosphere) 및 수권(hydrosphere)에 관련되는 비교적 하위영양단계의 플랑크톤의 수량, 출현 시기 및 공간변화에 대한 영향을 받아 변동한다. 그러나 대기로부터 육상 및 해양의 수리와 그 속의 생물계에 이르기까지의 각 과정이 기후체제변화와 어떻게 관련되어 변동하는가의 구체적 기작이 명확하게 밝혀지지 않았다(Fig. 2-16). 더욱 어업자원의 장기변동에 미치는 어획의 영향이 구체적으로 밝혀지지 않은 단계에서 기후영향을 식별하기란 더욱 어려운 문제이다. 어업자원뿐 아니라 이를 포함하는 생태계의 변동을 예측하기는 더 많은 조사 연구가 요구된다.

(2) 황해–동중국해–대한해협의 생태계의 구조 및 변동요인 (Structure and forcing factors for fluctuations in the Yellow Sea, East China Sea and Korea Strait)

동중국해의 해황특성과 그 변동요인에 따른 결과적 현상은 아주 다양하다.

① 동중국해는 개방적인 연해이며 조차가 크고 조류가 강하여 폭넓은 조간대를 형성하여 조류를 이용하는 어법(예, 안강망)이 발달하고 간석지에는 특이한 저서생물(내생 및 매재동물)이 다양하게 분포한다.

② 대륙붕이 광대하여 수리구조는 하계에는 보존성 특성치(수온, 염분 밀도)의 약층이 뚜렷하게 발달하여 연직안정도가 높고, 동계에는 대류혼합이 활발하여 수질이 표면에서 해저까지 균질하다. 따라서 하계에 황해에는 고온–저염한 가벼운 해수 아래에 한랭한 저층냉수가 보존되어 상하층간의 연직혼합이 제한되나, 연안에는 조류에 의한 혼합이 활발하여 조

석전선이 뚜렷하게 형성되고, 조석적 내부파가 발달한다.

③ 동중국해동부의 태평양측과 북부의 대륙측에 도서가 많아 상하층수의 교류가 용이하다.

④ 동중국해남동부를 흐르는 쿠로시오로부터 파생되는 대마난류, 황해난류 및 그 분파들은 육지로부터 저염한 연안수와의 접촉으로 전선대가 형성되고 각종 어업생물의 군집 및 분산을 지배한다.

⑤ 다량의 대륙연안수와 함께 유입된 풍부한 영양염류의 공급과 충분한 광합성유효방사로 기초생산이 거의 주년 활발하여 각종 해양생물의 보고를 이룬다. 봄–여름의 우기에 중국 대륙연안수의 확대로 인한 홍수로 고온 저염의 해수가 수평이류/확산하여 고온 고염의 외양성표층어류(예, 꽁치, 다랑어류)의 분포를 제한하거나 동북으로의 분포 이동을 촉진한다. 반대로 강수량이 적어 한발이 심한 해에는 고염분해수가 확산하고 연안수는 축소된다.

⑥ 동중국해와 그 인접해역은 동계의 대륙기단의 영향을 크게 받는다. 첫째, 강한 북서계절풍으로 취송류가 발달하고 해수의 수평이류가 강하여 황해냉수 및 대륙연안수 및 쿠로시오 분파의 세력이 증가한다. 이 동계의 대륙기단의 발달은 혹한, 냉각과 왕성한 증발로 동중국해의 북부에서 고염화가 촉진되고 대기와 해양간의 열 교환이 활발하여진다.

⑦ 길고 큰 대륙사면이 발달하여 쿠로시오의 유로가 안정성을 유지하고 동중국해의 대륙붕상의 수괴의 벽면효과를 나타낸다.

⑧ 이 바다의 동남부에 발달한 길고 협소한 해분 때문에 태평양측의 중층 및 심층수로부터 격리되고 주상해분의 고유수에 서식하는 심해성어류의 천층으로의 출현을 통제한다.

⑨ 이 바다외측의 해령(海嶺)은 쿠로시오의 유로의 변동을 조장하고 침강류, 용승류 및 난류와 수속발산을 유발한다(Inoue 1981).

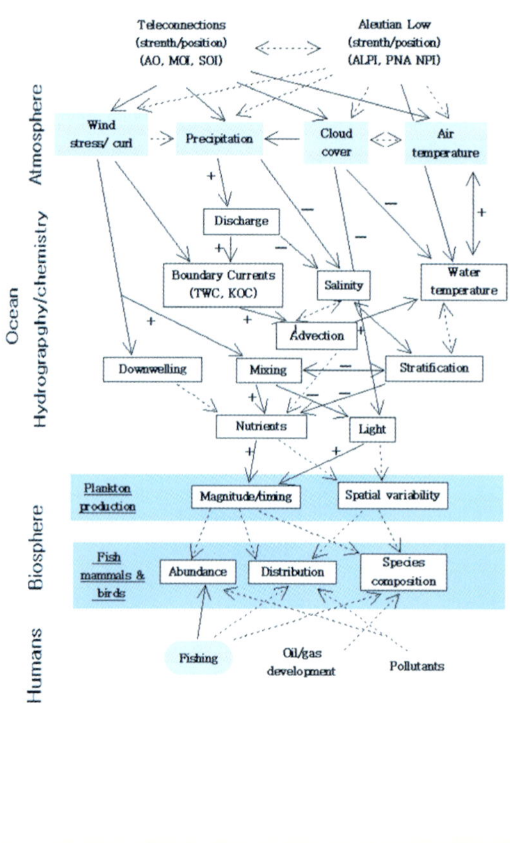

Fig. 2-16. Schematic representation of ocean ecosystem dynamics

Fig. 2-16. 해양생태계역학의 모식적 표현

03

북서태평양의 어업자원 변동

(Fluctuations of Fish Populations in the Northwest Pacific Ocean)

기후변화와 해양생태계

Climate Change and Marine Ecosystem

북서태평양의 어업자원 변동

(Fluctuations of Fish Populations in the Northwest Pacific Ocean)

03

머리말

부어류 생태계의 구조적 전환 : 전통적 수산자원분야에서는 자원의 변동을 각 자원의 가입량(recruitment)의 문제로 처리하여왔다. 그러나 세계의 중요 상층회유성 소형부어류(예, 청어, 정어리, 전갱이 고등어, 꽁치, 멸치)의 자원변동은 기후체제변동(climate regime shifts)에 직접관계가 있다고 알려지고 있다.

극동해역에 분포하는 정어리, 북미 및 남미서안의 정어리는 서로 멀리 떨어져 분포하나 위상이 일치하는 장주기의 대변동을 반복하고 있다. 이와 같이 서로 떨어져 분포하는 복수의 정어리 개체군의 동시적 변동(synchronous fluctuation)은 이들 개체군이 분포하는 국지적 수역의 환경변동으로는 설명할 수 없고 지구적 혹은 반지구적 규모의 기후변동이 기본적으로 관계하는 것 같다. Regime shift의 문제가 전통적 수산자원학의 근간을 두 가지 의미에서 강하게 흔들고 있다. 첫째, 지금까지는 자원의 변동은 어획(fishing)의 작용을 포함하여 밀도－의존적(density-dependant)으로 일어난다고 보고 환경은 잡음(noise)이라 취급되었다. 그러나 많은 소형부어류의 자원변동은 전 지구적 규모에서 거의 밀도독립적(density-independent)으로 일어나며 어획의 효과가 오히려 noise 적이다. 둘째로, 개체의 성질은 기본적으로 불변이라 보고 정어리에서 볼 수 있는 개체의 성질의 상변이적 전환(相變異的 轉換)은 예정되어 있지 않다. 이런 점에서 전통적 수산자원의 기본이념은 급히 수정되어야 할 단계에 와 있다(Kawasaki 1994).

체제변동은 1980년대에 수산자원학의 분야에서 "대기－해양－해양생태계의 수 10년 간격의 급격한 변화"를 표현하는 용어로 제안되었다. 체제(regime)란 원래 사회과학의 용어로 정치체제나 사회조직을 지칭하는데 여기서는 기후나 생태계, 어류군집의 형태와 같은 대기－해양생물계의 기본구조를 말한다. 여기서 체제변동(regime shift)은 시간적으로는 수10년 혹은 50－100년, 공간적으로는 지구규모 혹은 대양규모로서, 물리적 대기-해양계, 부유생물군집, 어류군집 등으로 구성되는 기후－생물세(climate-biogeocenosis)의 기본구조가 단계적, 불연속적으로 전환하는 것을 뜻한다. 이 regime shift는 열용량과 밀도가 높아 운동의 관성이 크고 운동과 상태의 지속성이 긴 해양에서 특이하게 볼 수 있는 것이다.

최근 여러 연구에 의하면 태평양 수10년 진동(PDO)과 같은 기후지수들에 의하여 지시되는 바와 같이 체제변동 및 대기 및 해양환경의 준 10년 규모의 변동성은 북태평양 중위도해역의 탁월한 특징이며 어류개체군의 역학과 생태계에 강하게 영향을 미친다. 체제변동은 대기 및 해양뿐 아니라 멸치 및 정어리와 같은 소형부어류, 어류군집 및 해양생태계에도 일어날 수 있다는 증거가 제시되고 있다. 특히 1970년대 중기와 1980연대 말기에 일어난 체제변동은 페루용승생태계, 대서양의 벵규엘라연안의 용승생태계, 그리고 북해를 포함하는 대서양 및 태평양의 여러 곳에서 잘 입증되고 있다. 따라서 어획의 대상이 되는 수산자원은 수주성부어류(pelagic fishes)뿐 아니라 저서어류(demersal fishes)도 기후－해양의 영향을 받아 변동하게 된다(Cushing 1982, 1995, Kim et al.1997)

그런데 체제변동의 생태적 과정이 비록 지역적 규모에서도 충분히 이해되지 않은 것은 생태계의 구조적 및 기능적 복잡성과 장기간의 생물학적 시계열이 부족하기 때문이다. 기후체제변동에 대한 해양생태계의 시공간적 반응은 지역적으로 변할 수 있으므로 어류군집과 생태계역학의 지역적 변화를 확인하는 것은 특별히 중요하다. 이에 관련하여 최근에 동해의 대마난류역에서 1980년대 후기에 일어난 체제변동에 대한 생물군집(동물플랑크톤, 소형부어류 및 저서어류)의 반응에 대한 연구가 진행되고 있다(Tian et al. 2008).

3.1 해양생물자원의 서식환경과 생태적 특징
(Habitats and ecological characteristics of marine living resources)

해양의 생물자원은 연안에서 외양까지 표층에서 심층까지 여러 해역에 서식하는 다양한 야생의 동물 및 식물들이다. 바다의 풍부한 생산력은 최근까지 연간 약 1억 톤의 방대한 유기물을 인류에 제공하였다. 해양의 생물자원은 인간에 의한 어획이 있기 전부터 큰 자연변동을 반복하여 왔다(Baumgartner et al. 1992, Finney et al. 2002). 지난 20세기의 기술발달과 인구증가는 해양환경과 자원을 크게 변화시키고 있다. 이 절에서 우리는 다양한 해양생물자원은 어떻게 자연변동을 하고 인류가 이렇게 변동하는 자원과 어떻게 공존할 수 있을 가를 환경, 생물의 생태 및 어획의 변동을 고려하여 논의 해 보자(Watanabe 2005).

(1) 해양동물의 생태적 특징(Ecology of marine animals)

해수의 비중과 비열은 대기보다 훨씬 크다. 해수의 큰 비중은 미소한 플랑크톤과 대형동물에도 큰 부력을 주고 있다. 해양에서 시간적 및 공간적 온도변화는 대기보다는 적으나 해수온도의 근소한 변화는 해양동물의 생리에 큰 영향을 주고 있다. 이와 같은 성질의 해양동물은 육상동물에 비하여 대단히 다른 특징을 가진다.

❶ 작은 어란 (Small fish fggs)

해양동물, 어류의 알은 작은 것이 특징이다. 바다에서는 큰 어류가 대단히 작은 알을 낳는다. 체중 100kg의 참다랑어 *Thunnus thynnus* 의 알(직경 약 1.0mm)은 체중 100gr의 정어리 *Sardinops melanostictus* 의 알(직경 1.5mm)보다 작다. 방어 *Seriola quinqueradiata* 의 부화자어(체장 3-4mm)는 꽁치 *Cololabis saira* 의 부화자어(7-8mm)보다 작다. 해산어류의 알의 평균직경은 어미의 크기에 관계없이 약 1.0 mm이고 부화한 자어의 평균체장은 2.9 mm로 아주 작다. 해양에서는 수십 마이크로미터에서 수백 마이크로미터의 작은 식물플랑크톤이 기초생산을 떠맡고 있다. 그래서 그들을 먹이로 하는 수 밀리미터의 갑각류플랑크톤이 해양의 주요 1차 소비자이다. 그러므로 어류가 미소한 플랑크톤을 먹이로 이용할 수 있다는 것이 바다의 생산력을 이용하여 성장하기위한 필수조건이다. 해산어류의 새끼는 체장이 수 밀리미터부터 수십 밀리미터의 소형이므로 수백 마이크로미터전후의 갑각류플랑크톤의 유생을 먹이로 이용할 수 있다. 잇달아 탄생하는 많은 플랑크톤을 먹이로 하여 해산어류는 번영해왔다. 어미의 크기에 관계없이 그 새끼가 소형이라는 것이 바다의 생산력을 최대한으로 이용하여 번식하기위한 해양동물의 기본적인 생존전략이다.

❷ 다산 (High fecundity)

해산어류의 제 2의 특징은 대단히 많은 알을 낳는다는 것이다. 참다랑어 혹은 방어와 같이 대형의 어미로부터 태어난 알이 정어리 알 보다 작다는 것은 대형의 어미가 많은 알을 낳는 다는 것을 의미한다. 육상동물에서는 산란수가 비교적 많은 곤충의 알도 1,000을 넘는 종이 좀처럼 없다. 참다랑어는 암컷 한 마리가 수백만에서 천 수백만, 참돔 *Pagrus major*과 전복 *Haliotis discus hannai* 은 수백만, 넙치 *Paralichthys olivaceus* 와 닭새우 *Panulirus japonicus* 는 수십만, 정어리는 수만의 알을 낳아, 고래류나 상어류와 같은 태생을 제외하면 해양동물은 육상동물에 비하여 차수가 다른 많은 알을 낳는다.

❸ 분산(Dispersion)

물고기의 알(魚卵)과 부화된 유생(幼生)은 해양표면가까이 표류하는 부유생활을 하는 사이에 광범위하게 분산한다. 이 알의 비중은 해수의 비중보다 다소 크고 정지상태에서 서서히 침강하며 유동하는 해수의 표층이나 중층에서 부유하기위한 돌기나 벌집 같은 표면구조를 가진다. 부화된 자어도 물에서 받는 저항을 크게 하여 부유생활이 가능하도록 특수한 형태를 가진다.

물고기의 알과 유생은 수주부터 수개월간의 플랑크톤생활을 하는 사이에 해류나 조류에 의하여 넓은 범위에 분포하게 된다. 정어리 혹은 꽁치의 자어(仔魚)는 2-3월에 30°-31° N 부근의 쿠로시오해역에서 태어나면 하루 100km의 유속으로 흐르는 이 해류에 실려 35°-36° N부근의 1천 수백 km의 거리로 수송되어 무리를 지어 표층 회유성어류가 된다. 마리아나(Mariana)해역에서 발생된 뱀장어 *Anguilla japonica* 의 자어 leptocephalus 는 3-6월 사이에 북적도해류와 쿠로시오에 실려 수천km의 거리를 이동한다. 연안에서 산란된 전복이나 굴의 유생은 조류나 바람에 의한 취송류에 의하여 널리 분산되고 수일에서 수주일후에 암초에 정착한다. 물고기의 알과 유생(幼生)이 수십 내지 수천km까지 수송 및 분산되는 것은 육상동물에서는 볼 수없는 특징이다. 생활사초기에 흐름을 따라 광범위하게 분산되는 것은 해양동물의 번식전략의 하나이다.

유동하는 환경을 이용하여 넓은 범위에 많은 자손이 퍼트려지고 알맞은 환경에 들어가서 순조롭게 성장한 개체가 성어가 되어 산란하게 된다. 한 개체별로 보면 각각 어디로 운반될 것인지 예측할 수 없고 성체가 될 때까지 생존할 수 있는 확률은 대단히 낮다. 소형의 새끼를 낳는 해양동물은 그 알이나 새끼가 광범위하게 분산되어 생활사의 초기에 대단히 높은 사망률을 경험한다. 그러나 한 배에서 태어난 엄청난 수의 새끼들은 넓은 범위에 분산되므로 몇 개체는 성체까지 생존하여 다음 세대를 산출할 수 있게 된다.

❹ 초기감모(Early stage mortality)

해양동물은 생활사의 초기에 초기감모(初期減耗)라 불리는 대량의 사망을 경험한다. 소형의 알을 대량 산출하는 해양동물은 태어난 자손 가운데 성체까지 생존할 수 있는 것은 극히 적다. 친어가 집중하여 대량으로 산란하는 해역에는 어란 혹은 자어(仔魚)를 노리는 포식자가 모여든다. 알이 산출되어 부화할 때까지의 멸치류의 생잔률은 20-30%로 추정된다. 어란이나 유생은 플랑크톤의 형태로 급속히 분산되므로 산란장에 모여드는 포식자를 피할 수 있다. 그러나 분산결과 먹이가 풍부한 해역에 잘 도착할 수 있게 될지는 알 수 없다. 먹이가 충분한 해역으로 운반된 자어는 활발하게 섭이하여 급히 성장한다. 그러나 먹이가 적은 해역으로 운반된 자어는 먹이부족으로 곧 포식자에 포획되거나 굶어 죽는다.

전갱이류가 먹이를 먹기 시작하는 시기의 사망률은 70%정도인데 이 가운데 60%가 포식자에 포식되는 사망이고 40%는 굶어 죽는다고 추정된다. 먹이를 맞나 성장하는 자어도 항상 무사하다고는 볼 수 없다. 지느러미와 근육의 발달정도가 낮은 자어는 유영하는 힘이 약하고 육식성의 동물플랑크톤이나 어류에 곧 노출된다. 체장 약 3mm로 태어난 멸치류의 자어(仔魚)가 20mm로 성장할 때까지의 사망률은 70%이다. 초기감모는 엄청난 수의 작은 새끼를 산출하여 자손을 남기려는 해산동물의 번식전략의 대가이다.

❺ 변태 (Metamorphosis)

해양동물은 태어나서 수 주일부터 수개월 사이에 부유생활을 하다가 어린형태로부터 짧은 시간에 성체에 가까운 형태로 변태(變態, metamorphosis)한다. 가자미, 넙치류의 자어(仔魚)는 몸의 양측에 눈이 있고 등지느러미를 위로하여 부유생활을 보내지만 치어(稚魚)로의 변태기에 가까워지면 가자미류는 좌측의 눈이 두부의 배중측(背中側)을 통하거나 두부를 관통하여 우측으로 이동하여 우측에 두 눈이 나타나고, 넙치는 반대로 우측 눈이 좌측으로 이동한다. 평편한 버들잎 같은 뱀장어의 자어 leptocephalus 는 해안에 접근할 무렵에는 뱀장어 체형의 어린 뱀장어로 변태하여 중국, 한국 및 일본의 하천으로 올라온다. 전복의 유생은 면반(面盤)이라 불리는 섬모의 유영기관을 가지며 부화후의 수주일은 난황을 영양원으로 하여 부유생활을 보낸다. 그 후 암초에 착저(着底)를 시도하여 적절한 암초를 찾으면 유영기관인 면반을 떼어 버리고 착저, 변태하여 껍질을 형성하여 치패가 되는데 착저를 시도하던 암초가 적절하지 않으면 부유생활을 연장하여 적절한 착저장소를 탐색한다.

해양동물의 변태는 더욱 성장하기위한 변화이다. 해산어류의 자어는 부화하여 잠시 동안 갑각류 플랑크톤의 유생을 먹이로 하여 순조롭게 성장하나 자어기의 후반에는 점차 성장속도가 떨어진다. 자어의 몸이 커지면 미소한 갑각류플랑크톤의 유생만으로는 충분한 영양이 섭취되지 않는다. 변태하여 어미와 같은 먹이를 이용하게 되면 성장은 다시 가속된다. 변태후의 치어기가 해산어류의 일생 중에 가장 성장이 왕성한 시기이다. 전복이나 소라의 유생은 먹이를 먹지 않고 난황만을 영양원으로 하여 유생기를 보낸 뒤에 호적한 장소에 착저하여 먹이를 먹고 성장을 개시한다.

해양동물은 변태에 의하여 부유생활로부터 그들 종 특유의 군영생활(群泳生活), 저서생활(底棲生活), 고착생활(固着生活)등으로 생활양식을 변화시킨다. 이에 따라 먹이생물이나 외적의 종류도 변하고 체내에서도 유생으로부터 성체로의 생리적 변화가 일어난다. 해양동물의 변태는 단기간에 일어나는 형태적, 생리적, 생태적인 큰 변화이다. 멸치 *Engraulis japonicus* 는 변태가 시작되는 시기의 성장속도가 큰 개체는 변태를 신속하게 마칠 수 있으나 성장속도가 낮으면 변태에 의한 긴 시간이 필요하다(Takahashi, Watanabe 2004). 변태라 불리는 위험한 시기를 마치는데 긴 시간이 걸리면 살아남을 확률은 낮다. 자연 상태의 해역에서 변태기의 사망률이 추정된 예는 거의 없으나 이 시기에 해양동물은 대량으로 사망한다고 본다.

❻ 비한정 성장 (Indeterminate growth)

해양동물의 작은 유생은 성체가 될 때까지 현저한 성장을 한다. 태어난 지 얼마 되지 않은 어린 해양동물이 성체의 크기와 관계없이 작다는 것은 새끼가 어미로 될 때까지의 성장률이 아주 크다는 것을 의미한다. 직경 1.0mm의 참다랑어의 알에서 깨어난 자어의 체중은 0.1gr 이하이다. 체중 100kg의 참다랑어는 태어난 지 얼마 되지 않은 자어로부터 백만 배 이상으로 체중을 증가시키게 된다. 해양동물은 성체의 크기에 비하여 현저히 작은 새끼를 아주 대량으로 산출하여 극히 적게 생존한 새끼가 차원이 다른 성장을 보이는 번식의 특징을 가진다.

성장에 관한 또 하나의 특징은 해양동물은 성체에 달하여 번식을 시작한 후에도 일생동안 성장을 계속하는 비 한정성장(indeterminate growth)이다. 육상동물은 조류라도 성체의 크기는 거의 일정하며, 번식을 개시한 후에는 먹이로 얻은 에너지의 전부를 개체의 유지와 번식에 소비한다. 이에 대하여 예로 참다랑어는 3세에 체장 1m가넘으면 산란하기 시작하여 10세 이상에서 체장 3m까지 성장과 산란을 계속한다. 북서태평양의 청어 *Clupea pallasii* 는 3세에 체장이 약 25cm가 되면 산란을 위하여 이른 봄에 연안에 내유하여 체장 35cm를 넘어 10세 이상이 될 때 까지 산란을 계속한다. 많은 어류와 패류가 번식을 개시하고부터 수년에서 수십 년에 걸쳐 사망할 때 까지 매년 산란한다. 산란수는 체중에 거의 비례하므로 번식개시 후에도 성장을 계속하여 산란 수는 해를 거듭할수록 증가한다. 산출된 개개의 알의 생잔확률이 같다면 고령어의 산란수가 약령어의 5배라면 살아남는 고령어의 새끼의 수는 약령어의 5배가된다.

❼ 회유 (Migration)

해양동물의 산란장 : 유영력이 강한 어류나 오징어류등은 넓은 범위의 바다를 계절적으로 회유한다. 많은 어류가 플랑크톤생활기에 넓은 범위로 분산된 후에 변태하여 치어가되고 큰 유영력을 갖게 된다. 치어는 먹이를 찾아 더 넓은 범위를 회유하기 때문에 치어기에 있어서 분포범위가 일생에 최대가 되는 종류가 많다. 예로, 연어는 치어기에 하천에서 바다로 내려와 북태평양 전역을 회유한다. 참다랑어의 미성어가 대서양이나 태평양을 횡단하여 회유한다는 것이 확인되었다.

어린 물고기가 넓은 범위를 회유하지만 산란기에는 산란장으로 되돌아가야 한다. 해양동물의 산란장과 산란기는 종에 따라 어느 정도 집중된 시공간에 정해져있다. 북서태평양의 청어는 봄에 연안으로 내유하여 방정(放精)으로 해면이 흰색으로 될 정도로 고밀도로 집중하여 산란한다. 정어리의 산란장은 2-3월에 쿠로시오해역에서 형성되고 참다랑어는 초여름에 오끼나와(Okinawa)로부터 타이완(Taiwan)동쪽의 수온 26 ℃ 전후의 해역에서 산란한다. 이들 어류는 넓은 범위를 회유한 뒤에 산란장에 모이므로 암컷과 수컷이 만나 번식이 가능하다. 플랑크톤생활기를 보내며 흐름에 따라 넓은 범위에 분산되는 해양동물은 산란장으로 돌아오기 위한 회유가 필연적인 것이다. 유영력이 강한 표층성회유어 뿐 아니라 샛줄멸류과 같이 500-1,000m의 중층-심층에 서식하는 종류도 그 자, 치어가 해류에 실려 1,000km를 넘는 넓은 범위로 분산하고 성어는 태어난 해역으로 산란회유를 하는 생태가 밝혀졌다.

이와 같이 어류나 오징어류와 같은 해양동물은 몇 개의 해양전선(oceanic front)를 넘어 1,000-2,000km의 범위를 계절적으로 회유한다. 그러나 해수의 성질이 급히 변하는 해양전선은 회유성어류에는 눈에 보이지 않은 장벽이다. 온난한 바다에서 한랭한 바다로 아니면 그 반대로 전선을 넘는 생리적인 준비 때문에 전선부근에는 어군이 군집하기 쉽다. 그리고 성질이 다른 해수의 경계에는 해수의 혼합으로 플랑크톤의 생산이 활발하여 먹이를 찾는 어군이 모인다. 그러므로 전선부근에는 좋은 어장이 형성되는 수 가 많다.

❽ 연직이동(Vertical movements)

표층, 중층 및 심층의 성질이 다른 환경에서 연직적으로 이동하는 것도 해양동물의 큰 특징의 하나이다. 표층을 회유하던 다랑어류는 수온약층(thermocline) 및 염분약층(halocline)을 넘어 낮에는 몇 번이고 수백 미터 아래까지 잠수한다는 것이 알려졌다. 그 반대로 낮에는 태양광이 거의 미치지 못하는 심해에 서식하여 포식자(예, 상어, 소형고래류)에 의한 포식을 피하고 밤이 되면 표층으로 부상하여 동물플랑크톤등의 먹이를 섭취한다. 심해어라 불리는 종은 밤이나 낮이나 표층으로 부상하는 일이 없이 심해에서만 생활하는 것들 가운데 어란 및 자어시기에는 표층에서 생활하고 치어로 변태됨에 따라 심해로 서식장소를 옮기는 종(예, 도다리, 넙치)도 있다. 바다에는 표면에서 수천미터의 심해까지 연직적으로 다른 환경에 적응한 여러 종류의 동물들이 서식한다. 생물생산이 왕성한 표층과 태양광이 미치지 못하는 칠흙의 세계 사이를 연직적으로 이동하는 종이 많이 있다.

열대해역의 수온약층(200m 부근)아래에 서식하는 눈다랑어(bigeye tuna)가 가끔 약층위의 혼합층으로 짧은 여행(excursion)을 하는 것은 체온을 높이기 위한 연직이동이다. 이들 회유성어류(예, 눈다랑어)가 몸이 클수록 깊은 수층에 서식하는 성층현상(stratification)을 보이는 것은 그들에 알맞은 크기의 먹이의 분포에 관련되지만 신진대사와 체온의 유지를 위하여 연직이동이 필요한 것 같다(Yang et al. 2005).

❾ 어류의 해류 및 조류에 따르는 회유(Current mediated migration of marine fishes)

바다의 물고기들은 철새들과 같이 계절에 따라 먼 거리를 여행한다. 바닷물고기들은 먹이와 짝을 찾고 포식자를 피하려고 잠시도 쉴 사이가 없다. 그리고 그들은 계절에 따라 아주 먼 거리를 여행한다. 예로, 동중국해와 한국 남해에서 태어난 고등어, 꽁치, 정어리 및 오징어와 같은 어류들은 황해, 동해 및 북서태평양의 쿠릴열도 근해와 태평양 일부변경선(180° 선)부근 까지 북상하고 가을이 오면 다시 그들이 태어난 남쪽 바다로 돌아가서 겨울과 봄 사이에 산란(産卵)을 한다. 마치 시베리아에서 여름을 보내던 철새들이 가을에 남쪽의 습지대로 날아와 겨울을 지나고 새끼들과 함께 봄바람을 타고 다시 시베리아로 돌아가는 장거리 여행과 같다. 철새와 바닷물고기들의 계절적 장거리 회유는 보다 중요한 필수적 목적을 가진다(Jones F R Harden 1968, Cushing 1975).

철새와 어류는 한랭 건조한 북풍으로 얼어붙은 시베리아의 육지와 북쪽바다에서 먹이를 찾을 수 없어 남방으로 여행을 해야 한다. 그것은 자신들과 그들의 종족의 유지를 위한 필수적인 생활전략이다. 철새들이 남방으로 날아 올 때에는 북풍(북에서 남으로 향하는 바람)을 타고 봄에 북으로 날아 갈 때에는 남풍의 기류에 실려 힘들지 않고 날을 수 있기 때문이다. 그들이 수십일 동안 계속 날개를 저어 비행을 할 수는 없다. 가을하늘을 나르는 기러기들의 팔(八)자 모양의 비행모습은 앞선 놈으로부터 공기저항을 덜 받도록 그 왼편 혹은 오른편날개 뒤에 접근하여 날기 때문이다.

바닷물고기들은 자신들과 그들의 종족의 유지를 위하여 때로는 해수의 흐름에 역행하는 고통스럽고 험준한 장거리 여행을 해야 한다. 극동해역의 바다에는 무수히 많은 물고기가 산다. 침강한 생물 혹은 밑바닥 생물을 먹이로 하는 저서성(底棲性)어류들은 멀리 이동할 필요가 없다. 그러나 바다표층에 사는 고등어, 꽁치 및 다랑어 같은 등푸른 부어류(浮魚類)와 중–저층의 회유성어류(예, 참조기 대구, 명태)들도 계절에 따라 장거리여행을 한다. 이들 회유성어류(回遊性魚類)들은 쉴 사이 없이 흐르는 해류(海流) 혹은 조류(潮流)나 바람에 밀리는 바닷물(취송류wind drift)에 실려 장거리 여행을 할 수 있다.

동중국해의 태평양측 연변을 따라 북동으로 흐르는 쿠로시오(Kuroshio,黑潮)는 수온과 염분이 높고 유속이 큰 해류이다. 이 바다의 동–중부해역(30° N, 128° E 부근)에서 쿠로시오로부터 나누어져 대한해협을 지나 동해로 들어가는 대한난류(Korea Warm Current, 大韓暖流) 즉 대마난류(Tsushima Warm Current, 對馬暖流)는 동해의 중–남부해역의 상층에 확산된다. 동해의 북서부에서 남–서방으로 흐르는 리만한류(Liman Current) 및 그 연속인 북한한류(North Korea Cold

Current)는 대한/대마난류의 한반도 측의 연속인 동한난류(East Korea Warm Current)와 38° −40° N 부근에서 접하여 뚜렷한 불연속대 (아극전선 Subpolar front)를 형성한다. 이 시계방향으로 흐르는 난류계수와 반시계방향으로 흐르는 한류계수는 이 전선을 경계로 나눠지고 남서에서 북동으로 동해를 가로질러 대각선으로 연장 되는 아-극전선은 이 바다에 분포하는 남방의 난류성과 북방의 한류성해양생물의 분포를 제한하는 생태학적 혹은 동물지리학적 경계가 된다.

또 하나의 대마난류의 분지류인 황해난류(黃海暖流, Yellow Sea Warm Current)는 염분이 낮은 동중국해 및 황해의 연안수와 접하여 전선을 형성한다. 이와 같이 성질이 다른 해수가 접하면서 형성 되는 해양전선 (oceanic front)역은 해수가 침강하는 수렴역이지만 성질이 다른 해수의 침강속도가 달라 전선대 주변에 축적되는 영양염류와 기초생산의 산물인 엽록소가 표면 가까이 축적되어 생산성이 높아지고 각종 한류성 및 난류성어류가 군집하고 이 수렴역에 축적되는 부유물질에 방란(放卵)을 위하여 어류(예, 꽁치, 방어의 치-자어)들이 군집하므로 이곳은 어부들이 즐겨찾는 좋은 어장이 된다.

동중국해를 빠져나와 태평양의 일본근해를 흐르던 쿠로시오는 일본 혼슈남방에서 때로 심한 사행성(蛇行性, meandering)흐름을 보이고 36° N부근에서 동으로 흘러 이른바 쿠로시오속류(Kuroshio Extension)로 뻗어 간다. 한편 베링해(Bering Sea) 및 오호츠크해(Okhotsk Sea)에 기원을 둔 염분이 낮고 한랭한 오야시오(親潮, Oyashio)는 쿠릴열도와 혹카이도 동방으로 흘러내려와 고온, 고염의 쿠로시오와 접하면서 오야시오전선과 쿠로시오전선 사이에는 광대한 혼합수역(이행영역,Transition Zone)이 35° −40° N에서 형성된다. 이 혼합수역과 한랭한 오야시오해역은 기초생산성이 높고 동물플랑크톤 생물량이 높아 한류성 어류(연어, 청어) 및 난류성 어류(다랑어, 고등어, 정어리, 꽁치, 멸치), 오징어, 물새 및 고래와 같은 각종 해양생물이 군집하여 세계에서 가장 좋은 어장이 형성된다.

따뜻한 남쪽바다 즉 동중국해, 동해 및 황해 남부와 태평양의 남서부해역에서 가을, 겨울 및 봄에 산란을 마친 회유성 부어류의 친어와 그들의 어란, 치어들은 힘차게 북으로 흐르는 쿠로시오, 대마난류 및 그 분지류들에 실려 북으로 수송되어 봄-초여름에 해양전선대 부근에서 폭발적으로 생산되는 기초생산 및 이에 기초를 두는 동물성 플랑크톤 등을 먹이로 급속도로 성장한다. 산란에 소비된 에너지를 보충한 친어들과 급속도로 성장한 치어들은 한여름과 초가을에 해양전선 북측의 한류역에 펼쳐지는 풍부한 기초생물(플랑크톤)과 보다 작은 어류를 먹이로 에너지를 축적하여 짝짓기 및 산란을 위한 고통스러운 여행(산란회유)준비에 바쁘다.

늦가을이면 한랭하고 건조한 매서운 북풍이 북쪽 바다를 강타하며 수온과 태양열은 급속도로 낮아져서 그렇게 번성하던 기초생산이 멈춰지고 동물플랑크톤들은 이미 깊은 물속으로 잠적해서 바다 상층에는 회유성어류들의 먹이는 품절된다. 예로, 동물성플랑크톤의 일종인 요각류, copepoda는 그 12성숙단계에서 6단계이상의 성체(copepodites)가 되면 늦여름-가을에 동해의 150−250m 층까지 내려가 에너지를 절략하고 겨울부터 초봄에 표층으로 부상하여 산란을 마치고 짧은 1년의 생을 마친다. 이 동물성 플랑크톤을 먹이로 하는 회유성어류들은 색이장을 빨리 벗어나지 않으면 한파로 인한 냉각과 먹이부족으로 폐사를 면치 못하므로 바람에 밀리는 표면류(wind drift)나 아표층에 내려가 남향의 잠류에 실려 남으로 회유를 서둘러야 한다. 이들이 만일 북으로 흐르는 난류에 받쳐 해류방향에 역행(cotranatant)하면서 남쪽의 산란장으로 가려면 그 여로는 고통스럽고 힘 드는 길이 된다.

이와 같이 해양의 상층에서 회유하는 등이 푸른 물고기들은 자신들의 생존과 그들의 종족의 유지를 위하여 남쪽의 산란장에서 북쪽의 색이장 사이를 계절에 따라 회유하면서 봄–여름에 색이회유를 할 때는 산란에 지친 어류(spent fishes)와 유영능력이 없는 어란 치자가 그들의 먹이가 많이 생산되는 전선역에 적기에 도착하기위하여 북으로 흐르는 해류의 수송력을 이용해야한다. 그들은 가을–겨울에 산란회유를 할 때에는 바람에 밀리는 흐름이나 남으로 흐르는 잠류를 타지 못하면 회유방향과 다른 북상난류에 역행하여 어려운 여행을 해야 하는 고통을 받으면서 한사코 일정한 남쪽바다(해류의 뿌리부분의 해역)에서 산란을 해야 한다.

⑩ 해류중재 회유회로의 형성과 변동
(Formation of current-mediated migration circuits and disturbance/distortion of the circuits)

미성숙 어류 및 오징어가 산란장에서 색이장으로 그리고 성숙개체가 산란장으로 향하는 별개의 두 회유회로(migration circuits)를 형성하여 이로서 바람 혹은 해류가 허용하는 한 세대에서 다음 세대로 그 동일성을 유지하게 된다(Cushing 1975, Jones F R Harden 1968). 회유성어류가 수용(containment)된 해류의 흐름과 이들 어류의 회유회로는 놀랍게도 아주 비슷한 형태를 보인다(Gong et al. 2008)(Fig.2-3, Fig.3-1, Fig.7-1). 이렇게 한 해류에 수용된 개체군은 하나의 관리대상이 되는 자원(stock)을 형성하여 자자손손 대를 이어간다. 바람 및 해류가 허용하는 한 그들의 해류중재 회유회로(current-mediated migration circuit)는 변하지 않겠지만 기후변동에 따라 바람의 강도와 방향이 변하고 이에 관련하여 해양의 변동이 심하여 회유회로는 확대, 축소 혹은 변형된다(Gong et al. 2006, 2007, 2008).

⑪ 회유성어류의 조류선택적 이동(Tidal selective movements of migratory fishes)

한편 황해는 반 폐쇄해역으로 남쪽에서 밀려오는 난류와 봄–여름의 해빙 및 장마철의 강우량으로 수위가 상승하여 가을에는 이 물이 제주해협을 지나 대한/대마난류의 주류에 실려 동해로 들어감으로 가을의 대한해협 수송수량(volume transport)은 연중 최고치를 보인다. 겨울에는 한랭하고 건조한 북서계절풍의 영향으로 황해는 찬물로 가득 채워지고 그 일부는 황해남부와 제주도 남방의 동중국해로 밀려 내려와 대한/대마난류 분지류의 하나인 황해난류와의 사이에 해양전선이 형성되고 각종 어류가 군집하는 어장이 형성된다. 황해는 그 구조적 특징으로 해류보다 조류가 아주 강하며 반일주조(半日周潮)가 탁월하여 하루 2회씩 고조 및 저조가 나타나고 한국

서해안의 고조와 저조사이 수위의 차이는 9m에 달한다. 한국의 서남해안 조류의 유속은 강할 때에 5–7놋트(1 knot=해리/시간=51.5cm/초)에 달한다.

이렇게 조류가 강한 황해에서 물고기들은 어떻게 회유를 할 수 있을까? 황해남부와 동중국해에서 겨울을 보낸 어류(예, 참조기, 부세 등)가운데 산란에 참여하려는 무리들은 봄이 되어 바닷물이 따뜻해지면 위도, 안마도 및 어청도를 지나 연평도근해로 북상하면서 수심이 낮은 연안에서 산란을 한다. 이들 어류는 북으로의 여행길에 조류의 방향이 북으로 행하면 이 물을 따라 가고 반일주조의 주기에 따라 회전하는 조류가 남으로 밀려오는 동안에는 저층에 붙어 기다리다가 흐르는 방향이 북으로 향하면 다시 이동하는 이른바 조류선택적 이동(tidal selective movements)을 한다(Arnold et al. 1994). 여름에는 연안을 떠나 황해의 중–북부에서 색이활동을 하다가 늦은 가을에 다시 황해남부와 동중국해의 월동장을 향하여 여행을 한다. 황해에 분포하는 청어와 꽃게들도 먹이와 산란 때문에 한 장소에 주년 머물고 있을 수 없어 조류와 해류의 유동을 슬기롭게 이용하게 된다.

바닷물은 기상학적, 지형적 및 천체간의 인력의 영향으로 쉴 사이 없이 유동하고 물고기들의 먹이의 기초생산은 기상인자(예, 태양열), 해양요인(해수의 혼합, 영양염류 등)등에 의하여 계절에 따라 변동하므로 한 해역에서 산란, 색이 및 성장이 불가능하다. 어류들은 특정 장소에서 정한 시기에 산란하지 않으면 자신들은 물론이고 그들의 후손들이 적기에 먹이를 구할 수 없어 종족유지가 불가능하므로 숙명적으로 장거리 여행을 해야 한다. 이것은 분명히 피서/피한 혹은 관광이 주요 목적인 인간들의 여행과는 근본적으로 다르다. 이렇게 환경의 어려운 충격을 슬기롭게 받아넘기는 물고기들의 장거리 여행은 그들 자신과 그 종족들의 유지를 위한 중요한 생활전략이다.

북서태평양의 참다랑어(bluefin tuna)에 부착된 기록형표지(archival tag)에 의한 회유회로(migration circuit)가 인공위성으로 관측된 해양구조와 대비되었다. 이 다랑어들은 북서태평양에서 봄에 쿠로시오속류역을 서진하여 여름에는 쿠로시오분파에 따라 Sanriku근해를 북상하고 가을에는 오야시오 전선연변에서 동진하여 겨울에는 일부변경선부근의 쿠로시오속류역을 향하여 남하하므로 해양구조에 따른 시계방향의 회유회로를 형성함이 인정되었다(Fig. 3-1). 이들 다랑어의 유어가 서식수온의 승온 및 강온에 따라 표층수온 18℃ 전후의 수괴로 이동하는 경향을 보였다. 더욱 봄철 기초생산의 폭발적 번식의 소장과 Chlorophyll-a 고밀도역의 분포도 이 어종의 회유경로에 영향을 미치는 것이 나타났다(Inagake et al. 2001).

최근에 어류에 의하여 어류 서식환경이 관측(monitoring)되고 있다. 어류의 조류선택적 이동에 관한 조사는 어류에 송신sensor를 부착할 수 있었기 때문에 가능하였다(Cushing 1982). 어류에 부착된 일광(daylight,위치), 수압(수심) 및 온도감지기능의 전자표지를 이용하여 어류의 분포수역의 환경요인을 어류 스스로가 측정하게 하는 방법이 개발되어 수집된 자료가 축적되고 있다. 어류 회유회로상의 환경요인의 추정용 전자 표지가 부착된 도다리의 조류 선택적 이동(movement of plaice in relation to tidal flow)을 볼 수 있다(영국 환경 어업 양식연구소, CEFAS; http://www.cefas.co.uk/search).

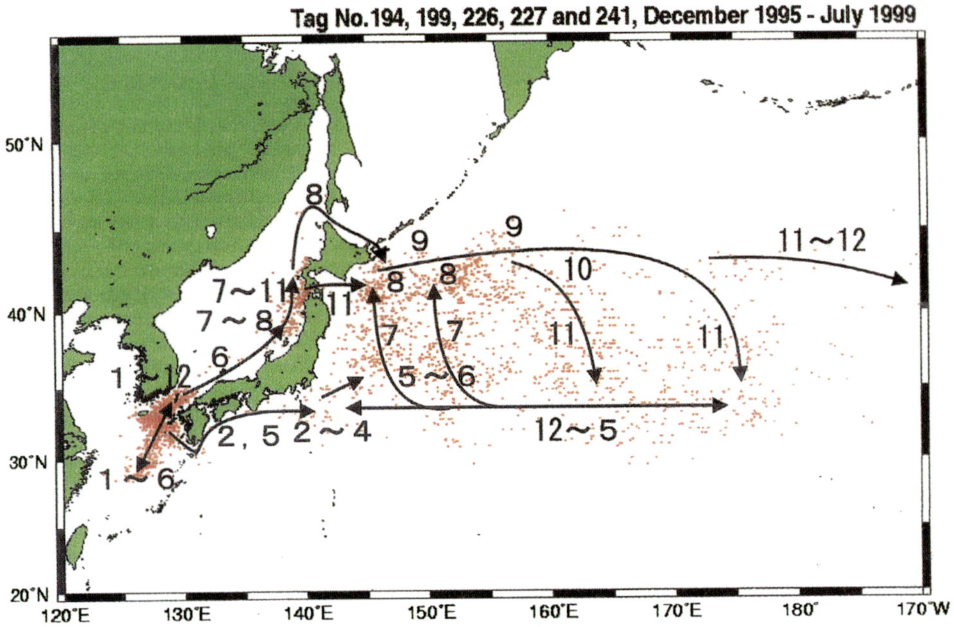

Fig. 3-1. Schematic diagram of migratory paths of bluefin tuna found by five archival tags. Dot show the daily locations of each bluefin tuna. The numeral denotes the month when the fish was usually distributed (Inagake et al. 2001).

Fig. 3-1. 기록형표지표를 부착, 방류하여 추적된 참다랑어의 회유회로. 점들은 각 참다랑어의 일별위치이고 숫자는 이 종이 흔히 분포하는 월을 나타낸다(Inagake et al. 2001).

3.2 어류개체군의 풍도의 변동(Fluctuations in fish population abundance)

(1) 풍도의 변동(Fluctuations in abundance)

대량으로 태어나 대량으로 사망하여 살아남은 얼마 되지 않은 개체가 성장하여 다음 세대를 형성하는 해양동물에는 살아남는 비율 즉 생잔율(survival rate)이 조금만 변해도 다음 세대의 개체수가 크게 변한다. 정어리의 작은 무리 2,000미가 산란장에 왔다하자. 이 가운데 1,000미가 수컷이고 암컷 한 마리가 3만개의 알을 산출하였다면 산란총수는 3,000만개가 된다. 어느 해의 생잔율이 0.01%인 경우에는 3,000미가 살아남아 성어가 된다. 다음해에 생잔율이 0.1%로 높으면 30,000미가 성어로 되나 생잔율이 0.001%로 낮으면 300미밖에 생존하지 못한다. 태어난 자어가 치어로 자랄 때까지의 몇 개월 사이에 일어나는 초기감모의 정도에 따라 자원양은 크게 변동한다.

실제 바다에서 이와 같은 일이 일어나는 가를 정어리의 예를 통하여 알아보자. 1980년대에 한국 및 일본근해에서 정어리의 대 풍어를 볼 수 있었다. 특히 홋카이도 동방의 도동해역(道東海域)에서 1983년부터 약 5년간 성어기(7–10월)에 정어리가1일 1만 톤 정도 어획되고 4개월간 100만 톤(100억 미)이상이 양륙되었다. 태평양측전역에서 1983–87년의 연평균어획량(±표준편차)은 278±17만 톤의 기록적인 대 풍어였다. 그런데 1988년 가을에 정어리어획에 이변이 일어났다. 예년 10월 후반이 되면 Sanriku(三陸)해역의 선망어장에 정어리 0세군이 내유하였으나 봄이 되어도 어군이 나타나지 않았다. 이것이 북서태평양해역의 정어리자원의 급감의 첫 징후였다. 1980년부터 1987년까지는 매년 1800–2900억 미의 0세어가 자원에 새로 가입하여 1980년대의 대 풍어를 보였다. 그러나 1988년 발생의 0세어 자원은 220억 미로 1987년 이전의 1/10정도로 격감하고 1989–91년에도 0세어 자원 미수는 50–150억 미로 낮은 수준이 계속되었다. 그 결과 정어리자원은 극단으로 고령화되고 1991년에는 Kushiro 항에 양육된 어획물의 95%가 1987년 이전에 태어난 4세 이상의 고령어로 구성되었다. 1987년 이전의 높은 수준의 연급군이 자원으로부터 완전히 자취를 감춘 1994년에는 추정된 자원량이 풍어기(1,900만 톤)의 5%이하로 감소하였다(Watanabe 2005).

한 마리의 암컷에서 태어난 자어의 수는 어떻게 변하였을까. 체중 100gr의 암컷이 방출한 알로부터 몇 미의 0세어 자원이 길러졌는지 번식의 성공여부를 재생산 성공률을 구하여 알아보자. 1970년대부터 1980년대 초까지는 재생산성공률은 3.6–6.6의 높은 수준이 계속되었다. 암컷 1미가 2세에서 5세까지의 4년간에 산출한 알로부터 수컷과 암컷 각 1미가 자원으로 성육하면 자원양은 일정하다. 재생산성공률 3.6–6.6이라는 수치는 4년간에 암컷 한 마리에서 14–26미의 자원이 태어났다는 큰 수치이며 그 결과 정어리자원은 1980년대 초기까지 급속히 증가하였다. 1980년대 중반기에는 이 값이 1.4–3.1로 낮아졌으나 이 연대에는 산란하는 친어 자원량이 대단히 많고 매년 높은 수준의 연급군이 형성되었다. 그런데 1988년에는 재생산성공률이 갑자기 0.17로 낮아지고 그 후 1991년까지의 4년간 0.09–0.20의 현저하게 낮은 수준이 지속된 결과 자원은 격감하었다. 1990년대 중반기에는 재생산성공률이 2.0이상으로 회복되었으나 이미 산란친어가 1980년대 중반기의 수십 분의 1로 감소하고 큰 연급군은 형성되지 않았다. 이 사이에 재생산성공률은 1990년의 0.09에서 1996년의 7.8까지 80배 이상의 폭으로 변동하였다. 이렇게 재생산성공율의 저하에 따라 정어리자원은 격감하였다.

(2) 어업자원의 풍도변동요인(Factors controlling abundance of fish population)

일반적으로 어류의 어획량 격감의 원인으로 최초에 의심되는 것은 인간에 의한 과도어획(over-fishing)이다. 자원이 난획에 의하여 감소하는 경우에는 대형의 고령어가 감소하여 자원을 구성하는 어체(魚體)가 소형화(약령화)되는 것이 일반적인 현상이다. 그러나 정어리 자원에서는 재생산성공률이 1988년부터 현저하게 낮아져서 약령어가 극단적으로 감소하고 정어리자원은 고령화되어 격감하였다.

그러면 왜 1988년 이후 재생산성공률이 감소하였을까. 먼저 생각되는 것은 어미로부터 산출된 어란수(魚卵數)가 1988년 이후 감소하였을 가능성 즉 출생율의 감소이다. 그러나 1988년 이후에도 정어리친어는 대량으로 산란하고 있었음이 확인되었다. 실제로 1988–91년의 산란양의 평균치(± 표준편차)는 4600±1400조립으로 1980-87년의 2400±2700조립(粒)이상으로 대량의 산란이 있었다. 그럼에도 불구하고 1988년 이후 신규가입양이 격감한 것은 산출된 어란이나 부화된 자어가 자원으로 어획되기 시작하는 8–9개월 후에까지 살아남지 않았다는 것 즉 큰 초기감모가 일어났음을 의미한다.

초기감모의 기작(mechanism) 은 어류의 자원연구에 중심적인 과제이다. 1970년대 중기에 영국과 미국의 과학자들이 초기감모에 의하여 약령어의 자원양이 변동하는 기구에 관한 두 가설을 발표하였다. Cushing(1975)의 일치/불일치(match/mismatch)가설은 자어의 섭이개시와 동물플랑크톤의 출현이 시공간적으로 일치하면 초기감모가 적어 큰 연급군이 형성되나 불일치의 경우에 먹이 부족으로 가입양의 실패에 빠진다는 것이다. Laska(1975)의 해양안정성(ocean stability)가설은 산란기의 기상이 평온한 해에는 아표층(20-30m층)의 수온약층부근에 자어의 먹이생물인 식물플랑크톤(편모조류)의 농밀한 분포층이 형성되어 섭이를 시작한 자어가 충분한 먹이를 취할 수 있기 때문에 초기감모가 적어 큰 연급군이 형성되나, 저기압의 통과로 강풍에 의한 생산층의 소란으로 농밀한 분포수층이 소실되는 빈도가 높은 해에는 자어의 먹이부족으로 연급군의 수준이 낮아진다는 생각이다.

이들 두 가설은 어류의 초기감모의 정도가 자어들의 섭이개시기의 먹이환경에 의하여 정해진다는 생각에 기초를 둔 것이다. 북서태평양의 정어리자원에 관련하여 1988년 이후에 초기감모가 대단히 컸음이 이와 같은 가설로 설명 될 수 있을까. 정어리의 산란량을 추정하기위한 조사에서 초기감모가 일어나기 쉽다고 보는 섭이개시기를 지난 체장 8-10mm의 자어도 채집되었다. 산란량과 섭이개시종료후의 자어량의 관계를 보면 정(+)의 상관관계가 나타난다. 즉 산란되어서부터 부화, 섭이개시기를 지나 전장 10mm 전후로 성장할 때까지의 2-3주간에 1988년 이후의 연급군이 현저히 낮은 수준이 되리만큼 대량의 사망이 일어나지 않았다(Watanabe et al. 1995). 그래서 섭이개시기 종료 후의 자어량과 0세어 자어량과를 대응시켜 보면 1980년이나 1985년에는 자어량이 적었음에도 불구하고 고수준의 자원이 형성되었는데 대하여 1989 및 1990년에는 자어량이 많았음에도 불구하고 0세어 자원량이 극단적으로 적었고 섭이개시기가 지난 후에 큰 초기감모가 일어났음을 알 수 있다. 즉 정어리 0세어 자원량은 섭이개시기가 아니고 그 후 반년정도의 기간의 감모에 의하여 결정된다는 것을 알 수 있다. 즉 초기감모기가 길다는 것이 새로 밝혀진 것이다. 북서태평양의 남서부 와 동중국해에서 태어난 체장 10mm 의 정어리 자어는 쿠로시오의 흐름에 실려 쿠로시오속류역으로 수송되면서 성장, 변태하여 치어가되고 초여름에는 무리를 지어 쿠로시오–오야시오 이행역(transition zone)을 향하여 북상 회유를 한다. 이 시기의 정어리 0세어는 Sanriku 및 Joban근해로부터 일부변경선 부근까지 분포역을 확대한다. 태어난 해의 봄부터 여름까지 5–10cm로 성장한 정어리 0세 어를 겨냥하는 어업은 없고 이 계절에 치어의 감모는 자연적인 요인에 의한 사망이다. 재생산성공율의 큰 변동에 의하여 유발된 자연변동이었다.

쿠로시오–오야시오 이행역에 있어서 정어리의 자어, 치어에 무슨 일이 일어났을까. 정어리의 연급군 수준을 결정하는 생태적 과정에 대해서는 아직 알 수 없다. 정어리와 비슷한 멸치는 자어기 후반(체장 20–25mm)에 성장속도가 큰 개체가 선택적으로 살아남아 성어군을 형성한다는 것이 알려졌다(Takahashi and Watanabe 2004). 대구류도 성장속도에 의존하는 생장과정이 알려졌고(Campana 1996), 큰 초기감모가 일어나기 쉬운 자어(larvae), 치어(juvenile)기를 빨리 통과한 개체일수록 생잔의 확률이 높아진 결과라 생각된다. 성장속도에 의하여 초기감모의 정도가 결정된다는 생태적 과정이 쿠로시오–오야시오이행역의 정어리에도 존재하여 해마다의 신규가입량을 좌우하고 있는지 모른다.

(3) 자연변동과 생태계의 체제전환(Natural changes and ecosystem regime shifts)

미국 서안의 Santa Barbara 해분의 무산소상태의 해저의 퇴적물에 쌓여있는 비늘의 양을 분석하여 BC 270년부터 1970년까지의 정어리 및 멸치의 자원량 변동을 추정하였다. 그 결과 캘리포니아해류역의 정어리 및 멸치의 자원량은 이 1700년 사이에 2–3차수의 폭으로 자연변동을 되풀이하였음이 밝혀졌다(Baumgartner et al. 1992). 알라스카반도 Kodiak섬에 있는 3개소의 퇴적물중의 질소동위체량과 규조류 껍질의 량을 분석하여 기원전 200년 이후의 연어(Sockeye salmon, *Oncorhyncus nerka*)의 자원량이 추정되었다. 그 결과 기원전 200세기경에는 연간 약 300만미의 대량의 연어가 산란을 위하여 호소에 올라왔으나 기원 3세기 중기까지 급감하여 그 후 12세기 초까지 회복한 후 20세기에 들어 감소하였음이 밝혀졌다(Finney et al. 2002).

캘리포니아해류역의 정어리, 멸치와 알라스카반도에 올라오는 북태평양의 연어도 대규모적인 어획이 있기 전부터 큰 자연변동을 반복하여왔음이 밝혀졌다. 1988년 이후의 재생산성공율의 저하에 의한 북서태평양의 정어리자원의 격감도 쿠로시오-오야시오 이행역의 자어, 치어의 초기감모에 의한 것이었다. 해양생물자원은 자연적인 요인에 의하여 크게 변동을 반복하고 있다. 1980년대 중반기부터 해양생물자원의 증감경향이 지구상의 각 해역에서 동시에 일어난다고 인식하기 시작하였다. 해수의 교환이 전혀 없는 멀리 떨어진 해역간의 어류의 동시변동(synchronous change)은 해양에 의한 것이 아니고 대기에 의하여 매개되는 것을 나타낸다고 생각되어 지구규모의 기상변동, 대양규모의 해황의 변동과 해양생물자원의 증감경향이 연구되었다. 1990년대에 들어 이들 3요소가 수 십년주기로 동시에 변동하고 있음이 밝혀지면서 해양생태계의 체제전환(regime shifts)이라는 인식이 형성되었다. 즉 풍계(풍향/풍속)나 기압배치와 같은 기상현상이 전 지구규모로 하나의 상태로부터 별개의 상태로 변화함에 따라 수온, 해류계, 연직혼합등의 해상기상이 대규모로 변하여 그것에 대응하여 해양생태계에 있어서 기초생산, 2차생산, 생물자원 생산의 구조적 체제(regime)가 불연속적으로 급하게 전환(shift)한다는 인식이다.

어업의 역사는 자원의 자연변동에 의한 대어(풍어)와 불어(흉어)의 반복의 역사이었다. 인간은 지금까지 약 100년에 걸쳐 해양생물자원의 자연변동을 제어하여 안정화시킬 수 있는 방법을 찾아왔다. 그러나 해양생태계의 체제전환(regime shifts in the marine ecosystem)의 인식은 해양생물자원이 수 10년 시간규모로 일어나는 전 지구적 변동의 일부로서 자연변동을 반복하고 있다는 것, 따라서 자원을 안정화 시키려는 것이 아니고 자연변동에 대응하여 생물자원을 관리 이용할 수밖에 없음을 보여주었다. 100년을 넘는 해양생물자원 연구의 역사를 거쳐 21세기 초두에 우리들은 해양생태계변동과 해양생물자원의 이용에 관한 새로운 인식에 도달한 것이다.

최근 Chavez et al.(2003)은 체제전환(regime shifts)의 연구를 총괄하여 동부태평양에서 1950년대부터 1970년대 전반은 해수온이 낮고 멸치류가 증가한 한랭한 멸치체제(cool anchovy regime)이고, 1970년대 후반부터 1990년대 중반기까지는 정어리가 증가한 온난한 정어리체제(warm sardine regime)라 특징지었다. 그런데 북서태평양에서는 동부태평양의 경향과 반대로 1970년대 전반기까지 온난한 체제이었고 1970년대 후반부터 한랭한 체제로 전환한 후에 1988년에 고수온으로 체제전환이 일어났다. 1988년 이후 북서태평양의 수온은 평년보다 높아지고 북부로부터 한랭한 Oyashio의 확장이 약하였다. 정어리자원의 격감과 함께 1990년 후반부터 볼 수 있던 멸치자원의 증가는 이 체제이행과 잘 대응하고 있다. 옛날부터 경험적으로 알려졌던 정어리로부터 멸치로의 탁월종의 교체현상이 해양생태계의 체제이행(ecosystem regime shifts)이라는 개념으로 이해되었다.

결국, 1988년 이후에 볼 수 있는 정어리의 재생산성공률의 저하는 생태계의 체제이행으로 다음과 같이 설명된다. 즉 1980년대 말에 알류샨저기압(Aleutian Low Pressure, ALP)의 활동이 약하여 겨울에 북태평양에 부는 바람과 오야시오의 세력이 약해지면 북서태평양의 일본북동부해역은 온난한 겨울이 되고 해수의 연직혼합이 약하여 심층으로부터의 영양염공급량이 감소한다. 따라서 봄의 플랑크톤증식이 낮아져 정어리의 먹이환경이 악화된다. 더욱 북서태평양의 바다가 온난해지면 하계에 가다랑어 *Katsuwonus pelamis* 및 날개다랑어와 같은 어식성어류가 보다 북방해역까지 내유하여 정어리치어를 포식한다. 먹이환경의 악화와 포식자가 증가한 결과 정어리의 자어, 치어의 초기감모가 커지고 재생산성공률이 낮아졌다. 그러나 정어리자원의 재생산성공률의 저하를 일으키는 이와 같은 과정은 아직 실증적으로 확인된 것은 아니다. 쿠로시오-오야시오 이행역(transition zone)에 있어서 먹고 먹히는 생태학적 여러 과정이 해양생태계의 체제전환에 의하여 어떻게 변하여 재생산성공률을 변동시키는가, 그것이 밝혀질 때 정어리자원의 변동기구가 명확하게 해명될 것이다.

(4) 자원감소에 미치는 인간 활동의 영향 (Human intervention to decrease in abundance of fishery resources)

정어리자원은 급격한 감소 후에 어획에 의하여 강하게 영향을 받았다. 북서태평양의 연간 어획량이 260만 톤 이상이던 1983–88년에 총자원량에 대한 어획량의 비율 (어획률)의 평균치(±표준편차)는 16.5±2.1%이었다. 그러나 어획량이 80만 톤 이하로 격감한 1993년 이후에 어획률이 42.9±11.3%로 3배 이상 증가하였다. 어획되는 정어리의 연령조성에도 큰 변화가 일어났다. 1983–88년의 어획물 중에 점하는 1세의 약령어의 비율은 37.2±11.5%이었으나 1993년 이후에는 77.3±9.4%로 급증하였다. 자원 감소후의 탁월연급군이었던 1992년급군에는 특히 어획이 집중되어 0세 때 15%, 1세 때 60%가 어획되었다. 그 결과 1992년 군의 90%는 산란 가능한 2세어가 되기 전에 자원으로부터 자취를 감추었다. 이와 같이 자연적 요인에 의한 감소이전의 어획은 자원의 재생산에 영향을 미치지 않을 수준이었으나 1990년대 초의 선망어획대상은 각 연급군의 50–90%가 0세와 1세의 약령어로서 한번도 산란하지 못하고 어획되어졌으며 이는 자원의 재생산에 분명히 악영향을 미쳤을 것이다 (Watanabe 2005).

(5) 어류자원의 풍도변동 메커니즘 (Mechanisms for fluctuation in fish population abundance)

어류자원의 변동기구에 관한 연구는 자원변동이 가입량변동에 의하여 일어난다는 것이 밝혀지면서 시작되었다. 자원에 가입되는 수량(가입량, recruitment)은 생활사초기의 섭이개시부터 수주일 내의 짧은 기간에 생존하는 수량에 의하여 결정된다는 임계시기(critical period)의 가설이 제창되었다(Hjort 1914). 그러나 20세기 후반에 가입량은 자어기(larvae)부터 치어기(juvenile)까지의 수개월에 걸친 누적된 사망률에 의존되고 사망요인으로 피식이 중요하다고 알려졌다(Houde 1987, Bailey and Houde 1989). 자어, 치어기에 기아, 질병 등의 생물학적 요인과 수송등의 물리적 요인이 복합적으로 작용하여 최종적으로 피식이 초래된다고 본다. 발육초기의 개체 혹은 소형의 개체일수록 피식될 가능성이 높으므로 성장이나 발육이 늦은 해에는 개체군의 누적사망률이 커진다고 본다. 그러므로 생활초기의 성장 및 발달속도는 가입량수준을 크게 좌우한다. 최근에 어류의 발육초기의 성장에 관한 해석으로 어류자원의 생잔기구가 점차 밝혀지고 있다(Campana and Jones 1992). 그러나 성어가 되는 산란자원으로 가입되는 생잔메커니즘은 아직 해명이 잘 되지 않고 있다. 자원량변동 메커니즘을 해명하기위하여 어떤 성장과 발육과정을 경험한 연급군이 산란친어군을 형성하는 가를 밝히는 일이 중요하다(Takahashi 2005).

한편 어류자원의 변동메커니즘에 관한 가설에서 개체의 영양상태의 중요성이 강조되고 있다(Kawasaki 1999). 어류집단에는 환경조건이 좋지 않아 생물량(biomass)이 적을 때는 개체(친어)의 영양상태가 좋고 질이 좋은 알이나 정자가 산출된다. 그러나 이때에는 살아남는 비율(생존율)이 낮다. 질이 좋은 수정란은 환경조건(특히 자어, 치어기의 먹이조건)이 호전되면 높은 생존율을 나타내게 된다. 이렇게 되여 집단이 커지면 밀도가 증대되어 과밀상태로 되고, 개체의 영양조건이 나빠져, 그들로부터 산출되는 알과 정자의 질이 낮아지고 biomass가 어느 수준을 초과하면 환경조건과 무관계로 생존율이 낮아진다.

결국, 집단이 작은 상태에서 환경조건이 호전하면 개체의 질이 높은 작은 biomass로부터 살아남는 비율(생잔율)이 높아져 밀도와는 독립적(density independent)으로 자연환경의 변화에 따라 큰 biomass가 산출된다. 이것이 자원의 증대기이다. 이렇게 biomass 가 커지면 개체의 질이 낮아져 산출되는 알의 생존율이, biomass가 어느 한계치를 초과하면 자연환경조건과 무관계로, 밀도에 의존(density dependent)하여 낮아져 큰 biomass에서 작은 biomass가 산출된다. 이것이 자원의 감소기이다. 이와 같이 집단에 대한 환경조건과 개체에 대한 환경조건이 모순되어, 이 모순의 대립이 자원변동의 원동력이 된다.

3.3 어획이 생태계에 미치는 영향(Effects of fishing on marine ecosystems)

해양생태계에서 인간의 영향을 받지 않은 곳은 없으며 큰 부분(41%)은 여러 가지 요인에 의하여 강하게 영향을 받아왔으나, 아직 넓은 해역(특히 극지방)은 인간의 영향을 비교적 적게 받고 있다. 인류는 중요하고 가치 있는 무기 및 유기의 해양자원을 이용하면서 직접 및 간접적 수단으로 해양을 변화시켜왔다. 육지기반의 활동은 오염물과 영양염류를 연안수역에 배출하고 생물의 자연서식환경을 파괴하여왔다. 해양기반의 활동은 생물자원을 포획, 채취하면서 오염시키고 생물의 종조성을 변화시켰다. 이와 같은 인간활동은 해양생물군집의 생태적 특징에 미치는 영향의 강도와 그들의 해양에서의 공간적 분포를 변화시켜왔다(Halpern et al. 2008).

어획의 압력이 생태계에 미치는 중요한 영향은 군집수준과 개별 종의 수준으로 구분하여 볼 수 있다(Fig.3-2).

(1) 군집수준에서 어획의 영향(Effects of fishing at the community level)

(a) 어획의 압력은 각종 어획수단(예, 트롤, 준설, 화약, 폭발물, 창살 등)을 통하여 저서어장의 구조 및 이질성(heterogeneity)을 파괴한다.

(b) 어획의 압력으로 고령/대형개체군 및 상위포식자가 서로 다른 비율로 제거되므로 자원풍도가 감소하고 어획변이성(catch variability)이 증가한다. 또 서식장의 구조 및 이질성의 파괴는 자원의 가입량에 영향을 미쳐 자원풍도의 감소를 유발한다.

(c) 어획의 압력은 또 서식장 및 이질성 파괴와 자원풍도의 감소 및 어획변이성 증가와 함께 상대적 종조성의 변화, 종다양성(다양도, 균질도)의 감소(멸종을 포함)와 포식 및 경쟁률의 변화를 유발한다.

(d) 자원풍도의 감소와 어획변이성의 증가로 영양단계구조(에너지 흐름 및 부유성-저서성 결합)가 변하고 어획물의 평균 영양단계수준이 감소한다.

(2) 개별종의 생활사 수준에서 어획의 영향(Life-history effects of fishing)

(a) 성체의 사망률 증가 때문에 평균크기(체장 및 체중)가 감소하고, 연령구조가 단순화(truncate age structure)된다. 이것은 비교적 큰 종에 주로 나타나는 생활사이론에 기초를 두고 있다.

(b) 어체크기의 감소 및 연령구조의 단순화에 따라 평균 성숙체장 및 연령이 감소한다. 이것은 성장률의 성관련변화를 받기 쉬운 종에 대한 것이다.

(c) 이어서 체장, 체중-다산성 관계 때문에 개체군의 성비가 변한다.

(d) 평균체장(체중)/연령의 감소와 개체군성비의 변화에 따라 개체군의 재생산잠재력이 감소

한다. 이 재생산잠재력은 어획의 영향으로 일어난 군집수준에서의 어획량변이의 증가와 서로 관련을 가진다.

(e) 재생산잠재력의 감소는 유전적다양성으로 이어진다.

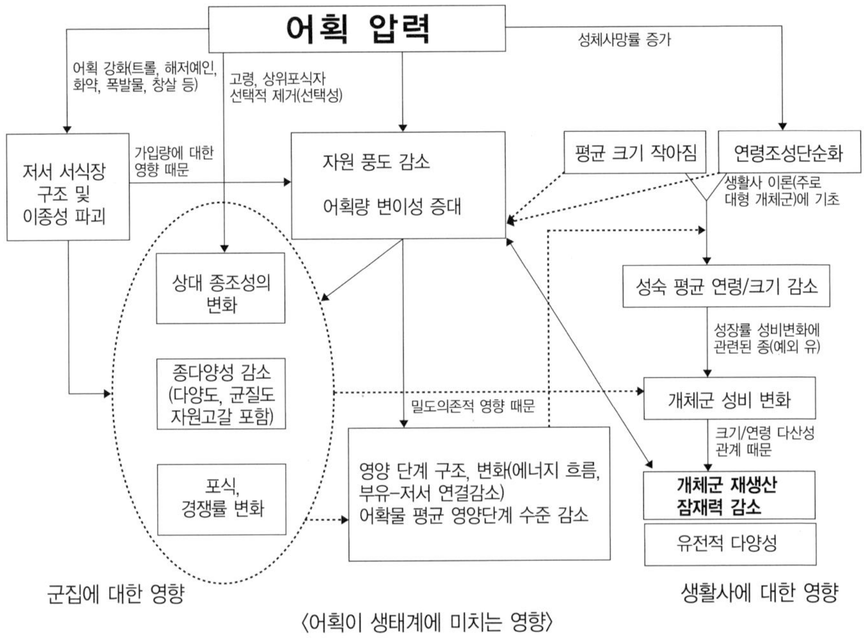

Fig. 3-2. A schematic representation of the major effects of fishing on marine ecosystems (Stergiou 2002).

Fig. 3-2. 어획이 해양생태계에 미치는 주요 영향의 모식도(Stergiou 2002).

(3) 어류자원의 장기변동에 미치는 어획 혹은 기후변동 (Effects of fishing and climate change on the fluctuations in fish population abundance)

대서양의 어류개체군의 가입량이 기후변화에 관련되었으나 어획이 가입량에 미치는 영향을 별도로 추정하기란 간단하지 않다고 알려졌다(Brunel and Boucher 2007). 북동대서양에서 개발된 어류개체군들의 가입양의 주요 형태와 대규모 기후 및 온도지수와의 시간적 일치여부를 조사하였다. 어류자원의 생산성에 어떤 변화가 기후변화에 반응하여 나타날 것인가를 확인하여 적절한 관리전략을 설계하는 것은 대단히 중요하다. 가입량 변화의 탁월한 형태를 주성분분석(PCA)으로 도출한 바에 따르면 첫 주성분은 1987년에 나타난 계단식 변화와 함께 장기감소를 보였다.

북동대서양의 대구과어류(gadoids)는 이 감소경향을 따랐다. 이와 대조적으로 일부 청어개체군과 극지생태계의 개체군들은 반대로 증가하는 경향을 보였다. 역시 북동대서양표면수온의 탁월한 신호도 북반구수온편차의 증가와 깊이 관련되었으며 이것은 지구적 온난화의 한 지수라 생각된다. 어류의 가입량의 첫 성분은 이 지역적 및 지구적 온도의 변화와 역 상관관계를 가졌다. 가입량의 제2성분은 준 10년 규모의 진동이었는데 이것은 지구적 기후지수와 관련이 없었다. 개체군의 가입량과 극지온도간의 상관분석도 가입량변화의 탁월한 형태는 지구온난화의 영향에 관련되었음을 지시하였다.

가입량에 미치는 어획의 영향은, 산란자원생물량(SSB)에 미치는 영향을 통하여, 역시 어획사망률, SSB 및 가입량간의 상관성분석으로 조사되었다. 그 결과는 어획이 기후효과와 조합하여 작용함으로서 가입량 추세를 설명하는 또 다른 요인임을 나타내었으나 어획만으로는 여기서 발견된 가입량의 변화를 설명할 수 없었다. 이와 같이 어류자원의 장기변동이 해양기후의 영향인지 혹은 어획의 영향인지를 식별하기란 어려운 일이다. 어획의 영향이 기후효과와 조합되어 작용한다면 가입량의 변화의 주요인을 찾기는 힘이 들것이다.

(4) 개체군의 크기(체장 혹은 체중)조성과 자원변동
(Population abundance reflected on the body size composition)

어류개체군은 그 풍도가 높은 시기에 밀도의존적으로 감소하고 개체의 풍도가 낮은 시기에는 환경의 개선과 함께 밀도 독립적 즉 환경의존적으로 증가한다. 개체군에 어획의 압력이 가해지면 대형군의 수가 감소하여 크기(체장/체중)조성에서 mode가 대형에서 소형의 체급군으로 이동한다. 그러나 어획의 영향이 아니고 환경의 악화에 의하여 초기생활사단계(자어, 치어기)에 가입량이 감소하여 자원이 감소하면 어체의 크기조성에 대형군은 당분간 출현하나 소형군이 나타나지 않는다(예, 북서태평양의 멸치). 따라서 개체군의 크기(체장/체중)조성으로 자원변동원인이 기후/해양변동에 의한 것인지 어획에 의한 것인지를 식별할 가능성이 있다.

(5) 개체군 크기조성의 방향성 선택과 환경지표성
(Directional selection in the body size composition of the population and bio-indicator)

일부의 두족류(예, 오징어)와 같이 동일종을 포식(공식, cannibalism)하는 종의 개체군 크기의 조성으로 기후변화의 영향을 판단하기 어렵다. 오징어는 환경이 악화되어 먹이가 부족할 때 큰 것이 보다 작은 것을 포식하므로 크기가 작은 오징어의 수가 감소하고 큰 오징어는 당분간 남아있게 된다. 이와 같이 크기조성에서 방향성 선택(directional selection)의 형태를 보이는 종에 대한 어획 혹은 기후/환경의 영향을 식별하기 힘들게 된다. 더욱 극동해역에 분포하는 오징어

(*Todarodes pacificus*)처럼 수명이 짧고(단년생) 산란 후 폐사하는 bigbang mortality 혹은 일회결실(semelparity)의 특성을 가지는 종의 개체군 변동은 크기(동장/체중)조성에 의한 자원의 해석에는 그들이 분포하는 해역의 물리적(수온, 염분 등) 및 생물학적(먹이, 포식자)정보를 필요로 한다. 이 종의 분포역(stock 혹은 population area) 특히 색이장(feeding ground)의 수온이 낮은 경우에 신진대사가 적고 먹이도 풍부하므로 성장속도가 높으나, 온난한 곳은 신진대사율이 높고 먹이가 적으므로 성장이 느리다. 따라서 이와 같은 종(예, 오징어)은 기후변동에 따라 일어나는 물리적 특성을 지시하는 생물지표종(bio-indicator)으로 이용하기는 적합하지 않다.

(6) 생태계기반의 어업관리 전략 (Strategy for ecosystem-based fishery management)

어업관리조치의 일환으로 대규모 해양보호구역 설정이 제창되고 있다(Pauly et al. 2002, Stergiou 2002). 극동해역에서 강한 어획압력을 받아 극도로 감소된 어업자원 특히 저서어류을 대상으로 인접국들이 경쟁적으로 조업하므로 경영난에 처해있는 현시점에, 생태계균형과 어업자원생물의 자원회복을 위하여 생태계의 보호구역의 설정이 강조되고 있다. 여러 다획성부어류는 그 분포역이 광범위하고 자원변동이 기후변동에 관련되어있어 인위적인 보호와 관리는 어렵다고 알려지고 있다. 따라서 생태계보전을 위한 해양보호구역(marine protected area)은 저서생물의 분포중심해역에 대하여 설정될 수 있을지 모른다. 대규모 해양생태계보호구역을 한반도근해에 설정하려면 인접 어업국과 공동으로 개발되는 어업자원(shared stocks)이 분포하는 동중국해의 중국-한국-일본의 관할수역이 만나는 곳이 적합할 것이다. 그러나 실행하기에는 기술적 및 정치적으로 어려운 일이다. 만일 이 보호구역의 설정에 합의가 이루어지면 예비조사가 장기간(10년 이상) 실시되어야 할 것이다.

이상의 해양보호구역의 설정을 위한 인접국간의 협의는 한중-한일에 한정되지 않고 인접관련국이 모두 참여하는 극동아시아해역 국제공동관리기구(가칭, 극동아시아 해양생태계관리기구; Far-East Region Marine Ecosystem Conservation Body)가 구성되어야 할 것이다.

(7) 황해의 어업자원의 군집구조 와 그 변동 (Community structure and fluctuations of fishery resources in the Yellow Sea)

황해의 어류군집은 해양기후, 군집간의 경쟁 및 어획의 영향으로 예측하기 어려운 변동을 보인다. 황해남부 및 동중국해 북부에서 겨울을 보낸 어류들이 봄부터 수온의 상승과 함께 북상회유를 개시하여 황해 및 발해연안의 산란장으로 향한다. 산란 후 대부분의 어류는 여름과 가을에 황해중부로 색이회유를 하고 늦가을부터 수온이 하강함에 따라 남쪽의 월동장으로 이동한다. 이와 같은 계절회유로 계절간의 어류 다양성지수가 변하게 되어 보통 가을과 봄에 높고 여름과 겨울에 낮다. 종의 다양성(species diversity)이 증가하면 생물량이 종사이로 확산되므로 균질도(evenness)가 증가한다.

황해에서 1950년대 및 1960년대에 몇 종의 저서어류(참조기, 갈치, 가자미, 대구)가 탁월하게 분포하여 중국과 한국의 중요 어획대상이 되었다. 그런데 어획기술과 어선세력의 증가와 무차별적인 트롤어업의 발달로 1970년대 및 1980년대에 상업적으로 중요한 참조기 및 갈치와 같은 저서자원이 고갈되었다. 고갈의 원인은 고도어획(heavy fishing)뿐 아니라 밀도의존성(density dependence)을 들 수 있다. 탁월어종들이 모두 육식성 어류이고 상이한 계절에 같은 먹이와 공간을 나눠 가져야 하므로 밀도의존성도 중요한 이유가 될 수 있었다. 예로, 참조기와 갈치는 여름에, 돔과 복치는 가을에, 그리고 가자미와 대구, 그리고 참조기와 넙치는 겨울에 서로 경쟁을 했었다.

황해에서 이들 저서자원이 고갈되고 기후변동에 따른 환경의 개선으로 1970년대 초에 청어, 고등어 및 삼치와 같은 몇 종의 부어류의 생물량이 급격히 증가함에 따라 생물량조성(biomass composition)의 변화가 일어났다. 그러나 강한 어획강도와 종간의 상호작용으로 이들 대형 부어류와 경제적으로 중요한 저서자원은 1980년대에 대부분이 감소하였다. 이에 따라 이들 어류의 주요 먹이가 되는 멸치, 반지 및 밴댕이와 같은 소형부어류의 생물량이 현저하게 증가하였다. 한편 고유의 저서어류의 일종인 곰치가 황해의 여러 저서어류가 비어둔 공간을 채웠다. 요약하면 1980년대에 소형부어류의 전격적인 증가가 황해생태계의 생물적 및 비생물적 환경의 변화에도 관계가 있을 것이며, 대형어류의 고도의 어획은 이들에 대한 포식을 완화시켰을 것이다. 그 결과 하층 영양단계에 있는 플랑크톤식성의 소형부어류의 생물량이 급격히 증가하고 1990년대 초에 황해의 어류군집에서 우위를 차지하였다. 결국 포식자(대형어류)의 감소로 피식자(소형어류)에 가해진 포식압의 완화(relaxed top-down)라는 생태계의 군집간의 전이가 일어났다 (Jin and Tang 1996).

이와 같은 어업자원의 장기변동에서 자원량이 높은 수준에 있을 때는 환경과 무관하게 밀도의존적으로 쉽게 붕괴될 수 있으며, 자원량수준이 낮은 시대에는 서식환경이 조금 개선되면 밀도와 무관하게 밀도-독립적(환경의존적)으로 자원이 쉽게 회복될 수 있다. 이상과 같이 황해의 어업자원은 기후변동에 따른 해양생태계의 변동과 어획의 영향에 관련하여 현저한 경년적 변동을 보이고 있다. 이와 같은 반 폐쇄해역의 해양생태계와 그 중요 구성원인 어업생물자원은 인위적 외력을 조절함으로써 자연환경의 영향을 파악할 수 있음으로 어획압력을 조정할 수 있는 관리조치가 강구될 필요가 있다.

3.4 수산자원의 변동에 관한 이론(Theories on fluctuations in fisheries resources)

(1) 평형이론(Equilibrium theory)

해양생물자원관리를 위한 Russell(1931)의 평형이론은 Ricker(1954), Schaefer(1954), Beverton and Holt(1957)에 의하여 완성되었다. Russell은 평형이론의 성립과정에 대하여 "국제기구 ICES(1902)의 설립에 즈음하여 난획(over-fishing)과 변동(fluctuation)을 강조하고, 중요한 자원은 국제수역에 분포하고 있으나 어업의 관리에 대한 어떤 제안도 국제적인 합의가 필요하며 합리적 어획은 자원에의 가입을 유지하면서 최고의 연도별어획량을 올리는 것을 의미한다고 지적하였다. 그리고 그는 변동의 원인에 대해서는 거의 알 수 없으며 확실한 것은 산란수와 살아남는 새끼들의 수량사이에 관계가 없다고 하였다."

이렇게 원인을 알 수 없는 변동의 연구가 탁상에 올려지고 변동을 근거로 난획에 대하여 국제적인 합의를 얻으려는 이론이 추구되었다. 그래서 그토록 매혹적이었던 다음 식이 logistic model을 기초로 작성되었다. $S_2\text{-}S_1 = (A+G)\text{-}(C+M)$ (1)

여기서 극단의 경우 처녀어장(virgin ground)에서는 자원량 S는 극대라 보았다. 가입량 A는 매년 일정하다. 그 결과 C(어획량) =A(가입량)+G(성장량)-M(사망량)이 되어 자연증가량(우변)을 매년 어획하면 자원(S_1=S)은 변하지 않을 것이라 보았다. 이 극단적인 경우가 단순하고 알기 쉬워 최고의 연간어획량(최대지속적 생산량, MSY)이라는 관리목표에 대한 국제적 합의 기초가 되었다. 이와 같이 평형이론(平衡理論)은 과학이론이 아니고 국제적 합의가 얻어진 일종의 편의적 기술론이었으나 그것이 한걸음 더 나아가 자원변동을 설명할 수 있으리라는 과학이론인 것처럼 취급되었다. Schaefer and Beverton(1963)은 식(1)을 다음과 같이 변형하여 식(1)에 없는 η(환경변동에 기인되는 자원량의 변화율)을 추가하였다. $dP/dt \cdot 1/P=r(P)+g(P)\text{-}M(P)\text{-}F(X)+\eta$ (2)

여기서 η는 긴 시간을 평균하면 zero 가 된다고 보아 처음부터 환경조건이 무시되어 없어졌다. 이와 같이 평형이론은 자원변동요인으로부터 환경을 제거하고 대신 어획 F(X)를 넣어 내력화(內力化)하였다. 이렇게 하여 극단적인 경우가 일반화되어 어획노력량 X 와 자원량 P 의 관계만 남았다. 이처럼 평형이론에 기초를 둔 자원관리는 어획노력량 X 을 조절함으로써 MSY를 실현할 수 있는 수준에서 자원량 P를 유지 혹은 회복할 수 있다는 것이다. 그 후 MSY는 여러 국제조약에서 관리기초가 되고 이윽고 1994년에 발효된 국제연합해양법조약에 까지 도입되었다. 이것들이 모두 국제적인 정치적 합의에 기초를 둔 것이다. 이와 같이 평형이론은 처음부터 일관하여 정치적인 이론이었다. 그러나 이 평형이론에 기초를 둔 자원관리가 성공한 예는 아직 없다(Kawasaki 2009).

(2) 과학적인 체제전환이론(Scientific regime shift theory)

체제전환(regime shift)은 대기–해양–해양생태계로 구성되는 지구체계(system)의 기본구조(regime)가 수 10년 규모로 전환(shift)함을 말한다. 이 메커니즘을 설명하는 이론이 regime shifdt

이론이다. Regime shift는 태평양 3 해역의 정어리자원(Kuroshio 해류, California 해류, Humboldt 해류)의 동시변동에 대응하여1983년에 처음으로 지적되어, 1980년대 후반에 들어서 동물플랑크톤 및 저서어류등의 해양생태계에 널리 알려지고, 또 대기과학, 해양과학 및 어업과학을 포함하는 큰 연구 분야로 발전하였다.

Regime shift 이론에 기초를 둔 자원관리 : 해양생물자원의 관리는 생태계의 변동리듬의 정상적인 진행을 저해하는 일이 없이 혹은 그 리듬을 이용하여 바다로부터 은혜를 지속적으로 받을 수 있도록 어획의 힘을 조절하는 일이다. Regime shift 이론에 따라, Russell에 의하여 잘려나간 「난획」과 「변동」은 통일적으로 파악되게 되었다. 정어리의 예를 보면, 정어리 생물량(biomass)의 증가율의 변동주기는, A기(증가기), B기(급감기), C기(점감기)로 구성되었다. A기는 자원이 증가하는 때이므로 이 시기에는 미성어(未成魚)의 어획을 억제하여 자원을 증가하도록 하는 일이 가장 중요하다.

가입량(加入量)을 지배하는 것은 친어량(親魚量)이 아니고 태어난 어란, 자. 치어의 생잔률(生殘率)이다. 정어리는 번영기의 시발이 된 1972년의 탁월연급군은 겨우 18조립의 알로부터 탄생하고 한편 1988년급의 4,000조립의 알은 거의 생존하지 못하고 자원은 붕괴되었다. 자원이 저수준기의 regime로부터 증가하려면 탁월연급군이 연속적으로 출현하여야한다. A기(증가기)에 어획을 억제하는 것은 탁월연급군의 출현을 돕는 것이며 출현하면 첫 산란의 기회를 주어야할 것이다. 북미의 California 정어리에 대하여 A기에 19년간의 금어(禁漁)를 통하여 1980년대 중기부터 자원이 급증하여 2000년대 초 현재에도 높은 수준을 보이고 있다. C기(점감기)에는 어획노력량을 조절하여 자원의 증가율의 감소를 줄여 되도록 장기간에 걸쳐 어획을 계속하게 한다. 특정자원의 regime이 붕괴되면 어종교체가 잘 진행되지 않아 어류군집전체의 regime shift로 연결될 수 있다. 북서태평양의 고등어 미성어(未成魚)의 난획은 이와 같은 위기를 안고 있었다(Kawasaki 2009). 북서태평양의 고등어가 이와 같이 증가할 시기에 증가하지 않고, 동중국해 및 대마난류역(TWC해역)에서 증가한 것은 기후–유발 해류변동으로 치자어의 동서진동에 관련하여 TWC해역으로 이동되었기 때문이라 해석되고 있다(Gong et al. 2008).

(3) 해양생물자원은 지구환경의 구성부문 (Marine organisms as main component of global environment)

Regime shift 이론에서, 대기–해양계의 수10년 규모의 변동은 해양생태계(자원은 그 구성원)의 수 10년 규모의 변동을 일으키는 원동력이다. 이 대기–해양–해양생태계로 구성되는 지구체제의 변동의 리듬은 체제의 외부로부터의 힘(외력)에 의하여 소란(騷亂)된다. 이 외력중의 하나는 지구온난화를 일으키는 인위적인 온실효과(溫室效果)가스의 대기로의 주입이고, 또 하나는 과도어획 즉 난획(over-fishing)이다. 이 두 종의 외력을 제거하는 일이 지구환경관리이며 해양생물자원의 관리이다. 이것은 지속적인 지구환경을 유지하기위한 과제이며 자연과 인간의 공존의 과제이다. 자원보전과 어업활동의 양립은 실현되기 어려운 과제이다. 어업자원의 이용을 고려할 때 생태계보전을 우선으로 하고 그 전제하에서 어업의 성립을 보장하는 법적, 사회적 및 경제적 체제의 구축이 요구된다.

3.5 기후-해양변동과 어류개체군의 풍도변동 (Climate-ocean changes and fluctuations in fish population abundance)

(1) 부어류 자원의 변동형태-어종교체 (A fluctuation pattern of pelagic fish populations-Alternation of dominance)

다획성 부어류자원의 변동 : 정어리 *Sardinops meranostictus* 혹은 고등어 *Scomber japonicus* 와 같은 소형부어류는 수10년 주기로 서로 증가와 감소를 반복한다고 알려졌으며, 이 현상은 어종교체(alternation 혹은 replacement)라 불린다. 예로, 극동해역의 정어리는 1920년대-1930년대에 증가하고 1940년대-1950년대에 감소하였으나 1970년대-1980년대에 다시 증가하였다가 1990년대에 감소하였다. 한편 고등어는 1960년대에 증가하고 1980년대에 감소하였다. 어종교체현상은 다른 해역에서도 일어났다. 북미서안의 남캘리포니아 및 남미서안의 페루근해에서 멸치와 정어리가 교체현상을 보였다(Lluchi-Belda et al. 1989). 인위적인 영향이 크지 않았던 시대에 일어난 어종교체는 자연적인 현상이라 생각된다.

어종교체는 특정한 해에 발생한 연급군이 폭발적으로 증가함에 따라 일어난다. 이렇게 급증한 연급군은 탁월연급군(dominant year class)이라 불린다. 이 연급군은 비교적 초기생활기에 결정된다. 어종교체의 시점이 지구규모의 대규모적인 기후체제변화(climate regime shifts)에 깊은 관계가 있다고 생각된다. 그러나 이와 같은 현상은 극히 소수의 어종에서 나타나고 대부분의 어종은 대양(해분)규모에서 볼 수 있는 것 같다(Freon et al. 2003). 더욱 여러 어종이 부(-)의 상관을 보이므로 어종교체가 일어나는 어류개체군사이에는 어떤 종간 경쟁이 있을 것이라 생각된다. 그러나 그 메커니즘은 분명하게 밝혀지지 않고 어종교체시기 및 그들의 증가정도는 예측하기 어려운 문제로 남아있다. 어종교체는 수 10년 규모의 현상이며 그 연구는 수 10년의 시간을 요하게 된다(Katsukawa 2005).

정어리 및 멸치개체군의 동시변동성(synchrony) 및 어종교체(Alternation of dominance among species) : 북서, 북동 및 남동태평양과 남동대서양의 생산성이 높은 연안해역의 정어리(Sardinops) 및 멸치류(Engraulis)의 수 10년 동안의 체제에 대한 검토가 이루어졌다(Schwarzlose et al.1999). 이들 각 해역에서 이 2속의 어류는 서로 위상이 다르게 변동하였다. 버금-우점속(sub-dominant genus)은 다른 종이 아직 풍부한데도 회복을 시작할 수 있으므로 개체군의 증가는 반드시 비어있는 생태적 지위(niche)에 대한 반응이라 볼 수 없다. 오히려 한 두 탁월연급군의 형성에 의하여 일어나는 것 같다. 북서태평양의 정어리와 그들의 어란의 질은 개체군의 자원수준이 높은 시대에는 낮아져 어란의 생산량 및 생존율이 낮아지고 연급군이 약하여 자원이 감소하였다. 자원회복의 단계에 일찍 탁월연급군의 과도어획은 탁월해지는 것을 막아 종의 자연적 천이(교체)에 영향을 미친다. 이것은 생태계의 구조와 기능을 크게 바꾼다. 예로 중층의 식물식성

어류는 표층어류를 대신하여 올라올 수 있고 일부의 물새와 같이 해양상층에서만 색이 할 수 있는 포식자에 강한 영향을 미친다. 생물학적 요인은 식물식성어류의 교체 혹은 천이에도 여향을 미칠 수 있다. 예를 들면, 캘리포니아근해에서 다랑어의 일종(bonito, Sada) 및 고등어(chub mackerel, Scomber)와 같은 포식자의 최대풍도는 플랑크톤 식성의 정어리 및 멸치의 최대풍도를 분리시킨다. 태평양에서 정어리분포는 크게 변한다. 자원이 희귀할 때 그 분포범위에 비하면 개체군의 생물량이 가장 높은 때에는 해안 따라 1,000–1,800마일까지 그리고 외해로 400–2,000마일까지 확장할 수 있다. 생물량이 높은 상이한 시대에 정어리는 항시 같은 분포를 하지는 않는다는 견해가 있으나 이것은 해역에 따라 어획의 실태가 상이하여 나타난 현상이지 분포패턴이 크게 달라진 때문이 아니다(Schwartzlose et al. 1999, Gong et al. 2007, 2008).

1930년대 및 1940년대에 북서태평양(극동해역)과 북동태평양(북미서해안)의 정어리자원의 풍도는 동시변동(simultaneous fluctuations)으로 거의 위상이 같았다. 1980년대 및 1990년대에 북서태평양 및 남동태평양(페루근해)의 정어리는 같은 위상으로 변동하였으나 북동태평양 정어리의 가장 최근(1990년대) 증가의 개시는 태평양의 다른 두 해역보다 늦었다. 이곳 정어리의 증가는 1990년대 초에도 계속되고 있었으나 북서 및 남동태평양의 정어리는 어획량과 지리적 분포역이 1980년대 후기부터 감소하였다. 그러므로 북동태평양의 정어리는 다른 주요 태평양 정어리 개체군과 변동시기(phase)가 벗어났다. 이것은 캘리포니아해류역 정어리의 풍도는 밀도의존효과가 큰 영향을 미치는 수준에 아직 도달하지 않았기 때문이다. 남동대서양의 정어리 및 멸치는 태평양 특히 페루 및 칠레근해의 개체군과 변동위상이 다르다.

지난 300년 동안에 스페인근해의 Bohulsan 청어(*Clupea harengus*)의 이따금 개시되는 어업은 캘리포니아근해 멸치의 풍도가 높은 시기와 일치한다. 멀리 떨어진 해역의 어류자원의 거의 동시변동은 그들이 지구규모에서 작용하는 기후의 영향을 때로 받는다는 견해를 지지한다. 환류규모(gyre-scale)의 순환의 변화가 준10년 기후의 주 요인이라 생각된다. 호주근해에서 정어리는 널리 분포하나 생산성이 낮은 수역이라 다른 4해역에서 볼 수 있는 생물량보다 낮다. 어떤 해역에서는 멸치가 출현하나 정어리가 없으며, 브라질근해에서는 멸치와 정어리(Sardinera)는 연직적으로 서식층을 달리한다.

기후변동과 어종교체: 태평양의 멸치와 정어리의 수 10년 변동 (From anchovies to sardine and back, multidecadal change in the Pacific Ocean) : 태평양에서 지난 50년 동안에 기온, 수온, 대기 이산화탄소, 멸치, 정어리의 양륙량과 연안 및 외양생태계의 생산성이 변하였다. 1970년대 중반기에 북동태평양은 한랭한 멸치체제(cool anchovy regime)로부터 온난한 정어리체제(warm sardine regime)로 변하였다. 북서태평양에서는 이와 반대로 온난한 멸치체제로부터 한랭한 정어리체제로 변하였다(Fig.3-3). 기후–해양변동에 관련하여 북동태평양이 온난할 때 북서태평양은 한랭하므로 이들 두해역의 두 어종의 변동 위상은 같게 된다. 그리고 1990년대에는 멸치체제로 반전하였다. 이와 같은 대규모적이고 자연적으로 일어나는 변화는 인간유발 기후변화와 해양생

물자원관리를 고려할 때 참고 되어야 할 것이다(Chavez et al. 2003).

북서태평양의 수온약층, 영양염류약층 및 동계 혼합층심도(Mixed Layer Depth, MLD)는 아열대환류의 그것들과 같은 변화를 보였다. 한랭한 정어리체제(cool sardine regime)동안에 동중국해(PN 관측선)의 쿠로시오 수송량은 강하였으나 북서태평양 해역의 해수면은 내려가고 수온약층 및 염분약층이 얕아지고 혼합층은 깊어지고 쿠로시오는 약하였다. 오야시오는 강하고 기초생산은 증가하고 정어리개체군은 연안수역에서 북태평양을 건너 일부변경선까지 동방으로 확장하였다. 이와 같이 극동해역의 정어리가 이 해역이 한랭하고 더욱 생산적 일 때 증가하는데, 반면 캘리포니아 및 페루근해의 정어리는 온난하고 덜 생산적 일 때 증가하는 이유는 아직 밝혀지지 않았다.

기후–해양변동과 어업자원의 변동(요약) : 태평양의 해양 장기변동은 적도태평양의 ENSO, 북극진동(AO), 알류샨저기압(AL)등과 같은 기후변동과 원격접속을 통하여 상호작용을 한다. 적도해역의 엘니뇨(El Niño)의 발생시기에 AL가 발달하면 AO에 관련되는 극동아시아의 편서풍이 강화되어 북서태평양의 중위도(극동해역 포함)는 한랭한 계절풍의 강한 응력으로 동계의 상부혼합층의 깊이(MLD)가 커지고 수온은 현저히 낮아진다. 이 해역에서 1980년대처럼 한랭한 서단경계해류 유역의 정어리 체제(cool western boundary current sardine regime)가 형성된다. 이 시대에 북동태평양의 중위도(북미서안)해역에서는 AL에 의한 남서방향으로부터의 온난한 바람으로 기온이 상승하고 엘니뇨의 발생이 겹쳐지면 밀려오는 고온수의 영향으로 캘리포니아해류가 약하고 연안용승(coastal upwelling)이 억제되어 온난한 동단경계해류 유역의 정어리체제(warm eastern boundary current sardine regime)가 형성된다.

알류샨저기압(AL)의 발달이 약하고 라니나(La Niña)현상이 겹쳐지면 북서태평양에서는 편서풍이 약해지고 동계의 기온 및 수온이 높아 온난한 서단경계유역의 멸치체제(warm western boundary current anchovy regime)가 형성된다. 이 시대에 동부태평양의 캘리포니아 및 페루근해에서는 강한 용승의 발달로 1960년대 및 1990년대처럼 생산성이 높은 한랭한 동부경계해류 유역의 멸치체제(cool eastern boundary current anchovy regime)가 형성된다. 캘리포니아근해의 멸치(northern anchovy)와 페루근해의 멸치(Peruvian anchovy)는 이처럼 한랭한 캘리포니아해류 및 페루해류(Humboldt/ Peru Current)가 우세하고 용승이 발달하여 수온이 낮고 기초생산과 동물플랑크톤의 생물량이 높은 시대에 풍도가 높다. 한반도근해의 정어리와 멸치는 북서태평양의 그것들과 같은 개체군이므로 서단경계유역의 기후–해양변동체제에 따른다(Gong et al. 2008).

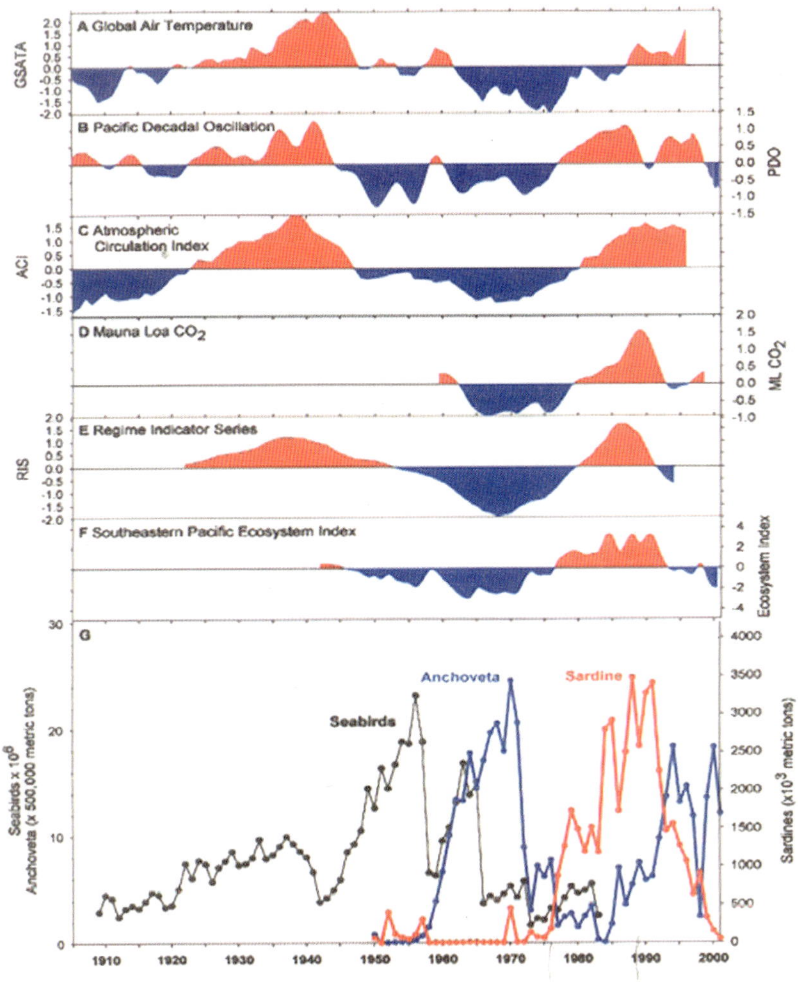

Fig. 3-3. Anomalies of (A) global air temperature, with the long-term increase removed; (B) the Pacific decadal oscillation (PDO) index(° C), derived from principal component analysis of North Pacific SST; (C) the atmospheric circulation index (ACI), which describes the relative dominance of zonal or meridional atmospheric transport in the Atlantic-Eurasian region; (D) atmospheric CO_2 measured at Mauna Loa (parts per million) with the long-term anthropogenic increase removed; (E) the regime indicator series (RIS) that integrates global sardine and anchovy fluctuations ; and (F) a southeastern tropical Pacific ecosystem index based on (G) seabird abundance and anchoveta and sardine landings from Peru. All series have been smoothed with a 3-year running mean(Chavez et al. 2003).

Fig. 3-3. (A)장기증가가 제거된 지구기온편차, (B)북태평양 SST의 주성분 분석으로부터 유도된 태평양 10년 진동(PDO)지수(° C), (C)대서양-유라시아지역의 경도-위도상의 대기 수송의 상대탁월성을 나타내는 대기순환지수(ACI), (D) 하와이 Mauna Loa에서 측정된 이산화탄소(CO_2 ppm), (E)세계정어리 및 멸치자원변동을 적분한 체제지표시계열(RIS), (F)페루의 물새 풍도와 정어리 및 멸치 양륙량을 기초로 한 남동열대 태평양 생태계지수. 이상 모든 시계열은 3년 이동평균으로 평활하게된 것(Chavez et al. 2003).

기후변화와 해양생태계

Climate Change and Marine Ecosystem

04

동해의 동물지리상
(Zoogeographic Aspects of the East Sea)

4.1 동해의 해양물리학적 특성에 관련된 동물개체군의 분포
4.2 동해 생태계의 구조와 생물생산
4.3 동해의 동물개체군의 자연환경
4.4 동해의 동물지리학적 특성에 반영되는 수리학적(해양물리학적) 특징
4.5 동해의 해류와 생물분포의 특징 요약
4.6 기후체제변화가 생태계에 미치는 영향

기후변화와 해양생태계

Climate Change and Marine Ecosystem

기후변화와 해양생태계

Climate Change and Marine Ecosystem

4.1 동해의 해양물리학적 특성에 관련된 동물개체군의 분포
(Distribution of animal populations in relation to the hydrography of the East Sea)

기상학적 및 해양물리학적 환경에서 일어나는 역학적 과정과 동물의 분포를 통제하는 해양물리학적 메커니즘은 동해의의 생태학적 구조와 변동을 이해하기 위한 기초이다(Nishimura 1969). 동해의 겨울과 여름의 수리해황(hydrographic conditions)이 서로 다르므로 그 구조를 두 계절로 나눠 검토한다. 봄과 가을의 해황은 두 극단적인 해황의 중간적 혹은 이행적 현상을 나타내며 지속기간이 짧다. 겨울의 수괴의 입체적 분포는 해양구조를 선명하게 나타낸다.

상층수(Upper layer water)는 한반도 남동해안에서 쓰가르해협의 서측입구까지 이 연해를 가로질러 형성되는 아한대수렴선(Subarctic convergence, Polar Front 혹은 Sub-polar front)의 남부해역의 얕은 수층에 국한되어 있으며, 그 온도와 염분은 그 영역내에서 상당한 범위로 점진적으로 분포한다. 이 해수를 상층수(Upper Water)라 부른다. 한편 하층수(Lower layer water)는 남부에서 상층수 아래에 있을 뿐 아니라 극전선 이북에서는 표면에서 저층에 이르는 층에서 볼 수 있으며, 그 것은 지리적 및 수리학적 차이에 따라 두 부분으로 세분될 수 있는데 하나는 극전선 북부에 바로 접한 해역의 얕은 층을 점하는 수괴로 극전선 남부의 상층수 바로 아래로 침투하고 수온 변화의 범위가 큰 특징을 가지고, 또 다른 수괴는 수온, 염분이 거의 균질하고 이 바다의 북서부 및 가장 북부해역의 표면에서 저층까지의 전 수층을 통하여 펼쳐지나 남동부에서는 점차 더 깊은 층에 이른다. 전자를 남부하층수(Southern Lower Water) 그리고 후자를 북부하층수(Northern Lower Water)라 부른다. 북부하층수는 다시 심층수(Deep Water) 및 저층수(Bottom Water)로 나눠진다(Fig. 4-1a, Fig. 4-1b).

(1) 동해의 수계 및 수괴의 해양물리학적 특성 및 분포
(Hydrographic characteristics of water system and water-masses in the East Sea)

동해 겨울의 수계 및 수괴의 특성과 분포 :

1. 상층수계(Upper Water System)

1a. 연변북서태평양중앙수(Peripheral Northwest Pacific Central Water) (Tm′) : 13−15℃, 34.00−34.60psu; 대한해협-일본의 Sanin지역서부의 대륙붕상에 난류 세력이 가장 약한 겨울에 유입된 수괴

1b. 상층수(Upper Water) (Tw) : 7−13℃, 34.05−34.35psu; Sanin지역을 제외 한 이 바다의 남부해역의 표면에서 150−200m층사이의 수괴

2. 하층수계(Lower Water System)

2a. 남부하층수(Southern Lower Water)(Li) : 1−7℃, 34.0−34.05psu; 남동부해역의 200−250m 층까지의 수괴 및 중부해역의 표면에서 200m층까지의 수괴

2b. 북부하층수(Northern Lower Water)(Ln) : < 1℃, >34.05psu; 남동부 및 중부해역의 300m층에서 저층까지 및 북서부 및 북부해역의 표면에서 저층까지의 수괴
2c. 심층수괴(Deep Water)(D) : 0.3−1℃, 34.05−34.10psu.
2d. 저층수(Bottom Water)(B) : 0.1−0.2℃, 34.15psu.

동해의 여름의 수리학적특성은 표면수(Superficial Water), 상층수(Upper Water) 및 하층수(Lower Water)등의 3개의 주요 수계로 나눠진다. 표면수는 다른 두 개와 완전히 구별되고 여름에 이 바다의 전역을 덮는다. 이 수괴는 남동표면수(Southeast Superficial Water) 혹은 대마난류역의 표면수(Superficial Water of the Warm Tsushima Current region)로 나눠지지만 그 구분은 항시 명료하지 않다. 이 비교적 균질한 표면수는 전 해역을 덮어 확산하므로, 아표층(예, 50m층)에서는 겨울처럼 극전선이 뚜렷하여 이 바다의 남동부와 북서부해역이 분명히 구별되나 표면수온 및 염분의 분포는 이 바다의 주요해역 전체가 평탄한 하나의 형태를 나타낸다. 여름의 상층수는 겨울의 상층수처럼 일반적으로 극전선 남부해역의 얕은 층에 국한하여 분포하고 두 개의 독특한 부분으로 구성되었는데: 하나는 북서태평양중앙수(NW Pacific Central Water)에 기원을 둔 소위 대마난류중핵수(Core Water of the Tsushima Warm Current; Tm)이고 다른 하나는 동해중앙수(East Sea Central Water; Tc)인데 이 중앙수는 그 세력이 겨울부터 여름까지 지속되어 남아있는 겨울의 상층수의 중핵수와 그 성질이 일치하는 것 같다. 끝으로 여름에 상층수 아래에 있는 하층수는 3부분으로 구성되었는데: 첫째, 소위 중간수(Intermediate Water)는 겨울의 남부하층수의 중핵수에 상당하거나, 여름까지 지속되어 북서부의 표면수 아래로부터 남동부의 상층수 바로 아래로 침투된 겨울의 하층수가 다소 변질 된 것이다. 둘째는 심층수(Deep Water)이고 셋째는 저층수(Bottom Water)이다. 이들 수괴는 수온 및 염분의 특성이 크게 안정되어 어떤 계절변동을 보이지 않고 심층에 분포한다.

동해 여름의 수계 및 수괴의 특성과 분포 :

1. 표면수계(Superficial Water System)
1a. 남동부표면수(Southeast Superficial Water; Ts), 대마난류역표면수(Superficial Water of the Warm Tsushima Current Region) : 21−28℃, 33.0−34.1psu; 남부와 그 연안측의 표면에서 50−100m층간, 북부와 외해측은 보다 얕은 수층의 수괴
1b. 북서부표면수(Northwest Superficial Water; Ls), 리만한류역표면수(Superficial Water of the Cold Liman Current Region) : 13−21℃, 32.0−33.5psu; 표면에서 10-30m수층간의 수괴
2. 상층수계(Uper Water System)
2a. 대마난류중핵수(Tsushima Current Core Water; Tm) : 14−17℃, 34.4−34.7psu; 50−100m층에서 120−150m층간의 수괴, 남부에서 두꺼우며 깊고 북부에서 얇고 낮은 층에 분포한다. 이 수괴는 북서태평양 중앙수(NW Pacific Central Water)에 기원을 두고, 겨울의 연변북서

태평양중앙수(Tm′) 및 겨울의 연변대마난류수에 상당한다.

2b. 동해중앙수(East Sea Central Water; Tc) : 9−11℃, 34.1−34.3psu; 150−200m간의 수괴, 외양에는 얕은 층에 분포한다. 이 수괴와 그 아래의 하층수괴사이 에 영구 수온약층이 형성된다.

3. 하층수계(Low Water System)

3a. 중간수(Intermediate Water; I) : 3−4℃, 33.9−34.05psu; 남동부해역의 200−300m 수층, 북서부해역의 50−150m간의 수괴. 이것은 겨울의 남부하층수(Li)에 해당한다.

3b. 심층수(Deep Water; D) : 0.3−1.0℃, 34.05−34.10psu; 남동부해역의 400m에서 600−800m 수층 간, 북서부해역에서 200m에서 400-500m수층간의 수괴.

3c. 저층수(Bottom Water; B) : 0.1−0.2℃, 34.10−34.15psu; 전해역의 500−1,000m에서 저층까지의 수괴.

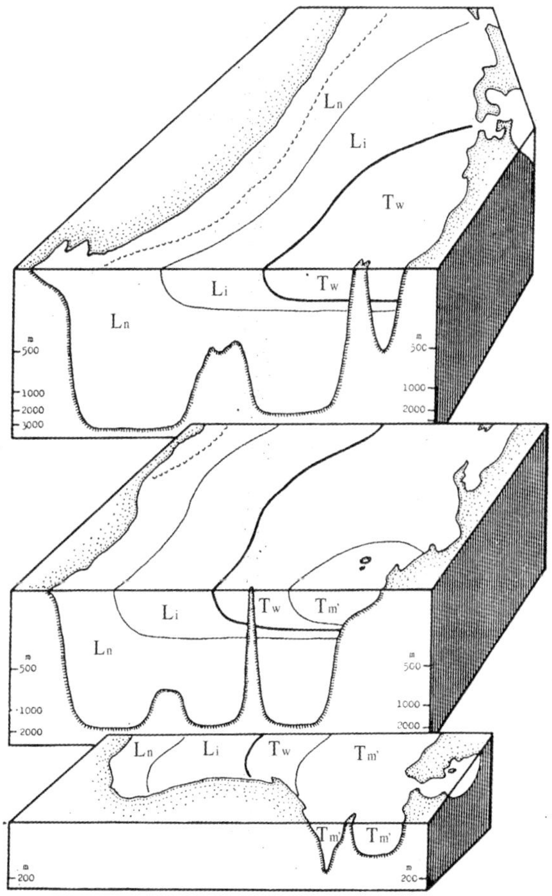

Fig. 4-1a. Block diagram showing the distribution of water masses in the East Sea in winter, with section from Niigata to Peter the Great Bay(upper), from Hamada to northeast Korea(middle) and from Kyushu to Busan (bottom)(Nishimura 1969).

Fig. 4-1a. 동해 겨울의 수괴의 분포를 보이는 입체단면도. Niigata-Peter the Great Bay간 (상), Kimchek-Hamada 간 (중), Busan-Kyushu 간 (하) (Nishimura 1969).

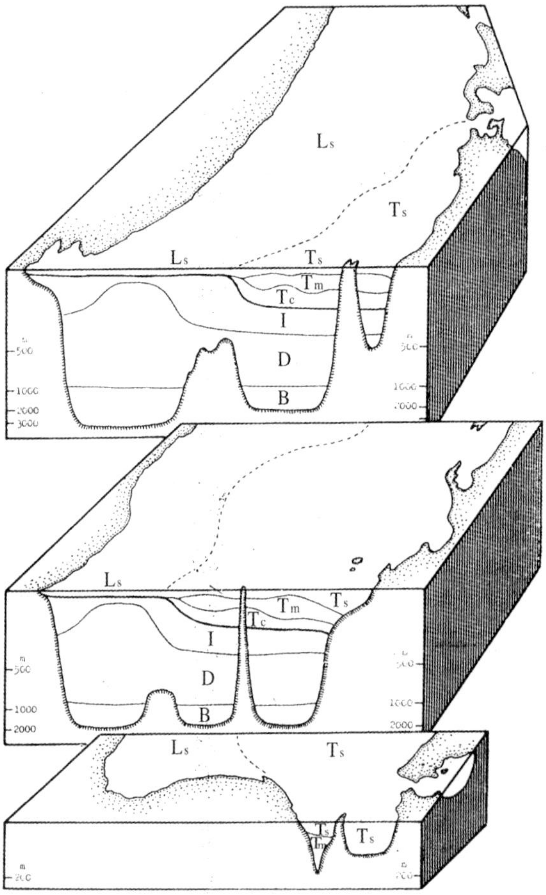

Fig. 4-1b. Block diagram showing the distribution of water masses in the East Sea in summer, with section from Niigata to Peter the Great Bay(upper), from Hamada to northeast Korea(middle) and from Kyushu to Busan (bottom)(Nishimura 1969).

Fig. 4-1b. 동해 여름의 수괴의 분포를 보이는 입체단면도. Niigata-Peter the Great Bay간 (상), Kimchek-Hamada 간 (중), Busan-Kyushu 간 (하) (Nishimura 1969).

동해의 몇몇 대표수역의 특징을 나타내는 T-S diagram에 이들 수괴의 범위가 투영된다. 이들 대부분의 수괴는 염분을 전혀 참고하지 않고도 수온차이만으로 식별될 수 있다. 그리고 겨울의 T-S diagram에 앞에 열거된 3개의 수괴(Tw, Li, Ln)이외에 냉각기에 남동부의 Sanin근해의 대륙붕상에 정상적인 상층수(Tw)보다 다소 고온이고 고염인 또 하나의 수괴가 인정되는데, 이것은 이 바다로 유입되는 난류가 약한 겨울에 이미 유입된 북서태평양연변수의 연변을 나타내는 것 같다. 이 수괴는 겨울 해황의 상층수계에 포함되나 연변북서태평양중앙수(Peripheral NW Pacific Central Water, Tm ; 13-15℃, 34.4-34.6psu)라는 이름으로 다른 수괴 성분과 따로 취급될 수 있다. 이 바다의 남동부해역에서 겨울을 보내는 꽁치(Pacific saury)는 이 수괴에도 분포한다.

수계 혹은 수괴사이의 경계 즉 전선층(수평적 전선과 수직적 약층)은 해역과 계절에 따라 이 바다에 서식하거나 내유하는 생물의 수평적 혹은 수직적 분포에 영향을 미친다. 이 바다의 수리학적 구조를 나타내는 모식도에서 가장 중요한 특징은 극전선(polar front)이다. 이것은 이 바다에서 겨울과 여름뿐 아니라 주년 명확하게 나타난다. 겨울에는 상층수가 대기와 직접 접하게 되어 극전선은 해면에 대단히 뚜렷하게 나타난다. 여름에는 표면수, 상층수 및 하층수의 순으로 쌓이므로 상층수는 표면수와 하층수 사이에 샌드위치처럼 끼이게 되어 극전선은 비록 아표층(subsurface layer)에서는 변함없이 구별되지만 표면수에 덮이어 해면에서는 쉽게 식별되지 않는다. 여름에 표면아래의 아표층에 형성된 극전선의 위치를 식별할 수 있는 인공위성 영상기술의 개발이 요구된다. 동해의 수평순환은 바람에 의하여 크게 변동하고 그 연직순환형태는 바람과 대기-해양간의 열흐름에 크게 영향을 받는다(Fig. 4-2).

동해 저층수가 생성 및 보충되는 메커니즘 :

이상의 여러 수괴 가운데 북부하층수(Northern Lower Water, Ln)는 이에 대응하는 태평양의 심층수 및 저층수보다 더 저온, 저염, 고산소인 것이 특징이다. 이 북부하층수는 이 바다 안에서 형성되는 자생적(authigenic)특징을 가지고 그 해양학적 특성의 영구적 지속은 이 바다의 심해분(deep basin)이 태평양과 완전히 고립되었기 때문이다. 이 북부하층수는 이 바다의 북서부해역에서 겨울의 결빙으로 인한 냉각과 염분의 농축으로 형성되는 고밀도기초해수(primary water) 가 침강하여 1,000m이심의 등온면(실제, isentropic 혹은 등밀도면)을 따라 대규모 저기압성 환류와 함께 펼쳐진 것이다. 그러므로 이 한랭한 고염수가 해마다 겨울에 저층수에 추가되므로 그만한 양의 저층수가 보다 얕은 층에 옮겨져 혼합으로 심층수가 되고 이 제2차 해수는 그 위에 덮여있는 수괴와 혼합하면서 결국 흩어져 소멸된다.

동해 수괴의 형성기작, 장소 및 확산과정 :

겨울의 수괴(Winter water-masses) :

Ⅰ. 내부형성기초수(Authigenic primary water) : 상층수, 남부하층수, 저층수

Ⅱ. 내부형성 2차수(Authigenic secondary water) : 심층수

III. 외부형성기초수(Allothigenic primary water) : 연변북서태평양중앙수

여름의 수괴(Summer water-masses) :

I. 내부형성 기초수 : 북서부표면수, 저층수(겨울부터 지속된 것)

II. 내부형성 2차수 : ①중앙수(동계 상층수괴 내에서 주로 혼합으로 형성된 것)
②중간수(동계 남부하층수괴내의 혼합과 해빙으로부터의 한랭, 저염수의 추가로 형성된 것), ③심층수

III. 외부형성 기초수 : 남동부표면수(동중국해의 육붕수에 기원을 둔 것)

IV. 외부형성 2차수(Allothigenic secondary water). 대마난류중핵수(북서태평양중앙수괴)내에서 주로 혼합에 의하여 형성된 것.

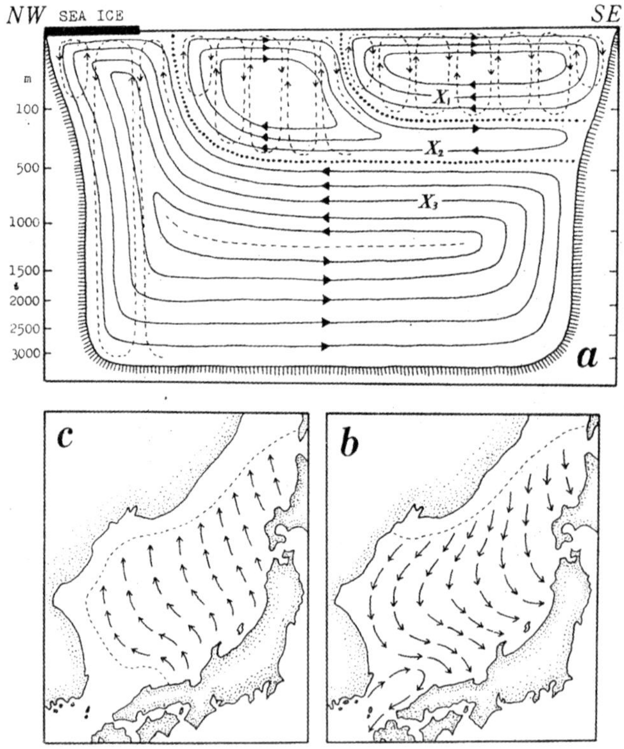

Fig. 4-2. Winter circulation pattern in the East Sea. The vertical circulation pattern(a) is shown in a NW-SE section through the center of the sea. The broken curves indicate the convection, the solid curves the general aspect of advection currents, and the dotted curves the boundaries between the Upper Water, Southern Lower Water and the Northern Lower Water masses. The broken line shown in the middle of the Northern Lower Water mass indicates the supposed boundary between the Deep Water and Bottom Water Masses. The horizontal circulation pattern is given as to the south-flowing layer (b) and the north-flowing layer(c) in the sea(After Nishimura 1969).

Fig. 4-2. 동해 겨울의 연직순환형태. 연직순환형태(a)는 이 바다의 중앙을 지나는 북서–남동단면에 나타내었다. 파선곡선은 대류, 실선곡선은 이류를 나타내고 점선곡선은 상층수, 남부하층수 및 북부하층수 사이의 경계를 각각 나타낸다. 수평순환형태는 남으로 흐르는 순환형태(b), 북으로 흐르는 순환형태(c)를 나타내고, 북으로 돌아오는 흐름형태는 (a)에 X_1, X_2, X_3로 나타내었다(After Nishimura 1969).

(2) 동해의 생물군집(Communities in the East Sea)

수주성 및 저서성 군집(pelagic and benthic community) : 동해에는 350–400종의 어류가 분포한다. 동해의 어류군집(fish community)은 방어(yellow tail, *Seriola spp.*) 및 삼치(Spanish mackerel, *Scomeromorus niphonius*)와 같은 난수성 부어종과 대구(Pacific cod, *Gadus macrocephalus*) 및 대게(tanner crab, *Chionoecetes opilio*)와 같은 냉수성 저서종으로 다양하다. 또 전갱이(jack/horse mackerel, *Trachurus japonicus*)와 같은 연안종과 고등어(chub mackerel, *Scomber japonicus*), 꽁치(Pacific saury, *Cololabis saira*), 오징어(common squid, *Todarodes japonicus*)와 같은 외양성어종, 정어리(Japanese sardine, *Sardinops melanostictus*) 및 멸치(Japanese anchovy, *Engraulis japonicus*)와 같은 소형부어류 그리고 방어(yellow tail) 및 다랑어류(tunas)와 같은 상위 포식자등으로 특징지어 진다.

대형식물 및 기타 동물군집 : 동해에는 약 380종의 대형식물(macrophytes)이 발견되었다. 러시아 남부해안의 표층(0.5–15m층)에 분포하며 상업적으로 중요한 해조, *Phyllospacix* 의 생물량은 2–5 kg/m^2 이다. 동해 북서측해안의 육붕에 분포하는 저서동물의 생물량은 64-340g/m^2 로 낮다. 해면동물(porifera)과 강장동물(coelenterates)은 서부Kyushu부터 대한해협을 통하는 남부해안과 일본서해안을 따라 Tsugaru해협까지 풍부하게 분포한다. 환형동물(annelids)은 남부의 외양측에 분포한다. 난수역에는 거미불가사리(ophiuroidea)가 외양측에 풍부하며 연체동물(molluscs)은 남부의 외양측에 분포한다. 동해의 생물량은 일반적으로 깊을수록 감소한다.

(3) 동해의 수산동물군집이 서식하는 수계 및 수괴
(Animal communities and corresponding water system/masses in the East Sea)

해당수괴와 동물군집 특히 저서군집과의 관계는 해당군집의 대표 종에 대한 적수온자료에 의하여 확증될 수 있다. 일정한 군집내의 각종 적수온범위는 그들에 상당하는 수괴의 수온범위 내에 들어가거나 그 범위를 포함한다. 오카장군집III의 동물의 적정생활중심은 대마난류중핵수와 동해중앙수사이의 중간범위에 있으므로 이것은, 이 바다의 중앙수 즉 이 수괴의 중핵수에 서식하는 오카장군집IV의 일원에 대하여, 오히려 겨울상층수괴의 상부 연변부 라 불리는 수괴에 서식하는 오카장군집III의 일원이라 표현될 수 있다. 이와 비슷하게 타라장군집 I 의 동물은 중간수 즉 이 수괴의 중핵수에 서식하는 타라장군집 II 의 동물에 대하여 오히려 남부하층수괴의 상부연변부에 서식하는 것이라 생각된다(Table 4-1, Table 4-2).

한편, 겨울 상층수괴의 상부연변부와 동계 남부하층수괴의 상부연변부의 염분은 각 해당수괴의 전형적인 수괴보다 더 낮다. 대체로 이 연변수는 겨울의 냉각과 염분농축의 초기이행단계에 형성되므로 모두 비교적 단명하다. 오카장III 및 타라장 I 의 군집의 구성원은 원래 연안성으로 저염에 적응되어 계절적 연직회유 혹은 대단히 광범위한 연직범위를 가진다는 사실은 이들 수괴가 원래 저염이고 그 연직범위와 특성에 현저한 계절변동을 보인다는 것과 관계가 있다.

Table 4-1. Animal communities and corresponding water masses in the East Sea

Table 4-1. 동해의 수산동물군집의 분포수계 및 수괴

부어군집	저어군집	수괴	수계
표면, 열대-아열대군집	오카장 군집 I ---표면수		표면수계
중층, 아열대-온대군집	오카장 군집 II ---대마난류 중핵수(즉 북서태평양중앙수) 오카장 군집 III ---동계상층 수괴의 상부 연변부 오카장 군집 IV ---동해중앙수(즉 동계 상층수)		상층수계
심층, 한대-북극지방군집	타라장 군집 I ---남부하층수괴의 상부 연변부 타라장 군집 II ---중간수(즉 동계남부 하층수) 타라장 군집 III ---북부 하층수(심층 및 저층수)		하층수계

연변수부분에 관련된 명확한 저서군집은 상층수와 남부하층수괴에 대해서는 각각 규정되나, 표면수, 대마난류중핵수 및 북부하층수괴에 상당하는 군집이 없는 이유는 단지 처음 두 수괴는 가을에서 겨울동안에 점진적인 냉각과 염분농축을 통하여 이 바다 안에서 형성되어 각 수괴의 형성의 이행기에 적응된 명백한 동물군집의 발전 혹은 유지를 허용한다는 사실에서 찾아 볼 수 있다. 그런데, 표면수와 대마난류중핵수는 모두 동해에 대해서는 외래성(allothigenic)이므로 이미 형성된 수괴로서 여기에 각각 수송된 것이며, 북부 하층수는 이 바다에서 형성되었으나 해수결빙상태의 협소한 일정 조건하에 있다. 따라서 이들 3 수괴는 어떤 뚜렷한 연변부 혹은 이행기가 없고 이들에 관련되는 특정 동물군집이 없다.

물리해양학에서 북부하층수는 일반적으로 심층수와 저층수로 세분된다. 비록 저층수가 심층수 보다 더 저온, 더 고염이지만 그들의 수리학적특성은 서로 비슷하여 생물학적으로는 이들 두 수괴는 수괴수준에서 유지되는 동물군집사이에 뚜렷한 질적 차이가 없이 거의 같다. 단지 타라장군집III은 1,000m이심에서 더 적고 위의 저서군집의 수준에 있는 부유성군집도 1,000m아래에는 비슷하게 현저히 적다는 사실은, 1,000m수준은 대략 심층수와 저층수간의 이 해수층에 상당하므로, 심층 및 저층수괴간의 수리학적 차이에 관련되는 것 같다.

위에서 보이는 대로 수주성(부유성)군집은 그들의 구성종의 연직분포 및 생물기후학적 특성(bio-climatological characters)에 따라 3 무리로 나눠진다. 이것은 동해에서 규정될 수 있는 3 수괴가 있다는 수리학적 입장과 일치함을 뜻한다. 이 가운데 표면수괴는 여름에 국한되어 일시적으로 형성되는 것이고 다른 두 수괴는 그들의 수리학적 특성과 분포가 계절에 따라 다소 변하지만 이 바다에서 영구적이다. 상층수괴는 온난수에 그리고 하층수는 한랭수에 속한다. 그들 사이의 경계는 이 두 수계가 규정되는 한 계절과 해역을 통하여 일정한 수층에서 뚜렷이 나눠진다. 이 경계는 소위 제 2차 혹은 영구수온약층((permanent thermocline)이라 불리고, 이에 대하여 제1차 혹은 계절수온약층(seasonal thermocline)은 여름에 표면수괴의 아래에서 대단히 뚜렷이 발달한다.

Table 4-2. Optimum temperature ranges (in ° C) for some representative species of animal communities in the East Sea(After Nishimura 1969)

Table 4-2. 동해에 분포하는 수산 동물 군집의 대표종의 적수온 범위(After Nishimura 1969)

A) 오카장 I 및 이에 상당하는 부유성 군집

만새기	24~26℃	범돔	22~25℃
가다랭이	20~24	아홉동가리	18~26
청새치	19~24	쥐치	18~25
날치	20~23	몽치다래	19~23
방어(유어)	18~24	멸치	17~24
까치상어	18~22	보라성게	18~24
왜문어	20~25	창꼴뚜기	19~25

B) 오카장 II 및 이에 상당하는 부유성 군집

고등어(유어)	14~21℃	눈퉁멸	13~21℃
전갱이	15~20	참다랑어	14~19
방어(중형어)	15~18	물가자미	15~18
꽁치	13~19	산갈치	12~19
갈가자미	15내외	달강어	15내외
참돔	15~16	살오징어	12~18

C) 오카장 III 및 이에 상당하는 수주성 군집

고등어(성어)	12~16℃	정어리	13~15℃
방어(성어)	13~15	쥐노래미	10~14
까나리	9~13	말똥성게	12~16
해삼	10~15	화살꼴뚜기	12~15

D) 오카장IV 및 이에 상당하는 수주성 군집

샛별	8~13℃	오징어류	7~12℃
단각류(*Parathemisto japonica*)	5~13	곤쟁이(*Euphausia pacifca*)	5~13

E) 타라장 I 군집

임연수어	5~8℃	탁자볼락	5~8℃
청어	4~7	기름가자미	4~6
용가자미	5내외	말똥성게	4~7

F) 타라장 II 군집

명태	2~5℃	도루묵	2~5℃
황볼락	2~5	대구	2~4
홍가자미	1~5	영덕게	1~5

G) 타라장 III 군집

가오리류(Breviraja smirnovi)	0~2℃	청자갈치	0~1.5℃
붉은대게	0~2	북쪽분홍새우	0~1.5

(4) 동물군집과 수괴간의 상호작용 (Interaction between water-masses and animal communities)

동해의 동물군집과 수괴간의 상호작용에 관한 동물지리상(zoogeographic aspects)의 특징을 간추리면 다음과 같다.

① 각 동물군집의 연직위치와 지리적 변화는 이 바다의 성층상태와 그 지리적 변화에 아주 가깝다.

② 북부와 남부동물의 연직적 서식층분리(vertical segregation)가 뚜렷하다.
저서성 혹은 수주성(부유성)생물의 연직분포범위간의 경계는 동해의 남동부해역의 영구수온약층과 같이 하층수계의 상층수계와의 접촉면에 해당된다. 이와 같이 대부분의 남부생물들은 연중 남동부해역의 더 얕은 층에서 번영을 되풀이하고 반면 북서부해역에서는 남부요소들은 모두 계절적이고 단지 여름철에만 어느 정도 번성한다.

③ 오카장 및 타라장 분포역의 경계역은 영구수온약층의 수준과 일치한다. 이 경계역은 수온약층의 일정한 깊이에서 영구적으로 형성됨에 따라 이 주변수층은 두 환경사이에 지속적이 행대(ecotone)를 형성하고 그 결과 뚜렷한 기후생물학적 특성에 상당하는 상이한 동물군집에, 오카장III, 오카장IV 및 타라장 I 의 많은 구성원이 이 한정된 공간에 밀집하여 나타난다.

④ 남부생물들의 분포의 북부연변은 상층수계 즉 겨울의 상층수괴, 여름의 대마난류중핵수 및 동해중앙수괴의 북측한계를 짓는 극전선이다(Fig. 4-1a, 4-1b). 이와 비슷하게 겨울부터 초봄의 *Coscinodiscus wailesii* 및 다른 아열대 해양성 규조류(diatoms)의 대량 출현해역은 상층수의 영역에 상당한다.

⑤ 종종 극전선 이북해역으로 침투하는 남부요소는 대부분이 열대-아열대 표면 부유성군집(pelagic community)이거나 부유성 치어단계의 오카장저서군집 I 의 구성원이다. 이것은 표면수괴가 여름에 극전선이북해역으로 확산하는 상태를 반영한다.

⑥ 연안동물이 외해에 출현하는 것은 여름에 염분이 훨씬 낮은 표면수가 동해의 외해로 멀리 확산하는 것과 깊이 관련된다. 이것은 동해 북서부의 대단히 뚜렷한 연안부유성군집이 현저하게 저염한 북서부표면수괴에 출현하는 것과 같은 현상이다.

⑦ 동해의 타라장군집-III에 의하여 대표되는 심층동물상은 이 바다의 내부형성의 북부저층수의 서식생물로 구성되고 태평양의 심층수와 분명히 다르다. 그러므로 이 바다의 심층-저층동물상은 태평양의 그것과 달리 한대성기원의 종으로 구성되거나 한대성종과 극히 유사하며, 태평양의 심층, 저층에 서식하는 것보다 훨씬 낮은 수온에 적응되었다. 동해의 심층부유성동물상도 이와 같다.

동해의 수리환경과 생물의 분포특징은 태평양과 다른 점이 많다. 동해의 여름과 겨울의 수온차이는 태평양에 비하면 더 크고 그 소장은 생물의 분포에 크게 영향을 미친다. 동해의 300m(극전선 이북은 20-30m)이심은 냉수로 채워져 냉수역의 소장은 어획대상 생물자원의 어장형성에 큰 영향을 미친다. 이 바다는 조석간만의 차(20-30cm범위)가 작아 조간대생물이 빈곤하다. 내만이 적고 해안선이 단조로워 모래와 자갈이 많고 경사가 급한 암초대가 비교적 많다. 이 바다에는 고유종이 적고 연안성종이 심해에까지 분포한다. 다른 해역에 비하여 500m이심의 생물량은 적다. 난류성 종은 다른 해역에 산란장을 두고 생활사의 일부를 이 바다에서 보내는 경우가 많고, 저서동물의 대부분은 전 생활기간을 이 바다에서 보낸다. 해조류(海藻類)는 태평양에 비하여 왜소형이 많다. 플랑크톤은 150종이상이며 특히 동물플랑크톤 가운데 요각류(copepods)가 가장 많다(Nishimura 1969).

4.2 동해 생태계의 구조와 생물생산 (Ecosystem structure and biological production in the East Sea)

(1) 혼합층깊이와 영구수온약층의 깊이 (Mixed layer depth, MLD and permanent thermocline depth, PTD)

수온의 수평 및 연직 분포는 이 바다의 기초생물생산의 계절변화를 뚜렷하게하고 고차영양단계의 생물의 연직 및 수평분포를 통제한다. 해양의 상부혼합층의 깊이(upper mixed layer depth, MLD)는 수온, 염분 및 그 함수인 밀도가 표면과 거의 차이가 없는 수심까지의 깊이로 규정된다(Kara et al. 2000). 동해남부의 10년간의 월별 MLD는 여름(6,7 및 8월)에 가장 얕아 10−20m범위에 있고 연안에서 10m 이하이고 근해로 나갈수록 난류표층수의 뚜께의 증가와 함께 MLD도 증가하여 대한해협 북동부의 MLD는 30m 이상인 경우도 있다. 겨울(12, 1, 2월)의 MLD는 연안에서는 30m정도이고 외해로 나갈수록 증가하여 울릉도남서부에서는130−150m에 달한다. 특히 2월의 MLD는 울릉도남부에서 150−170m 에 달한다(Fig. 2-7). 이 MLD의 깊이는 광합성유효방사(photosynthetically active radiation, PAR)와 관련하여 기초생산을 결정하는 중요한 물리적 요인이다. 영구수온약층의 깊이(PTD)는 표면에서 영구수온약층의 중간까지의 깊이로 규정되었다. 동해남부에서 이 PTD는 주년 변화가 거의 없이 연안에는 30m 정도이고 울릉해분에서는 200m 정도이다. 계절에 따라 이 PTD의 수평분포형태는 다소 변동하나 기본적으로 대한해협동북부에서 울릉도를 향하여 북상하는 동한난류의 유로방향을 따라 깊은 골이 나타난다(Fig. 2-8). 동해의 극전선이남해역의 영구수온약층 깊이는 그 상층에 Okaba 군집, 그 하층에 Taraba군집을 가르는 동물군집의 연직분포의 한계를 나타내는 생태적 경계이다(Table 4-1, 4-2, Fig. 6-3).

(2) 퇴적과정 및 영양염의 분포(Deposition and distribution of nutrient salts)

동중국해로부터 동해로 들어오는 대한난류는 12,000−24,000년 전의 빙하기동안에 해수면이 낮아서 크게 제한을 받았다. 황하 및 양자강으로부터의 담수는 황해의 연안수와 함께 직접 동해로 흘러들어 전역의 상층에 밀도성층을 강화한다. 이 환경은 겨울에 저층수형성을 방해하여 저층의 무산소상태의 원인이 된다. 이 기간에 담수성 규조류가 나타난다. 동해의 저층 침전물의 유기탄소함량은 지난 빙하기에는 비교적 낮았다.

동해에서 여름의 인산염농도의 수평분포와 겨울 및 여름의 질소 및 인산염농도의 연직단면은 여름에 상층의 영양염류가 거의 고갈됨을 나타낸다. 상부혼합층아래의 그 값은 깊이에 따라 증가한다. 동해북부냉수역의 영양염류 농도의 수준은 남측의 대한난류에서 보다 훨씬 높다. 이 수준은 쿠로시오표층수의 수준보다 몇 배나 더 높으며 쿠로시오−오야시오 이행역의 그것과 같은 차수에 있다.

(3) 동해 생물생산의 특성(Production in the East Sea)

플랑크톤생산의 불균형 : 동해의 중남부에서 봄철의 식물플랑크톤의 생산보다 동물플랑크톤의 생산이 훨씬 낮아 초식성 동물플랑크톤에 의한 소비가 적어 플랑크톤생산은 불균형적이다. 따라서 식물플랑크톤의 생물량은 후자의 생물량과 무관하게 큰 계절변동을 보인다. 이 바다의 중부 및 남부의 식물플랑크톤 생물량은 연중 다른 계절보다 높으며 규조류(diatoms)의 일종인 *coscinodiscus wailasii* 가 대량 번식되며 이 기간의 중요 초식성 요각류(copepods)는 *Calanus plumchrus* 및 *C. cristatus* 이다. 이곳에서 봄철에 대량 발생하는 대부분의 식물플랑크톤은 아열대 혹은 열대성해양종이다. 예를 들면 *Coscinidiscus wailasii* 가 대량 발생해도 이시기에 발육하는 초식성 동물플랑크톤(예, *Calanus plumchrus*)의 유생 혹은 초기단계의 copepdites 에 의하여 채식되기는 그 size가 너무 크다.

(4) 식물플랑크톤 번식의 물리-화학적 환경조건 (Physical and chemical functions in primary production)

식물플랑크톤이 효과적으로 생산되기 위하여 상부 혼합층심도(MLD)가 임계심도(critical depth, Dcr; 단위 면적당 총광합성량과 총호흡량이 같은 수층)보다 깊지 않아야한다. 즉 이때 광합성유효방사(PAR)가 수온약층아래까지 충분히 미쳐야한다(Sverdrup 1953). 겨울에 동해의 중부 및 남동부해역(35° -40° N)에서 MLD는 3월경에 최대 150-200m (한반도 동해안측은 이보다 낮아 약 50-100m)이고, Dcr는 12-1월에 최소치가 100-200m 정도로 전자보다 조금 낮다. 이와 같이 MLD의 극치의 출현 시기(3월)와 Dcr 의 극소치의 출현 시기(12-1월)가 일치하지 않는다(Fig.4-3). 즉 겨울의 MLD 극대치 자체는 Dcr 최소치자체를 초과하지만 동계의 어느 순간에 MLD 가 Dcr 를 초과하는 일은 거의 없다. 따라서 일찍 1-3월에 식물플랑크톤의 번식이 가능하며 이때 표층수는 적당히 비옥화(영양염이 충분한 상태)되어 있고 광조건이 호적한 상태(충분한 PAR)로 되어 있기 때문이다. 여기서 임계심도는 $D_{cr}=I_0/kI_c(1-e^{-kD_{cr}})$ 로 나타낼 수 있으며 I_0 는 표면 방사광(surface radiation), k 는 수중의 광의 감쇄계수이고, I_c는 보상광강도(compensation light intensity)로 광합성에 참여하는 생물에 대하여 실험적으로 결정되며 0.001-0.01 cal cm^{-2} min^{-1}범위에 있다. 만일 $kD_{cr} \gg 0$이면 결국 $D_{cr}=I_0/kI_c$ 로 간단히 표현되고 결국 임계심도는 해면에 투사되는 태양방사광과 수중의 광의 감쇄정도에 따라 결정된다(Sverdrup 1953, Lalli and Parsons 1995).

특히 이 바다의 중서부(한반도 동안)에서는 기상학적 겨울에도 상부혼합층의 깊이(MLD)가 50-100m으로 낮고 태양방사는 서고동저형으로 특히 한반도측이 높다. 따라서 한겨울에도 광합성에 적합한 물리적 환경(MLD $<$ Dcr)이 형성되어 식물플랑크톤의 생산이 가능하다.(Zhang and Gong 2005). 여하간 기후-해양변동(예, 이상 한파와 강풍)에 의하여 MLD가 깊어지고 맑은 날이 적어 광합성유효방사(PAR)가 부족하거나 해류에 의한 번식생물의 수송이 변동하는 등 부적합한 환경이 조성되면 생물생산에 이변이 일어나 생태계의 소란을 면치 못하게 된다.

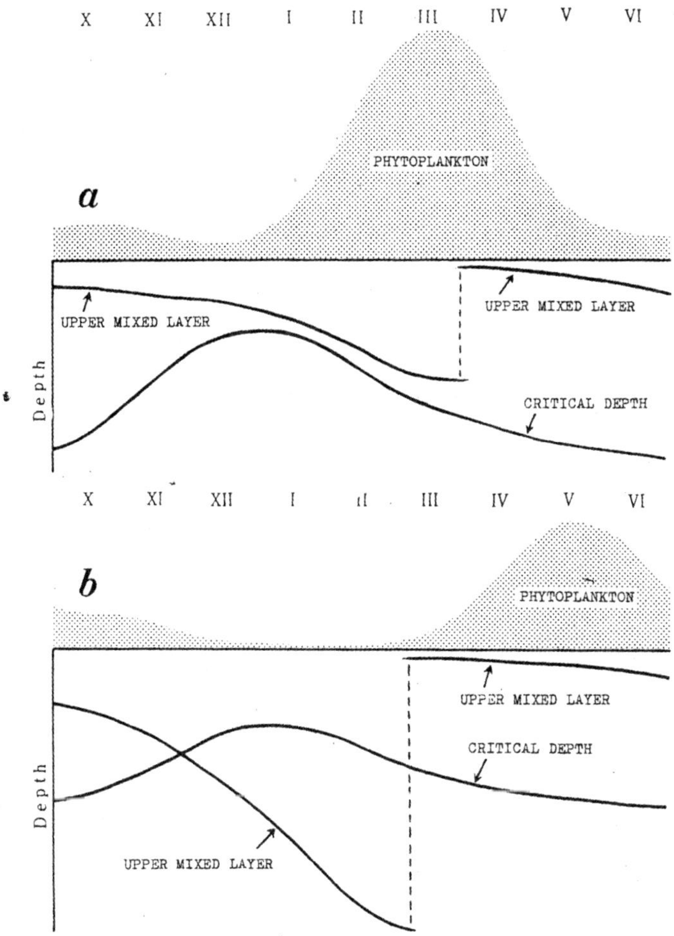

Fig. 4-3. Diagrammatic representation of the seasonal change of phytoplankton standing crop in the (a)central-southeastern and (b)northwestern regions of the East Sea, in a supposed relationship to the thickness of th upper mixed layer and the critical depth(After Nishimura 1996).

Fig. 4-3. 동해의 (a)중-남동부 와 (b)북서부에서 혼합층깊이(MLD)와 임계심도 (Dcr)와의 관계에 의한 식물플랑크톤 현존량의 계절변화를 보이는 도표(After Nishimura1969).

동해의 (A)중–남부(극전선이남)해역의 식물플랑크톤 대량발생은 온대해역의 봄철 식물플랑크톤의 대량발생 (spring/vernal bloom)과는 달리, 주로 아열대성종에 의한 연중 최저수온기이전의 발생이므로 본질적으로 가을대량발생(autumnal bloom)이다. 즉 아열대식물플랑크톤의 무성한 번식(vegetation)은 이 바다의 중요한 수역에서 열대성개체군이 가장 번성하는 10월 하순부터 1–2월 즉 생물학적 가을(biological autumn)에 바로 뒤를 이어 일어난다. 이 바다의 동남부(일본 연안)해역에서는 *Calanus plumchrus* 및 기타 대형 중층회유성 초식동물의 대량출현이 있기 전(1–3월)에 microcopepods, amphipod 및 euphausiid와 같은 동물플랑크톤이 식물플랑크톤을 채식하기 때문에 생산은 다소 균형이 취해진다(Fig. 4-4).

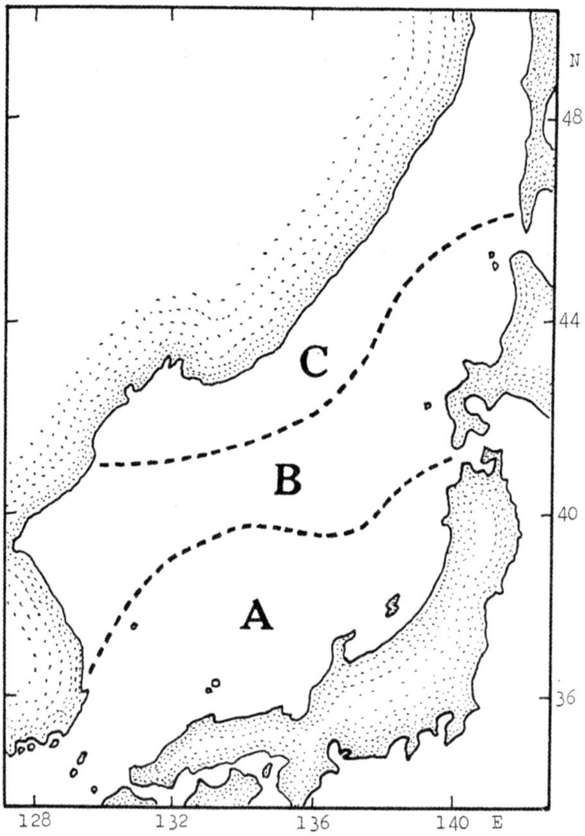

Fig. 4-4. Bioclimatic division of the East Sea.
A-Subtropical Region, where the biological season go after the meteorological seasons with a prominent time lag, no biological winter recognized and the plankton production is generally unbalanced; B-Subarctic Region, where the biological seasons with a moderate time lag and the plankton production moderately balanced; C-Arctic region, where biological season conform to the meteorological seasons and plankton production is generally balanced (After Nishimura 1996).

Fig. 4-4. 동해의 생물기후학적 구분
A-아열대해역; 상당한 시차를 두고 기상학적 뒤에 오는 생물학적 계절로 생물학적 겨울이 인정되지 않고 플랑크톤생산이 일반적으로 불균형을 이룬다. B-아한대해역; 적당한 시차를 두고 생물학적 계절이 오고 플랑크톤생상이 적절하게 균형이 잡힌다. C-한대해역; 생물학적 계절이 기상학적계절과 일치하고 플랑크톤생상은 일반으로 균형이 취해진다(After Nishimura 1996).

동해의 (C)북부 및 북서부해역에서 한대 및 북부아한대성 식물플랑크톤으로 구성된 진정한 봄철의 대량발생(vernal bloom)은 연간 수온최저기(MLD 최대기)를 지나 고온, 저 염분의 표면수가 발달하여 한랭한 아표층수사이에 성층이 강화되는 4–5월에 일어난다. 따라서 이 해역에서 생산은 균형이 취해지나 대륙측 연안에서는 다소 불균형이 나타난다. (B) 중간해역(한반도 동남안 해역에서 혹카이도 서방을 있는 해역)에서 생산은 초기단계에는 다소 불균형이나 대발생의 후기(봄)에는 균형이 취해진다. 그림에서 보이는 바와 같이 아극전선 이남의 동해의 중남부부터 한국 남해안을 포함한 동중국해에서는 한겨울에도 광합성에 적합한 환경(MLD < Dcr)이 형성되어 식물플랑크톤의 생산이 가능하다.

이상과 같이 동해의 중부-동남부해역(A해역)에서 아열대식물플랑크톤으로 구성된 가을대량발생(autumnal bloom)이 출현하고 그 뒤에 한대–북부아한대종으로 구성되는 봄철대량발생(vernal bloom)이 결코 따르지 않는 것은, 첫째 그 해역이 극전선남부에 위치하여 상층수괴(Upper Water-mass)로 점유되어 한겨울에도 아직 아열대 혹은 온난한 기후의 영향을 받기 때문이다. 이와 같은 상태에서 아열대 식물플랑크톤은 영양염류만 조금 공급되면 번식할 수 있지만 한대–북부아한대 식물플랑크톤의 증가는 자연히 억제된다.

(5) 생물학적 계절과 생물기후대 (Biological seasons and bioclimatic regions)

동해의 중부-남동부의 생물학적 여름(biological summer)은 1월까지 계속되며 그 뒤 2–3월에 가을대량발생(autumnal bloom)이 특징인 생물학적 가을(biological autumn)이 온다. 여기에는 생물학적 겨울(biological winter)이 인정되지 않는 것은 아열대식물플랑크톤의 가을 대량발생이 있고나서 곧 점심층 동물플랑크톤(bathypelagic zooplankton) 치자의 대량출현 및 급격한 증가가 잇달아 일어나기 때문이다. 겨울에 상층수로 덮히는 극전선 이남의 얕은 층에는 생물학적 겨울은 없고 점심층 동물플랑크톤의 치자가 대량 출현하는 것은 그 북측수역 혹은 그 수역의 심층에 나타나는 생물학석겨울의 확산의 결과이다.

따라서 동해의 중부–남동부해역의 생물학적계절은 기상학절계절로부터 크게 벗어나고 생물학적 달력(biological calendar)은 여름(8–1월), 가을(2–3월), 봄(4 –7월)으로 나눠진다. 이 해역의 수리학적 달력(hydrological calendar)은 여름(7–10월), 가을 및 겨울(11–3월), 봄(4 –6월)으로 나눠진다. 이와 같은 수리학적 달력은 이 해역의 난류와 열적성층(thermal stratification)의 계절변화에 직접 관련된다. 더욱 이 수리학적 달력에서 가을과 겨울은 분명하게 나눠지지 않고 지속적으로 합해진다.

일반적으로 생물학적 계절은 수리학적 계절 뒤에 오는데 생물학적 여름은 한 달 뒤에 출발하여 3개월 뒤에 끝나며 그러므로 생물학적 가을은 3개월 뒤에 시작하여 대단히 짧고 겨울상태는 제거되고 봄은 한달 더 지속 된다. 일반적으로 극동의 중위도(중국, 한국 및 일본)지역의 기상학적계절은 여름(6–8월), 가을(9–10월), 겨울(11–3월) 및 봄(4 –5월)으로 나눠지나 그 남부의 여름은 이보다 길고 겨울은 이보다 조금씩 더 짧을 수 있다. 이상과 같이 기상학적 계절과 수리학적 계절사이에도 수리학적계절과 생물학적 계절 사이와 같은 상관관계가 있으며 특히 기상학적 겨울이 뚜렷하다. 동해의 극전선 이남의 중부–남동부해역의 기상학적 계절에 비하면 생물학적 여름은 많이 지연되고 가을도 많이 지연되나 거의 같은 기간(약 2개월간)에 계속되며 겨울은 명확하지 않아 식별이 어렵고 봄은 같은 시기에 시작하여 더 길게 지속된다(Table 4-3).

동해 중부 및 남동부의 기상학적 계절과 해양생물학적 계절의 이와 같은 차이는 이 해역에 유입되는 ①대한/대마난류 유입의 극대가 기온의 연간최대보다 한달 늦게 도달하고 ②열대 및 아열대 생물개체군을 수송하는 난류표면 및 중핵수괴가 이 해역(중부–남동부해역)에 널리 확산하는데는 약 한달 혹은 그 이상 걸린다. 그리고 ③ 큰 열용량 때문에 난수괴(warm water-mass)는 그 해역의 고온상태를 충분히 오래 유지하게 하고, 난류성 생물개체군이 계속 번식하여 기상학적 겨울에도 생존할 수 있게 한다. 그런데 생물학적, 수리학적 및 기상학적 봄이 거의 동시에 시작하는 것은 표면수온의 상승과 상층수의 북서방으로 확산이 국지적 태양방사의 증가 및 북서계절풍의 쇠퇴와 같은 현장 기상요인에 의하여 직접적으로 생기고 어떤 시차를 가지고 간접적으로 작용하는 외래의 요인에 의한 것이 아니기 때문이다.

Table 4-3. Meteorological, hydrographic and biological seasons in the bioclimatic regions in the East Sea

Table 4-3. 동해의 생물기후학적 해역의 기상학적, 수리학적 및 생물학적 계절

	Northwestern Arctic region (C) (Northern Lower water)				Southeastern Subtropical region (A) (upper water)			
Seasons	Summer	Autumn	Winter	Spring	Summer	Autumn	Winter	Spring
Meteorological Season(MS)	June~Aug.	Sep.~Nov.	Dec.~Feb.	Mar.~Apr.	June~Aug.	Sep.~Oct.	Nov.~Mar.	Apr.~May
Hydrographical Season(HS)	June~Aug.	Sep.~Nov.	Dec.~Mar.	Mar.~May	July~Oct.	Nov.~Mar.		Apr.~June
Biological Season (BS)	late May or early June ~Aug.	Sep.~early Nov.	late Nov.~ Mar. or early Apr.	late Mar. or late Apr. ~May.	Aug.~Jan.	Feb.~Mar.	•	Apr.~July

Note ; ① As compared with the MS, the BS summer in A region is much delayed and the BS in winter is indiscernible, however the spring at the same time lasts much longer.

② In B region between A and C (ex, EKWC region and/or west of Hokkaido) the biological calender may be of a intermediate character between those of the two regions (Transition, subarctic region, B with Southern Low water).

③ No biological winter is discernible in the southeastern region (A).

한편 동해 북서해역(C해역)의 생물학적, 수리학적 및 기상학적 계절사이에 어느 현저한 차이를 볼 수 없다. 이 해역의 생물학적 계절은 여름(5월말 혹은 6월초-8월), 가을(9월-11월초), 겨울(11월말-3월 혹은 4월초) 및 봄(3월말 혹은 4월말 -5월)으로 나눠진다. 이와 같은 유사성은 이 해역에 어떤 에너지를 가감하는 강한 유입이 없고 물리적 및 생물학적 과정이 주로 현장 기상요인에 의하여 통제되기 때문이다. 동해의 남동부와 북서부간의 중간해역(B해역; 한반도의 동남연안에서 혹카이도 서안을 잇는 해역)에는 생물학적 달력은 두 해역의 중간적 특징을 가진다. 결국 동해는 생물학적계절과 플랑크톤생산의 관점에서 3해역으로 나눠진다. 해역 A는 상층수(Upper Water)의 해역과 일치하고 해역 B는 남부하층수(Southern Lower Water) 그리고 해역 C는 북부하층수(Northern Lower Water)와 일치한다. 기후학적으로 이들 해역은 아열대해역(Subtropic region)(A), 아한대해역(Subarctic region) (B) 및 한대해역(Arctic region)(C)에 해당한다(Fig. 4-4).

(6) 해양생물의 계절과 어류의 회유시기 (Biological season and fish migration season)

한반도 남부지방에서 3월 중순이면 꽃이 피고 봄이 시작된다. 그러나 앞 바다의 물고기들은 아직 그들의 봄을 느끼지 못한다. 극동아시아해역의 회유성어류는 남쪽바다, 한국남해를 포함한 동중국해에서 겨울을 지나면서 봄까지 산란을 하고 봄-여름이면 그들의 가족과 함께 북으로 흐르는 해류를 따라 먹이가 풍부한 북쪽바다, 황해, 동해 및 북서태평양으로 색이회유(feeding migration)를 한다. 여름에 섭취한 풍부한 먹이로 에너지가 축적되면 짝짓기 준비가 된 친어들은 자신과 종족보존을 위하여 자신들이 태어난 따뜻한 남쪽의 산란장을 향하여 해수유동에 역행하는 고통스런 여행, 산란회유(spawning migration)를 해야 한다.

언제, 어디서, 얼마나 큰 것들(대형어군 혹은 중소형군)이 얼마나 많이 모이는 가(어군분포밀도)는 어부들의 능률적 어획을 위한 기본정보이다. 예로, 인간의 기상학적 달력(meteorological calender)으로 3월 중순경에 산란장부근, 대한해협의 북북동의 북쪽지점(A, 36° N, 130° E)에서 작은 꽁치어군(예, 체장 mode 27cm 인 중형군)이 어획(채집)되고, 보다 60 마일 쯤 남쪽지점(B, 35° N, 130° E)에서 더 큰 어군(예, 30cm 인 대형군)이 채집되었다. 즉 같은 시기(기상학적 달력의 3월 중순)에 크기가 작은 어군은 북쪽 지점, 보다 큰 어군은 더 남쪽에 나타났다면, 이들의 회유방향은 북으로 향하는 색이회유 초기인가?, 아니면 아직 남쪽의 산란장으로 향하는 산란회유의 말기에 있는가? 이 시기의 해황(수온, 염분과 같은 수괴의 특성 및 해수의 유동 등)은 평년상이라 가정한다.

이와 같은 어군의 분포를 보고 흔히 이 시기(3월)에 남쪽의 월동장/산란장에서 북측의 색이장을 향하여 체장이 작은 중형군이 앞서서 북으로 이동하고 그 뒤에 대형군이 그 남쪽에서 뒤따라 북상을 개시하는 색이회유의 초기를 상상할 수 있다. 그러나 인간의 봄철 3월 중순은 이 바다는 아직 연중 최저수온기이고 수리학적 및 그 속의 생물학적 봄은 4월이 되어야 온다. 따라서 이들 어군의 대형군이 빠른 성적 성숙과 힘찬 유영력을 자랑하며 중형군을 뒤로 하고 얼마 남지 않은 산란장/월동장을 향하여 남방으로 질주하는 산란회유의 말기에 있는 것들이다. 회유성 부어류의 해황변동에 관련되는 추월회유(예, 꽁치 추월회유모형, Gong 1984)는 인간의 계절과 해양생물의 계절이 해역에 따라 일치하지 않은 것에서 이해할 수 있다(Fig.7-3). 이와 같이 인간의 기상학적 계절과 해양생물의 계절과의 차이는 이들의 계절회유에 대한 이해를 다르게 한다. 동해에 들어온 동물군집의 수평 및 연직분포와 그들의 최후 종식과정은 해양의 구조적 특징과 기상의 영향을 받아 일어남을 모식도에서 쉽게 알 수 있다(Fig. 4-5, Fig. 4-6).

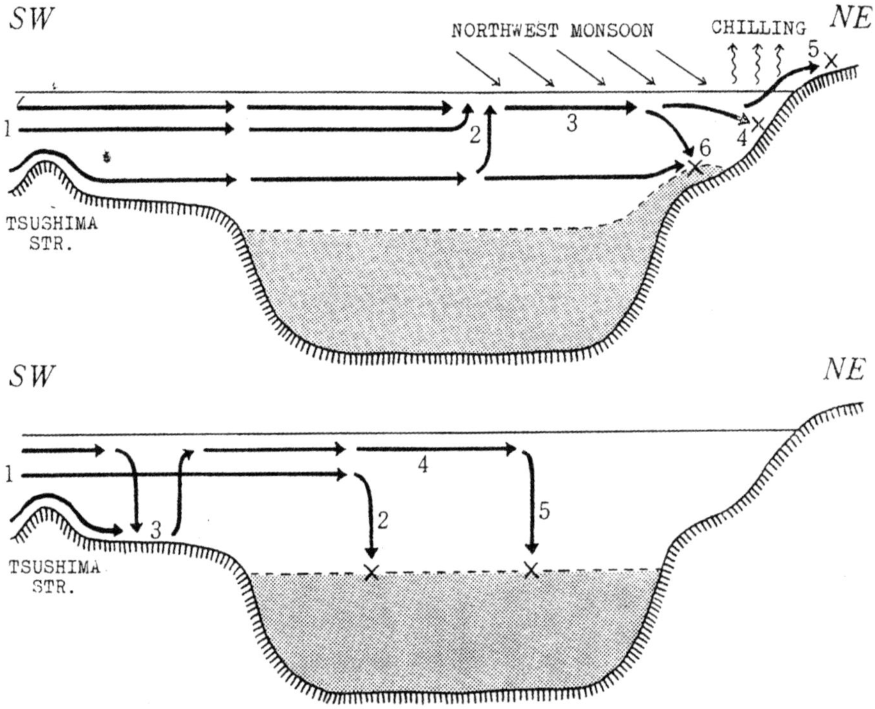

Fig. 4-5. Schematic illustrations of processes to the disastrous end of the tropical-subtropical populations invading the East Sea. Upper panel for the epi-mesopelagic and neritic populations and the demersal populations on the shelf, and bottom panel for the abyssal and abyssopelagic populations (After Nishimura 1969).

Fig. 4-5 . 동해에 들어온 열대-아열대 동물개체군의 비참한 종식과정의 모식도.
(상) 표-중층 및 연안성 개체군(Epi-mesopelagic and neritic populations)
(하) 심해대 저서 및 심해층 회유성 개체군(Abyssal 및 abyssopelagic populations)
대한해협을 지나 동해에 들어온 동물들은 난류 따라 북상하고 동계의 한랭한 계절풍과 냉각에 의한 대류작용으로 표층에 노출되어 폐사한다(After Nishimura 1969).

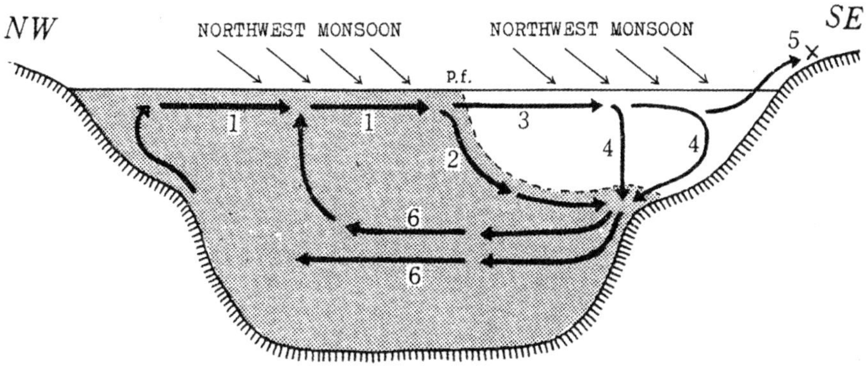

Fig. 4-6. Schematic illustration of the dispersal of the arctic-subarctic populations within the East Sea(After Nishimura 1996). The populations coming up to the surface during their pelagic phase in winter are drifted south by the prevailing monsoon(1). A part of them descend at the Polar Front(p.f) bellow the warm water(2), while the rest are driven further south through the upper warm water(3) and then will descend to the cold deep water at the close of their pelagic phase or on the start of temperature rise in the costal area(4), though a small part will be cast ashore by the monsoon (5). The population having descended into the cold deep water may survive there or may eventually be brought back to their natal places in the northwestern region of the sea by the northerly return currents at lower levels(6; X_2 and X_3 in Fig. 4-2).

Fig. 4-6. 동해의 한대-아한대 동물개체군의 확산과정의 모식도(Nishimura 1969).
겨울의 회유기에 표층으로 올라온 개체군은 탁월한 계절풍에 의한 취송류에 따라 남으로 수송된다(1). 그 일부는 극전선(p.f)에서 난수층 아래로 침강하고(2) 나머지는 상층난수 (3)를 통하여 더 남으로 수송되어 회유기를 마칠 무렵 혹은 연안수의 상승기에 저층냉수에 접하고(4) 극히 일부는 계절풍에 따라 해변으로 밀리고(5) 저층냉수로 침강한 개체군은 생존하여 북으로 돌아가는 흐름(6; Fig. 4-2, X_2, X_3)에 따라 그들이 태어난 북서 해역으로 돌아갈 수 있다.

(7) 동해의 생물생산 체제와 그 변동 (Production system and fluctuations in production in the East Sea)

동해북부 냉수역의 기초생산율(0.3-0.5g C/m²/day)은 그 동해남부의 대한/대마난류역의 생산율(0.1−0.5C/m²/day) 보다 다소 높다. 동물플랑크톤의 유생/치자(larvae)는 3월에 동해 전역의 표층에서 거의 동시에 출현하여 남부의 대한/대마난류역에서는 5월까지, 그리고 북부 냉수역에서는 7월까지 식물플랑크톤에 식이압력(feeding pressure)을 유발한다. 북부냉수역의 상층수에서 기초생산율은 대한/대마난류역보다 높을 지라도 식물 및 동물플랑크톤의 출현이 시공간적으로 일치하거나 오히려 동물플랑크톤이 먼저 출현하여 식물플랑크톤의 증가를 억제할지 모른다. 동해에서 이 저차영양단계의 생산의 불일치는 기초생산으로부터 수주성어류(부어류)의 저환율을 낮게 한다고 본다. 따라서 이따금 일어나는 급격한 기후유발 해양변동은 기초생산–동물플랑크톤–회유성부어류에 이르는 시 · 공간적 일치여부를 결정하고 이에 따리 자원의 가입량의 변동으로 그 풍도가 변동하는 일련의 생태계내의 소란이 일어난다.

식물 플랑크톤 : 동해 대한/대마난류역의 식물플랑크톤의 생물량 및 종조성은 동중국해의 쿠로시오에 의하여 크게 영향을 받는다. 대한/대마난류역의 규조류(diatoms)의 세포수는 10^{3-5}/L 의 차수이다. 북방냉수역의 그것은 10^{2-3}/L이므로 대한/대마난류역보다 1–2차수 낮다. 동해의 대한/대마난류역에서 Chlorophyll-a 농도가 비교적 높은데, 이것은 규조류(diatoms)의 세포수가 높은 것과 관련된다. 그리고 북부냉수역의 투명도가 대한/대마난류역보다 큰 것과 일치한다. 인공위성의 CZCS감지기에 의한 월별 Chlorophyll-a 농도분포에서 춘계개화(spring bloom)는 극전선에서 3월에 시작되어 4월에 남으로 확장하고 5월에는 북부냉수역으로 확장하고 북동부 연안에서는 국지적으로 4월에 나타나기도 하는데 이곳은 Mamiya 해협으로부터의 저염수가 흘러들어 염분의 성층상태가 일찍 형성되는 곳이다. 최근에는 일반적으로 Chlorophyll-a 농도는 북부냉수역이 대한/대마난류역에서 보다 높다.

동해에서는 쿠로시오-대한/대마난류 체제(Kuroshio-Korea/Tsushima Current systems)에 기원을 둔 빈영양(oligotrophic)의 해수가 비옥한 냉수역위를 덮어 흐르므로 2 형의 기초생태계가 존재한다.(Cushing 1989, Zhang and Gong 2005). 동해 중부에서 식물플랑크톤의 개화(bloom)는 2-4월에 일어나고 6월부터 종속영양단계(heterotrophic phase)가 따른다(Sorokin 1974).

동물플랑크톤 : 동해의 연평균 중형동물플랑크톤의 주야간 수평분포에서 비교적 높은 풍도는 북부의 냉수역에 있었다. 수심 100m 층의 4℃등온선으로 지시되는 극전선의 북부 및 남부에서 평균동물플랑크톤생물량은 남부해역(대한/대마난류역)에서 3–4월에 높고 5월까지 높은 수준이 지속되고 가장 높은 생물량이 지속되는 기간은 6월을 제외한 4–9월간이었다. 이렇게 6월에 낮은 것과 계절별 타월종의 이행은 아직 확실하지 않다.

플랑크톤생물량의 경년적 및 준 10년 변동 : 동해 중부해역(PM line)의 규조류 및 동물플랑크톤 생물량은 큰 계절적 및 경년적 변동을 보인다. 규조류 풍도의 큰 경년적 변동에도 불구하고 1980년대 봄의 규조류 풍도는 1970년대 및 1990년대의 봄보다 더 높았다. 여름의 규조류 풍도는 봄의 규조류 풍도와 때로 반대위상에 있어, 1980년대에 낮고 1990년대에 더 높았다. 가을 규조류의 풍도는 1976–1995년에 높았고 1996년 이후에 낮았다. 규조류의 풍도의 분석(STARS)결과는 1979/1980 및 1991/1992년 봄 규조류와 1995/1996년 가을 규조류에서 계단식 변화를 보였다(Tian et al. 2008).

동물플랑크톤 생물량은 1970년대 및 1980년대와 2001년 이후에 일반적으로 낮았으나 1990년대에 겨울를 제외하고 높았다. 동물플랑크톤생물량은 큰 경년적 변동에도 불구하고 봄 및 가을의 생물량은 준 10년 변화 형태를 보였다. STARS분석은 1981/1982 및 1992/1993년의 봄 생물량과 1985/1986년 가을 생물량은 계단식 변화를 나타내고 2000년의 전 계절의 생물량은 급격한 변화를 보였다. 봄과 가을의 규조류와 동물플랑크톤생물량사이에 계단식변화의 방향이 서로 반대인 것이 주목되었다. 주성분분석(PCA)결과로 규조류와 동물플랑크톤생물량에 대한 총 변이의 각각 30% 와 43%를 나타내는 첫 주성분(PC1)은 규조류는 1990/1991년(동물플랑크톤은 2001/2002년)에 계단식으로 준 10년 변동을 보였다.

4.3 동해의 동물개체군의 자연환경 (The East Sea as natural environment of animal populations)

동해의 동물군집의 분포특색과 특이한 동물상의 특징을 간추리면 다음과 같다.

(1) 동해에는 폭넓은 종류의 각 동물군집의 생물기후학적 특징(bioclimatic characteristics)이 분명히 나타나고 있다. 여기에는 열대성에서 한대성 동물개체군까지 그들의 생물기후학적 특징에 따라 어느 것은 일시적으로 다른 것은 영구적으로 분포한다. 일반적으로 열대-아열대성 개체군은 이 바다 상부의 얕은 수층을 점하고 한대성-아한대성 개체군은 하부의 거대한 공간을 점하고, 이들 두 무리사이의 경계는 아주 뚜렷하다(Nishimura 1969).

(2) 계절적 천이(seasonal succession)가 뚜렷하다. 각 동물군집의 분포형태에서 명백한 계절적 특색이 나타난다. 여름에 열대-아열대 개체군이 이 바다에 침입하여 광대한 해역의 상층을 북상하고 특히 많은 연안성 생물을 포함한 열대성 표층개체군의 일부는 이 바다의 가장 북부해역까지 서식한다. 겨울에는 표층에 올라온 한대-아한대 개체군(arctic-subarctic populations)이 북쪽에서 다시 남으로 내려오는 열대-아열대개체군(tropical-subtropical populations)과 같이 혹은 그 뒤를 따라 이 바다의 남부해역으로 표류된다.

(3) 위에서 언급한 광범위하게 분포된 열대성 표층개체군에 비하여, 아열대에서 온대성 중층개체군은 대부분 이 바다의 남동반부에만 국한된다. 그들의 분포의 북측한계는 명확하게 규정된다.

(4) 열대-아열대성 개체군의 대부분 특히 열대성 표층 및 연안성 개체군들은 이 바다의 일시적 서식자인데 반하여 한대-아한대성 개체군은 영구적 서식자이다. 전자는 여름에 이 바다에 침입하여 겨울에는 대부분이 좌초 혹은 저온으로 폐사하지만 후자는 겨울에 이 바다의 남동부해역으로 멀리 표류되어 하부 냉수층으로 침강하여 다음해 여름까지 산다.

(5) 이 바다의 북서부해역에서는 기상학적 계절(meteorological season)과 생물학적 계절(biological season)이 서로 일치한다. 그러나 남동부해역에서는 생물학적 계절이, 생물학적 여름 및 가을의 지연과 연장에 기인된 현저한 시차를 가지고, 기상학적 계절 다음에 오므로, 거기에서 플랑크톤 생산에 불균형이 나타난다.

(6) 동해 심층수의 동물군집은 태평양 심층의 그것과 현저하게 다르다. 그들은 완전히 한대(arctic)냉수성 요소로 구성되었으나 태평양 심층동물상을 특징짓는 고대의 열대-아열대 형은 없다. 이 바다에서 드물게 발견되는 그런 고대의 난류성동물은 변함없이 아주 얕은 수층에 국한되었으며 순수한 심층수에는 없다.

4.4 동해의 동물지리학적 특성에 반영되는 수리학적(해양물리학적) 특징 (Zoogeographical characteristics reflecting hydrographic characteristics in the East Sea)

동해의 수리(물리)학적 현상이 동물개체군의 분포 및 회유형태로부터 추론될 수 있다. 이 바다의 동물지리학적 특성에 크게 반영되는 수리학적 특징은 다음과 같다.

(1) 표층의 수리학적 상태(hydrographic conditions)의 계절변화가 크다. 여름의 상태는 이 바다의 넓은 해역이 대부분은 열대성인데 반하여, 겨울의 상태는 남동부해역은 아열대에서 온대성이고 중간해역은 아한대성(subarctic)이고 북서부해역은 순수한 한대성(arctic)이다. 이것은 기상학의 대륙성기후상태와 비교될 수 있다(Fig 4-4).

(2) 여름에서 가을에 큰 열에너지를 가진 강한 난류가 대한해협을 지나 이 바다에 유입하여 그 남동반부해역을 북으로 흘러 결국 그 수송수량의 대부분은 한달 혹은 그 이상 걸려 북동부 해협들을 지나 흘러나간다. 난류의 중핵수는 수괴의 북서부연변을 따라 형성되는 뚜렷한 극전선에 의하여 남동해역에 집중되고 엄격하게 국한되지만, 중핵수보다 훨씬 고온, 저염화된 난류표층수는 극전선을 넘어 훨씬 북 및 북서부해역까지 수송 및 확산된다.

(3) 겨울에서 봄에 이르는 기간에는, 이 바다 전역을 덮어 부는 북서계절풍에 의하여 강한 남향의 취송류(wind drift)가 발달하고 난류는 현저하게 남으로 후퇴한다. 이와 때를 같이하여 열염대류(thermohaline convection)와 대규모적인 결빙을 통하여 남동해역에서 아열대중앙수(상층수)가 형성되고, 중간수역에서 아한대중간수(남부하층수)가 형성되고 북서해역에서 순수한 한대심층수 및 저층수(북부하층수)가 형성된다. 상층수 아래에는 대단히 뚜렷한 수온약층이 형성되어 연중 지속되며 상부 난수층과 하부 냉수층을 영구적으로 분리한다. 이것이 영구수온약층(permanent thermocline)이다.

(4) 이 바다에서 겨울의 물리적 과정에 의하여 형성되는 수괴는 태평양의 같은 수층에 해당되는 수괴들과 상당히 다르다. 특히 이 바다의 상층수와 북부하층수는 태평양의 중앙수와 심층-저층수괴들 보다 뚜렷하게 더 저온 저염이다.

(5) 늦겨울에 동해의 북서부해역에서 형성되는 북부하층수는 하층으로 곧 침강하여 밖으로 흘러나가지 않고 인접해의 심층 혹은 저층수와 혼합하는 일도 없이 이 바다의 전 해분을 채우고 있는 저층수와 만나게 된다.

결국, 이상의 수리학적 특징은 동해가 큰 대륙의 동부경계의 중위도에 위치하는 연해이고 남부와 북동부에 있는 해협을 끼고 있으면서도 얕은 문지방(sill)에 의하여 인접해의 깊은 수준면의 해수와의 교환이 저지당하게 되는 특수한 지리적 위치와 해저지형을 가지기 때문에 나타나는 현상이다. 이와 같은 지리적 위치에 있지 않으면 이 바다는 대륙성 혹은 계절풍기후나 북서태평양의 강한 난류의 영향을 뚜렷하게 받지 못할 것이며, 균질하고 깊은 환경을 유지하지 못하고 현저한 동물지리학적 양상을 나타내지 못할 것이다.

4.5 동해의 해류와 생물분포의 특징 요약 (Summary on the ocean current systems and distribution of marine organisms in the East Sea)

대한해협을 지나 동해에 유입된 대한/대마난류는 지구자전의 효과에 의한 편향력에 의하여 이 바다의 동측을 북상하려는 경향이 있으므로 난류계수의 두께는 남동측에 깊고 북서측(대륙측) 으로 갈수록 얕아 진다. 이 난류계수의 두께는 그 하층에 분포하는 동해고유수와의 경계를 나타내는 수온 1℃, 염분 34.1psu의 수층까지로 식별할 수 있으며, 이 수층은 문지방깊이가 얕은 대한해협측보다 이 바다의 중남부에서 더 크다.

동해에 서식하는 저서어류는 각 해협의 수심이 얕으므로 인접하는 해양으로 이동하기 어려워 전 생활사를 이 바다에서 보내는 것이 대부분이다. 난류성어류는 남동부의 육붕상의 비교적 얕은 곳에 분포한다. 난류성어류는 오카장 군집(Okaba community), 그리고 한류성어류는 다라장 군집(Tarba community)에 속하며 두 군집의 생활영역의 경계는 극전선 남부에서는 약 200m깊이(영구수온약층부근)에 있고 북서방으로 갈수록 갑자기 얕아진다. 동해에서 동물군집의 연직분포와 해당 수계사이의 관계를 보면, 표면수괴에는 열대−아열대성의 오카장군집-I이 분포하고 중층의 아열대-온대성의 오카장군집 II,III,IV 는 각각 대마난류중핵수, 동계상층수괴의 상부연변부, 동해중앙수(예 동계상층수)에 서식하고 심층의 한 대성의 타라장군집- I ,II,III은 각각 남부하층수괴의 상부연변부, 중간수(동계남부하층수) 및 북부하층수(심층 및 저층수)에 서식한다(Naganuma 2000).

동해에서 난류세력의 소장에 따라 표층의 회유성어류의 계절적 분포범위는 크게 변한다. 표층의 난류성종은 이 바다의 남서에서 북동으로 난류를 따라 북상하고 종에 따라 그 분포역을 중부의 극전선까지 넓히고, 겨울의 북서계절풍의 연취와 수온의 하강에 따라 남하회유를 한다. 이들 어종은 ① 동해 내부에서 재생산을 하고 생애를 마치는 어종, ② 생활사의 어느 시간만을 여기서 보내고 재생산은 다른 해역에서 하는 어종, 그리고 ③ 이 바다와 다른 해역을 왕래하면서 두 해역에서 재생산을 하는 어종(예, 꽁치)이 있다(Nishimura 1966).

4.6 기후체제변화가 생태계에 미치는 영향 (Effects of climate regime shifts on ecosystems)

(1) 기후체제 급변에 대한 생태계의 반응(Ecosystem response to climate regime shifts)

동해에서 1970년대 중기(1976/77) 및 1980년대 말기(1988/89)에 기후체제변화(climate regime shifts)의 증조가 있었다. 동해의 중부 및 남부해역 상층의 수온체제(thermal regime)는 1970년대 중기에 큰 진폭으로 고온 (1975/1976)과 저온(1980/81)으로 진동하다가 1980년대에는 반 안정적 저온체제(cool regime)가 유지되고 1988/89년경부터 고온체제(warm regime)로 전향하였다. 따라서 한반도주변은 1970년대 중기(1976/77)의 북태평양의 기후체제의 급변과 약 3–4년 정도의 시차로 변동하고 1980년대 말기의 변동은 두 해역에서 거의 동시에 나타났다.

동해남부에서 동물플랑크톤생물량은 1980년대에 낮고 1990년대에 증가하였다. 동해 중동부해역(PM관측정선) 상층(0–150m)의 동물플랑크톤 생물량은 상층의 적산평균수온과 약 3년 시차를 두고 1980년대에 평년보다 낮고 1990년대에 높았다. 한편 난류성규조류(diatoms)의 일종인 *Rhizosolenia calcar avis*는 1970년대 여름에 이 바다의 중부까지의 전 PM 관측지점에 출현했으나 1980년대의 한랭체제동안에는 남방으로 후퇴하고 다시 1990년대의 온난체제동안에 북으로 확산하였다.

물리적 특성치 즉 강수량, 수온 및 상부혼합층깊이(MLD)의 경년 및 준 10년 변동은 북반구 기후체제의 급변(climate regime shifts)의 징조를 나타내고, 플랑크톤생물량, 소형 회유성부어류의 가입량, 풍도 및 어획량은 물리적 특성치보다 더 민감하게 반응하였다. 실제 풍어시대에 동해의 중남부에서 중심어장을 보였던 꽁치는 1970년대의 중기에 급격하게 감소하기 시작하여 대형어군이 자취를 감추고 1980년대의 한랭체제동안에 그 풍도는 낮은 수준에 있었으나 1990년대에 대형군의 출현과 함께 자원이 회복되었다. 정어리자원은 이 한랭체제동안에 꽁치와 반대로 높은 풍도를 보였으나 1980년대 후기(1988/89)의 기후체제급변과 함께 급히 감소하였다.

지난 1980년대에 이 정어리자원은 그 풍도의 수준이 높았음에도 불구하고 이를 목표로 하는 한국의 어업이 따로 없어 다른 어종(고등어, 전갱이 및 쥐치)을 목표로 하던 선망어업에 의하여 부수적으로 어획되었다. 과거 정어리풍어시대(1930년대)에는 한반도동해안에서 그 회유경로를 따라 봄부터 가을까지 어획이 계속되어 기름채취공장이 6개월 이상 작동되고 식용과 함께 충분히 소비되었다. 그러나 1980년대에 38° 30′N이남으로 제한된 어장에서는 과거어기(약 6개월) 보다 짧아(약 3개월) 그 자원을 충분히 이용하지 못했다. 1980년대 말기(1988/89)의 기후체제급변 후의 온난체제에는 정어리는 붕괴되고 고등어, 전갱이 멸치, 꽁치 및 오징어자원이 증가하였다.

(2) 동해의 기후체제변동관련 어류군집구조의 장기변동 (Long-term changes in the fish community structure in relation to fishing and/or climate regime shifts)

환경시계열 자료, 58개 어업의 어획, 평균영양단계 및 다양성지수와 같은 군집지수를 기초로 분석된 동해의 대마난류역(TWC)에서 어류군집구조는 1980연대 후기에 일어난 기후변화와 함께 준 10년 변동성을 보이고 어획보다 기후체제전환에 크게 영향을 받는다는 것이 인정되었다. 이 바다의 TWC 해역에서 46년(1958−2003)사이에 어업생산은 1980년대 후기에 그 최고에 달하였으며 1980년대 후기의 정어리자원의 붕괴와 함께 급격히 감소하였다. 어업생산의 장기변동은 1980년대 후기에 동남부해역의 총생산량의 60%를 차지한 정어리자원에 크게 의존되었다. 정어리를 제외하면 소형부어류의 생산은 1960년대 및 1990년대에 높았으나 1970년대 및 1980년대에 낮았다. 이 변동형태는 1960년대 초기와 1990년대 후기에 온난하고 1970년대 및 1980년대에 한랭하였던 해수온도의 추세와 일치하였다. 난류성 대형 포식어류와 한류성 저서어종은 TWC해역의 해수온도에 역으로 반응하여 해황이 동해의 어업생산에 현저한 영향을 미친다는 것을 보였다.

1970년대 및 1980년대에 저서어류와 무척추동물의 감소는 일부 어획의 영향을 암시하였다. 영양단계와 다양성지수는 비슷한 형태를 나타내었는데: 1960년대 및1990년대에 높았으나 1970년대 및 1980년대에 낮았다. 특히 1980년대의 다양성지수의 급격한 감소는 풍부했던 정어리어획량이 감소했기 때문이며, 이것은 이 바다에서 탁월한 어종이 어류군집의 구조에 큰 영향력을 가졌음을 암시한다. 어획량의 58개시계열자료의 주성분분석은 어류군집이 경년간에 준 10년 시간규모로 변함을 암시하였다. 1970년대 중기와 1980년대 후기에 일어난 급격한 기후변화는 북태평양의 기후체제변화(climate regime shifts)와 밀접하게 일치하는 것 같다. 이 결과는 동해 어류군집의 구조는 어획에 의한 것보다 기후 및 해양체제급변에 크게 영향을 받는다는 것을 강하게 암시한다. 이 기간에 동해에서 어획하향식물망(fishing down food webs)을 보이는 증거는 나타나지 않았다. 여하간 1980년대에 일어난 급격한 변화의 영향에 더하여 대형 포식자 및 저서어류는 정어리자원의 붕괴와 함께 더 강한 어획의 압력(fishing pressure)에 직면했던 것 같다(Tian et al. 2006).

동해에서 대부분의 상업적 어업자원은 회유성어종이며 인접 국가들에 의하여 공동으로 어획되는 자원(shared stocks)이므로 경쟁적으로 강한 어획의 압력을 받아왔다. 그러나 이들 자원의 감소원인이 과도어획에만 있는 것이 아니라는 것이 밝혀지고 있다. 예를 들면 1970−1980년대에 증가하였다가 1990년대 초에 갑자기 감소한 정어리자원에 대한 어획의 압력은 그다지 높지 않았기 때문이다(Gong et al. 2007).

(3) 동해의 대한/대마난류역 생태계의 체제전환
(Ecosystem regime shifts in the Korea/Tsushima Warm Current region of the East Sea)

동해 대한/대마난류역(TWC해역의 일부)에서 1970년대 중기에 일어난 한랭체제는 동남부의 대한/대마난류역에 국한되었으나 1980연대 말기에 온난체제로의 급변은 동해의 거의 전역으로 확장되었다. 1990연대에는 동해의 전역이 온난체제하에 있었으며 2000연대초기에는 이 온난체제는 동남부의 대한/대만난류역에 국한되었다. 이와 같이 2000년대에는 기후체제변화가 동해 남동부의 대마난류해역과 북서부의 대륙측에서 상이한 준 10년 규모의 변화형태를 나타내었다.

동물플랑크톤에서 포식어류까지 그리고 온난성 부어류 및 한랭성 저서종을 포함하는 많은 생태계의 생물학적 구성요소들이 1980년대 후기의 기후체제변화에 반응하였다. 동해중부의 봄의 규조류(diatom) 풍도(세포수)는 1991년을 경계로 정(+)에서 부(-)로의 준 10년 계단식변화를 보였다. 봄 및 가을의 동물플랑크톤 생물량(biomass)은 1970년대에 높았으나 1980년대에 감소하고 다시 높은 수준으로 회복하고 1990년대에는 변동이 심하였다. 이처럼 규조류의 풍도와 동물플랑크톤의 생물량은 큰 계절적 및 경년변화를 가지고 준 10년의 변동성을 보였다. 1991-1992년경의 봄 규조류의 풍도와 동물플랑크톤의 생물량에 계단식 변화가 인정되었으나 봄와 가을의 규조류와 동물플랑크톤생물량 사이에 그 형태는 서로 반대를 보였다.

정어리의 어획량은 1974년부터 증가하기 시작하여 1989년에 최고치를 보이고 1979년과 1994년에 계단식변화를 보이며 1997년에는 극적인 감소를 보였다. 이와 반대로 멸치와 오징어와 같은 다른 소형부어류, 방어 및 다랑어와 같은 몇 종의 상위영양단계 어류의 어획량은 1980년대의 초기–중기에 비하여 1990년대에 현저하게 증가하였다. 1989–1992년에 이들 부어류는 계단식 변화를 보였다. 저서어종들(게, 분홍새우, 대구 및 명태)의 어획량은 1970–1980년대의 대부분의 기간동안에 높았으나 1980년대의 여러 시기에 감소하여 1990년대에 일반적으로 낮은 어획을 보였다. 저서어류의 군집구조, 풍도 및 분포의 자세한 분석으로 1980년대 후기의 변화기에 수년의 시차를 가지고 변하였음을 알 수 있었다. 냉수성어류(예, 명태, 대구)의 풍도는 감소하고 그들의 풍도가 높았던 해역은 범위가 크게 축소되었다. 이와 반대로 1990년대에 난수종(예, pointed flounder, shortted halibut)의 풍도는 증가하거나 공간적 분포범위가 확장되었다. 부어류 및 저어류군집의 주성분분석결과는 1985– 1988년 에 계단식으로 준 10년 변화를 암시하였다. 풍도변동은 플랑크톤뿐 아니라 소형부어류와 포식어류에도 확인되었다. 이들 변화는 어류군집지표(fish community indicator)에서 반영되고 1980년대 후기의 기후체제전환의 결과로 생태계체제전환이 TWC해역에 출현하였음을 암시한다. 1980년대 기후체제전환에 대한 생태적 반응과정에 대한 가설이 제안되었다. 동해의 중요 어종(다랑어, 방어 ,전갱이 오징어, 멸치, 정어리, 명태, 대구, 게 및 분홍새우)의 어획량 편차의 경년 변동은 1970년대 중기와 1980년대 말기의 기후체제변동과 함께 이러났다(Fig. 4-7) (Tian et al. 2008).

어류군집에 내포된 생태학적과정이 기후체제변화에 반응한다는 것이 확인되었다. 꽁치는 한반도동안에서 연간 약 10만 톤의 어획량을 보였으나 1980년대에 급감하였다. 1990년대에 자원이 회복되었으나 태평양으로부터의 어획물 반입과 오징어와의 어획과의 관계로 2000년대에 들어서 어획을 거의 하지 않았다. 동해의 규조류군집(diatom community)은 1980년대에 변하여 준 10년 기후변동성에 관련되었다(Chiba, Saino 2002). 한국근해에서 동물플랑크톤 생물량에서 어류군집구조까지의 생태계성분도 1980년대에 기후체제 변화에 관련하여 변한 것 같다(Zhang et al. 2000, Kim and Kang 2000, Kang et al. 2002, Gong and Suh 2004, Gong et al. 2006, 2007, 2008, Jung 2008).

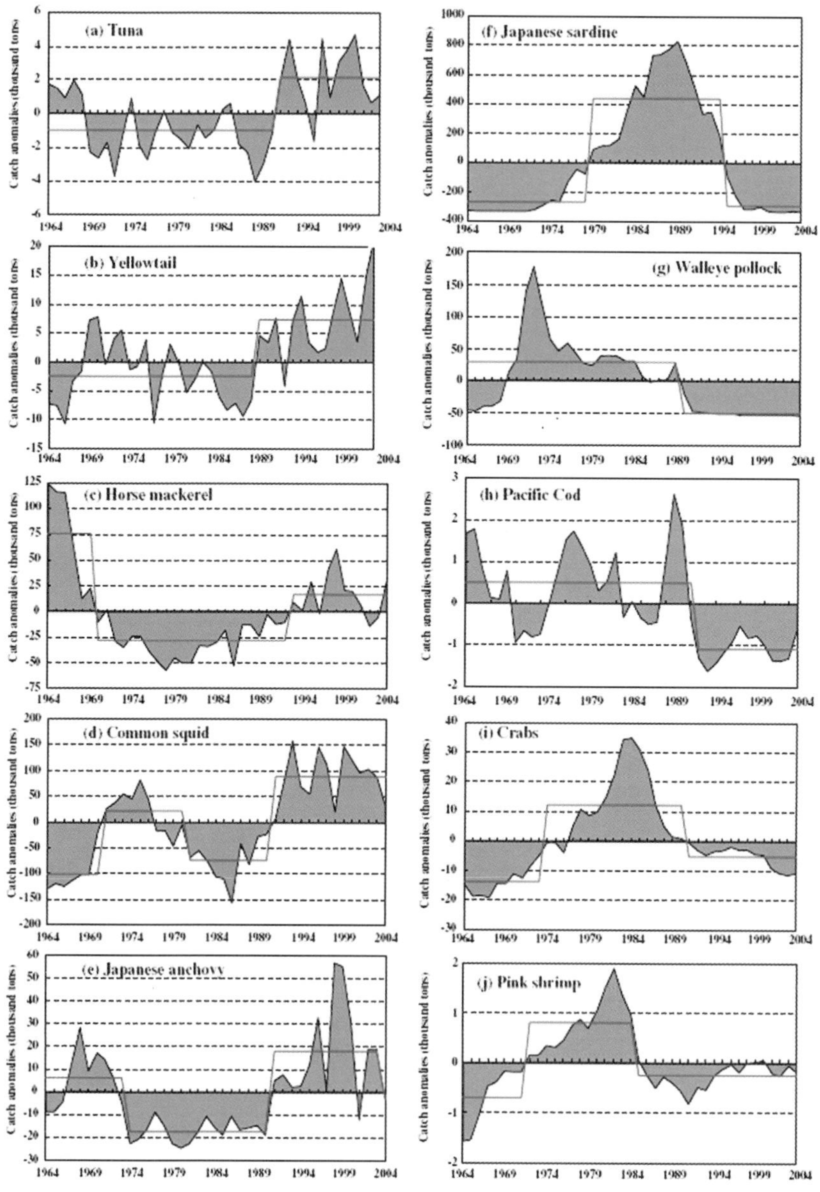

Fig. 4-7. Annual changes in catch anomalies (shaded area) for tunas (a), yellowtail (b), horse mackerel (c), common squid (d), Japanese anchovy (e), Japanese sardine (f), walleye pollock (g), Pacific cod (h), crabs (i) and pink shrimp (j) in Japanese waters of the East Sea during 1964-2004 (Tian et al. 2008).

Fig. 4-7. 동해의 일본측에서 1964-2004년에 일본어업에 의하여 어획된 다랑어(a), 방어(b), 전갱이(c), 오징어(d), 멸치(e), 정어리(f), 명태(g), 대구(h), 게(i), 북쪽부홍새우(j)의 어획량 편차의 경년변동(Tian et al. 2008)

기후변화와 해양생태계

Climate Change and Marine Ecosystem

05

한국 남해의 해양구조와 생물생산체제

(Ocean Structure and Production System in the Southern Waters of Korea)

기후변화와 해양생태계

Climate Change and Marine Ecosystem

한국 남해의 해양구조와 생물생산체제 05
(Ocean Structure and Production System in the Southern Waters of Korea)

5.1 해류계 및 수괴(Ocean currents and water-masses)

계절풍계는 황해, 동중국해 및 대한해협의 해양학적 과정의 기본적인 리듬을 생기게 한다. 특히 겨울에 이 해역에 불어오는 극지대륙성기류는 세계에서 가장 맹렬한 것이다. 고수준의 강수량과 강한 대기–해양의 상호작용은 광대한 해양전선의 형성을 돕고 인공위성영상에 의하여 쉽게 탐색될 수 있다. 이들 해역에 미치는 대기의 힘은 겨울에는 강하고 한랭한 북풍에 의한 해수의 냉각과 성층이 붕괴되고, 여름에는 방대한 강수량, 유입된 하천수 및 태양열에 의한 고온, 저염의 표층수가 겨울에 생성된 냉수의 위를 덮어 수주는 뚜렷한 성층을 이룬다.

황해 및 동중국해(한국남해를 포함)와 대한해협의 해저지형은 이곳의 해황의 특성을 결정하는 또 하나의 중요 조건이 된다. 한국남해와 황해는 대부분이 수심 100m 이천의 대륙붕이다. 한국남해의 많은 섬들과 서해 및 남해의 강한 조류는 천해의 해수를 끊임 없이 혼합시키는 소란의 원인이 된다. 저층은 연안으로부터 외해를 향하여 암석, 자갈, 모래 및 개펄(tidal mud)로 덮이어 무수한 종의 저서생물의 호적한 서식장을 형성한다(Fig. 2-1, Fig. 2-5). 쿠로시오(Kuroshio)가 동중국해의 대륙사면을 벗어나는 아마미오시마부근(28° 30′N, 127° 30′E)에서 분지되어 한국남해를 향하여 북상하는 대한난류/대마난류(Korea Warm Current/Tsushima Warm Current)는 기상 및 조류의 영향 뿐 아니라 동중국해 육붕수와 한국남해연안수의 영향을 받아 상당히 변질되어 대한해협을 지나 동해에 유입된다. 제주도 남방의 대한/대마난류에서 분지된 난류는 황해를 향하나 그 고온, 고염(〉34.0psu)의 특성은 34° N 부근까지 밖에 미치지 못한다(Lie et al. 2000). 겨울에 형성된 황해 저층냉수는 여름에는 고온, 저염의 난류표층수에 덥히어 그 세력은 제주도 서남방까지 미친다.

한국남해연안수는 겨울에는 외측의 대한/대마난류계수보다 저온, 저염이고 여름에는 고온, 저염의 특징을 보인다. 대한해협 서수도에서 여름에는 대한/대마난류 중핵수와 그 위를 덮는 고온, 저염의 난류표층수 사이에 계절수온약층이 형성되고, 중핵수 아래의 저층에는 저온, 저염의 동해 고유냉수가 인정되나 겨울에는 표층 및 중층수와 혼합하여 상부혼합층심도는 저층에 달하고 저층수온은 여름의 수온(약8℃)보다 오히려 높아 10~12℃ 정도이다. 따라서 여름(대구의 겨울)에 동해의 저층냉수(2~4℃)에서 색이(feeding)하던 대구(cod)는 기상학적 겨울(12~1월경)에 그 분포역의 가장 남측(진해만)을 향하여 대구의 여름바다(12~1월경 대한해협 서수도 중-저층수, 10~12℃)를 지나면서 산란 전후의 몸을 따뜻하게 한다.

5.2 전선층 및 상부혼합층(Frontal layer and upper mixed layer)

한국 남해 겨울의 고온 및 고염의 대한/대마난류계수와 저온 및 저염의 한국남해 연안수 사이를 가르는 수온전선(thermal front)이 대한해협-거문도-제주해협-흑산도 및 제주도 서방으로 연장되는데 이것이 소위 한국남해연안전선이다. 대한/대마난류계수는 고온이므로 원천적으로 용존산소량이 낮아 4.5-5cc /L이고 영양염류의 농도가 낮으며, 투명도가 크다. 여름에는 염분이 현저히 낮은 동중국해의 육붕수가 한국남해의 대한/대마난류계수 위를 덮어 흐르고 그동안 수온이 높아진 한국남해연안수와 함께 대한해협을 지나 동해의 상층을 흐르면서 소위 대한/대마난류 상층수가 된다.

이 한국남해연안전선은 가을부터 봄까지 겨울을 중심으로 하는 6개월(11-4월)동안 표면에 나타난다. 나머지 여름을 중심으로 하는 6개월(5-10월)에는 난류표층수가 남해의 전역에 확산되므로 수온전선은 표면에 나타나지 않으며 인공위성에 의한 표면수온분포도로는 대한/대마난류 중핵수와 연안수간의 경계를 나타내는 아표층의 수괴사이의 경계의 위치를 추정하기 어렵다. 표면에 수온전선이 나타나는 가을에서 봄까지 수온약층이 해면에 노출(outcropping)되어 통풍현상(ventilation)이 일어나므로 연안측의 중, 저층의 영양염류가 유광층에 올라 올 수 있는 상태로 된다. 수온약층이 해표면과 접하여 전선으로 나타나는 것을 입체적으로 보면 서로 연결된 것이므로 이들을 같이 묶어 전선층(frontal layer)이라 부른다(Gong 1971)(Fig 5-1).

한국 남해 및 서해연안에서는 끊임없는 조석운동으로 해안측은 소란에 의한 혼합으로 해수의 특성치가 균질하나 외측은 봄-가을사이에 성층을 이루므로 그 사이에 특성치의 수평분포경도가 큰 조석전선(tidal front)이 형성된다. 이 조석전선의 연안측에는 잔사(detritus)를 포함하는 현탁물질의 농도가 높아서 외측의 해수와 그 농도의 차이가 크고 그 사이에 현탁물질경계가 나타나고 이 경계는 조석전선과 일치하는 경우가 많다(Suh et al., 2002). 인공위성 영상에도 그 경계가 나타나므로 Chlorophyll- a의 분포와 구별하기 어렵다. 한국 남해, 황해 및 동중국해의 중부이북의 대부분의 해역에서 여름부터 가을까지 월의 진행에 따라 상부혼합층의 심도는 점점 깊어져서 겨울중심 6개월(11-4월) 동안에는 50-100m에 달한다. 따라서 한겨울에는 전해역의 해수는 저층까지 완전히 혼합되어 물리, 화학적 특성치는 연직분포경도가 없이 균질하다(NFRDI 1962-2008). 제주도와 일본 큐슈사이의 비교적 깊은 해곡형태의 해역에서는 상부혼합층의 깊이가 해저에 미치지 못할 경우가 있다.

5.3 특성치의 연직분포와 생물생산
(Vertical distribution of characteristics and biological production)

겨울에 한국남해연안전선과 동중국해 육붕전선을 경계로 남동측의 상부혼합층은 고온, 고염, 저산소, 빈영양염류의 특성을 보인다. 그러나 기초생산의 중요한 몫을 차지하는 Chlorophyll-a(μg/L)는 겨울에는 전선역의 아표층에서도 상당히 높다. 여름에는 남해의 거의 전역에서 고온, 저염의 동중국해 육붕수와 한국남해연안수가 상층을 덮어 상부혼합층은 10m 이내로 얕으며, 용존산소는 고온역에서 현저히 낮아 4.5–5.0*ml*/L 정도이다. 여름에 이곳의 용존산소는 수온약층부근(20-30m층)에서 이상적으로 높은 경우가 있다. 예를 들면, 제주남방의 해양관측정선(314선; 33° N, 125° – 128° E 간의 동서단면)에서 하계(8월)에 관측된 수온, 염분, 비중, 인산염 및 용존산소의 연직단면 분포에 활발한 기초생산과정을 볼 수 있다. 여기서 저온, 저염, 저비중의 표층수와 대한/대마난류계수사이에 이들 특성치의 약층이 일치되어 나타난다. 상부혼합층은 서측에서 얕고 동측에는 다소 깊고 그 아래 20–30m층에 형성된 수온약층내에 산소극대층(DO 6–7ml/L)의 ring과 인산염 극소층의 ring이 일치하였다(Gong and Oh 1977). 이 수온약층에 번식하는 광독립영양생물은 대형편모조류일 것이다. 이들 대형식물플랑크톤은 생산비율(상부혼합층에 대한 유광층 깊이의 비율)이 큰 것을 필요로 하기 때문에 여름에 활발한 번식을 보인다(Cushing 1989). 이 현상은 표면에 가까운 상부혼합층에서 약간의 광저해(photo inhibition)와 소란의 영향이 있으나 아표층(20–30m)의 수온약층내에는 세포분열에 소란을 받지 않아 활발한 광합성이 가능하기 때문이다. 이 해역의 서측은 많은 잔사와 용존유기물 등으로 감쇄계수는 크겠지만 여름이라 광합성유효방사는 충분하고 수온약층의 통풍현상이 되지 않아 영양염이 제한요인이 되어 재생된 영양염류까지 이용될 것이다.

5.4 조석전선과 적조발생기구(Tidal front and red-tide mechanism)

황해의 한국 및 중국연안에 형성되는 조석전선 혹은 천해전선은 기초생산과 어란, 치자의 분포에 영향을 미친다(Lie 1989, Hao et al. 2003). 이 전선으로 대표되는 경계역의 외양측은 성층상태가 뚜렷하고 연안측에는 잘 혼합된 상태가 나타나며 수온약층은 혼합층과 성층사이의 표면에 노출된다(Fig.5-1). 여름의 식물플랑크톤의 번식이 이와 같은 조석전선역의 조류에 의한 소란과 깊은 관련을 가진다는 것은 이미 잘 알려졌다(Pingree et al. 1975). 여기서 주목되는 것은 수온이 플랑크톤 번식에 중요한 것이 아니고 조석 등의 소란이 영양염류의 공급에 관여하고 소란 시간과 식물세포의 분열시간과의 관계가 중요하다는 것이다. 그리고 이 해역외측의 수온약층에서는 상부혼합층과 수온약층 아래의 저부혼합의 소란의 영향이 적어 수온약층의 지속시간이 세포분열시간보다 길기 때문에 Chlorophyll- a의 축적을 볼 수 있다.

대륙붕연변전선의 형성과정은 혼합상태의 유지에 관한 위치에너지(potential energy, PE)와 수주 단위면적당 조류 에너지 소산률(TED)과의 비(R), R=PE/TED로 해석된다. 이 두 형의 에너지(energy)는 여러 변수로 결정되나 성층(stratification)의 구조가 수온약층(thermocline)에 지배되는 해역에서는 많은 변수가 정수로 표시된다. 수주에서 주요 성층의 형태는 수온약층이며, 정수가 아닌 두 변수는 평균유속(l Ul)과 수심(h)이다. 이들 관계를 성층지수(S)로 나타내면 다음과 같다.

$$S=\log_{10}\frac{h}{C_D\,|U|^3}\quad (\text{c.g.s units})$$

여기서 사질(沙質, sand)의 해저의 마찰계수(C_D= 0.003)는 거의 일정하다고 본다. 여름에 황해의 중앙부측이나 남해의 외측에서 수주는 강한 성층을 이루고 한국연안측은 해류 및 조류에 의한 혼합수역이 형성되어 그 사이에서 나타나는 조석전선(tidal front)은 이 Simpson-Hunter(수심/유속의 3승)의 평가기준에 의하여 잘 규정된다. 북동대서양의 영국해협에서 성층지수가 일정한 범위(S=성층상태, +3 에서 극도의 소란상태, -2)에 있고 특히 S≈1.5 로 성층이 적당하게 형성될 때 식물플랑크톤 생산에 최적조건이 된다고 알려 졌다(Pingree and Griffiths 1978, Cushing 1995). 한국 서해의 수심/유속관계(Lie 1989)를 기초로 남-서해연안의 현지관측과 위성영상으로 기초생산의 폭발적 번식해역을 추정해볼 수 있을 것이다. 따라서 대조시와 강풍이 지나 잔잔한 날씨가 되면 광범위한 해역에서 식물플랑크톤의 번식이 일어날 수 있는 조건을 갖추므로 이들 현상의 전체 기간에 연속적 조사가 실시될 필요가 있다.

대륙붕의 연변 특히 조류가 강한 연안에서 유속이 증가하면 소란으로 영양염류가 표층으로 운반되어 식물플랑크톤의 번식이 활발하다. 조류가 강하지 않은 한국남해안에서 태풍의 소란으로 저층의 영양염류가 유광층으로 올라와 일광(광합성 유효방사, PAR)이 강하고 잠시(규조류에 약 6시간, 편모조류에 약 9시간)동안 수주가 안정되면 세포분열이 활발해진다. 따라서 여름에 조류나 태풍에 의한 소란(disturbance)으로 연안측의 성층이 붕괴되어 전선층(frontal layer)이 표면에 노출(outcropping)되고 그 연변에 전선이 형성되는 것은 적조발생전의 필수과정이며 인공위성으로 추적될 수 있다(Suh et al. 2000b, 2004).

여름에 한국남해연안에서 형성되는 뚜렷한 전선층이 노출(outcropping)된 후에 햇빛이 반일정도 쪼이면 적조성인생물(赤潮成因生物)의 폭발적 번식을 확인할 수 있다. 이와 같이 전선역(frontal zone)의 기초생산의 폭발적 번식은 조류, 바람, 해류에 의한 해수의 소란(disturbance)으로 공급되는 영양염류, 생물의 세포분열에 필요한 성층의 형성 및 그 지속시간(규조류는 약6시간, 편모조류는 약10시간)과 광합성유효방사(PAR)에 의하여 결정된다.

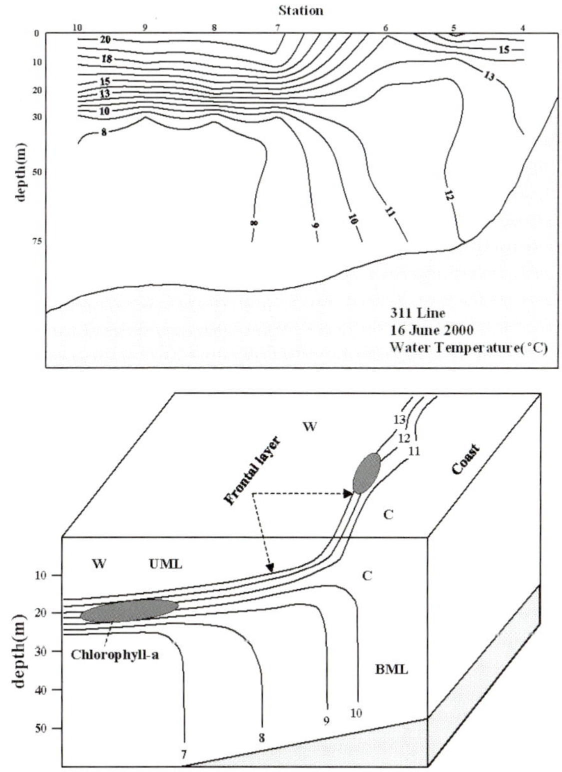

Fig. 5-1. Structure of frontal layer along the south-western waters of Korea. High chlorophyll-a concentration (dark portions) in the sharp thermal boundary(tidal front) between warm water above(W) in the upper mixed layer(UML) and cold water blow(C) in the bottom mixed layer (BML) indicates the active photosynthesis in summer.

Fig. 5-1. 한국 남서해안의 전선층의 구조. 상부혼합층(UML)의 난수와 하부혼합층(BML)의 냉수사이의 예리한 수온경계역(조석전선, tidal front)에 높은 Chlorophyll-a 농도(흙점)는 여름의 활발한 광합성을 나타낸다.

이상의 해양구조와 생물생산기작을 통하여 조석전선 혹은 육붕연변선선은 전해와 그 밖의 연안을 구별하는 생태학적 경계역(ecological boundary zone)이 될 수 있고, 근해전선은 연안과 근해간의 생태적 경계역이 될 수 있다는 중요한 의미를 가진다.

5.5 인공위성영상자료에 의한 조석전선역의 기초생산 추정
(Estimation of primary production in the tidal front from satellite-derived data)

해양의 생산성을 예측하는데 인공위성영상을 사용할 수 있게 된 것은 위성의 고도 감지능력으로 일 혹은 시간단위의 광역반복탐사가 가능하고 영상을 해면수온 혹은 엽록소자료로 변형할 수 있는 방식이 개발되었기 때문이다. 북동대서양(47° 30′- 49° N, 4° - 6° E)의 Ushant Is 및 Sein Is 전선대에서 표면수온과 NOAA인공위성 고성능복사계 자료와의 관계 및 아표층의 현장수온과 질산염(nitrate)농도와의 관계는 유의하였다. 인공위성유도 수온자료로부터 조성된 질산염영상은 바다의 실시간자료와 일치하고 인공위성영상으로부터 유도된 대조, 소조 조석중기의 유광층으로의 질산염수송은 질산염 섭취율 및 식물플랑크톤생산성과 일치하였다. 따라서 인공위성유도의 질산염영상은 광범위한 해역의 단시간 내의 질산염기반 생산성의 평가에 유용한 수단으로 쓰일 수 있다(Morin et al. 1993).

이와 같은 원격탐사 SST 및 해양색채로부터의 질산염기반의 신생산(new production)의 예측은 이미 제안된 이론(Dugdale et al.1989)과 같은 정교함은 없으나 규칙적인 조건에서 유용한 방법이다. 한반도 남해 및 서해 조석전선역의 생물생산의 추정과 그 예측을 위하여 특별히 정해진 시험해역에 자동관측 체제, 선박에 의한 현장조사와 인공위성영상자료로부터 유도된 질산염의 유광층으로의 수송을 추정하는 특별한 조사체제가 이루어지면 우리가 여기서 소개하는 적조발생기구가 입증되고 그 예측이 가능할 것이다.

5.6 적조성인생물(赤潮成因生物)의 계절변동
(Seasonal fluctuations in dominant phytoplankton species in red tides)

한국남해에서 봄부터 가을사이에 고밀도의 식물플랑크톤이 발생하는데 봄에 규조류, 여름에 편모조류 다시 가을에 규조류가 우점종이 되는 계절변화를 천이라 불리는 경우가 있다. 이 현상은 중위도해역서 이들 식물플랑크톤의 서식환경의 계절변동에 따르는 우점종의 폭발적 번식의 계절변동이다. 봄, 여름 및 가을에 연안에서 발생하는 적조성인생물(赤潮成因生物) 가운데 규조류는 상부혼합층에 대한 유광층의 깊이의 비율이 낮아도 영양염류의 제한이 없으면 번식할 수 있다. 한편 편모조류는 이 비율이 규조류보다 높아 강한 광합성휴효방사(PAR)를 필요로 한다. 따라서 한국근해에서 여름에 폭발적으로 번식이 되는 와편모조류의 일종인 *Cochlodinium polycrikoides*는 가을이 되어 광강도가 약해지면서 규조류에 우점의 자리를 넘겨주는 계절변동을 한다. 그리고 이 종은 여름을 전후하여 남해안을 중심으로 서해안과 동해안까지 광범위한 수온대(18~28℃, 때로는 15℃ 이하)에 분포한다(Suh et al. 2000b, 2004). 따라서 수온은 이종의 서식 가능한 범위 안에 있으면 번식에 제한을 주는 기본환경요인(forcing functions)이 아니고 위상요인(phasing functions)에 불과하다. 결국 적조성인생물이 폭발적으로 번식하기위해서는 다음조건이 갖추어져야한다.

① 광합성을 하는 종에 따른 충분한 일광(광합성유효방사, Photosynthetically Active Radiation; PAR)이 필요하다.

② 영양염류(Nutrients)의 충분한 공급이 필요하다. 연안의 조석전선부근에서는 조류, 해일 혹은 태풍에 의한 해저의 소란으로 영양염류가 수온약층부근으로 공급되어야한다. 외해의 성층역에서는 추가로 재생(regenerated)된 영양염류의 공급이 필요하다.

③ 세포분열에 필요한 충분한 시간(규조류에는 약 6시간, 편모조류에는 약 9시간)에 수온 약층부근이 안정된 상태(Laska event)를 유지해야한다(Cushing 1989, Laska 1975).

광합성유효방사(PAR)의 계절변동이 조류(algae)의 번식시기를 다르게 한다. 크기가 다른 세 무리 조류의 최대 광합성률에 대한 호흡율의 비(r)는 서로 다르다. 소형규조류(small diatoms)는 약한 PAR에 관련된 낮은 생산비율에 번식이 가능하고 녹색편모조류는 중간이고, 와편모조류(dinoflagellates)는 상부혼합층의 깊이보다 임계심도가 큰((Dcr > MLD), 즉 r 값이 큰 영속적인 성층상태를 요구한다(Table 5-1). 따라서 한반도근해의 봄과 가을에는 낮은 PAR로 낮은 r 값에서 소형규조류가 번식하고 여름에는 높은 PAR에 의한 높은 r 값을 요구하는 와편모조류가 번식하는 계절변동을 보인다.

한 겨울을 중심으로 하는 약 6개월 동안 한국동해의 극전선부터 남해연안전선에 이어 동중국해 육붕전선을 잇는 선(대한난류전선, Korea Warm Current Front)을 경계로 그 북서부와 그 남동부 대한/대마난류영향이 큰 해역)는 해양생물생산체제에 차이가 있다. 이 남동부의 난류역에서는 겨울에도 난류성해양생물이 분포하고 기초생산도 활발하게 일어나므로 생물생산을 기준으로 하는 생물학적 겨울(biological winter)은 인정되지 않는다. 이 해역은 겨울에도 광합성유효방사가 부족하지 않고 전선층의 통풍현상에 따라 영양염류가 공급되기 때문이다. 그러나 겨울에는 세포분열에 필요한 상당한기간의 안전층의 형성여부가 주요한 제한요인이 될 것이다.

5.7 전선층연변의 어류자원분포(Distribution of fishes in the frontal zone)

해양전선(ocean front)은 두 수괴간의 경계로서 그 특성치의 분포경도가 가장 큰 곳이다(Uda 1938). 이곳은 수렴역이므로 부유물과 플랑크톤이 군집되지만 생물생산의 촉진에는 의문이 제기되었다(Griffiths 1965). 그러나 최근에는 전선층의 침강역 부근에 전선횡단수송이 영양염류를 공급하여 기초생산을 촉진한다고 알려졌다(Yoder et al. 1994).

한국남해의 전선층의 존재가 부유성 회유어류(고등어, 전갱이 및 정어리 등)를 대상으로 하는 선망어업의 중심어장과 관련이 있음이 보고 되었다(Gong et al. 1972). 그런데 어군의 분포와 해양구조와의 관계가 주로 다루어지고 전선층 주변의 기초생산에 관한 구체적 연구는 활발하지 못했다. 남해의 제주도와 거문도간의 해역에서 선망어획에 의한 고등어류의 분포밀도가 높은 것은 아표층의 수온약층에서 기초생산이 높기 때문이라 추정된다. 이것은 수온약층 상하의 유향이 다른 이중조(二重潮)의 영향이며 이곳은 1960년대 초까지 사용되던 건착망(선망의 일종)의 면사망지가 절단되는 정도의 복잡한 유동역이다. 이런 해역은 수주의 성층상태가 강하게 형성되는 시기의 수온약층의 해면으로의 노출이 없어도 영양염류가 약층위로 공급될 가능성이 있다. 이 점은 금후의 조사과제가 될 것이다.

어류생산은 부영양의 환경에서보다 빈영양의 해역에서 식물플랑크톤의 변동에 더 민감하다고 알려졌다. 쿠로시오에 기원을 둔 대한/대마난류계수의 세력이 큰 동중국해동부에서 대한해협에 이르기까지의 해역의 어업자원의 변동을 결정하는 가입량의 연구에서 식물플랑크톤의 조사는 수산해양학적 연구의 기본과제이다. 동중국해를 원천해역으로 하는 한반도 주변해역의 회유성어류는 치어단계에서 성어에 이르기까지 그들의 먹이에 관련된 전선층의 이동과 함께 수동적으로나 적극적으로 수송, 이동 혹은 회유해야 한다. 기후–해양환경의 변화가 어업자원의 변동에 영향을 주고 어종간의 교체현상이 알려지고 있다.

그러나 이들 어업자원의 변동이나 교체의 계기가 무엇인지에 대해서 밝히지 못하면 자원변동의 예측은 어려울 것이다. 전통적 초식연쇄에 의존하여 번식하는 수주성 회유어류가 층중상태가 뚜렷한 온대해역의 하계에 일어날 수 있는 부식연쇄(microbial food chain)에 의존하게 되면 먹이부족에 빠질 것이다. 앞에서 논의된 대로 남해의 동남측 대한/대마난류역에서 겨울에는 기초생산이 계속된다.

그러나 여름에는 부식연쇄체제의 영향으로 생산성이 동해 및 황해의 전선역보다 낮아질 수 있다. 여름에 남해의 대한/대마난류역에 저서어류의 분포밀도가 낮은 것도 이 때문이다. 겨울을 지나고 원천해역을 두고 떠나는 어류의 여행길은 초여름에 확산하는 고온, 저염수를 피하고, 층중상태가 약하여 초식연쇄(traditional diatom-based food chain)가 활발하게 일어나는 전선층연변의 성찬을 즐기려는데 있다(Table 5-2). 표면에 나타나는 열전선(thermal front)은 인공위성으로 추적이 가능하다. 그 전선층(frontal layer)의 구조와 그 주변의 기초생산과정은 해양의 수리학적 특성이 생물생산에 가장 밀접한 관계를 가지므로 이에 대한 연구는 수산해양학 분야의 중요한 과제인 것 같다.

Table 5-1. Relationship between r (ratios of respiration to the maximal rate of photosynthesis) and production ratio(compensation depth/mixed layer depth) for three algal groups

Table 5-1. 세 무리의 식물플랑크톤의 r (최대광합성률에 대한 호흡률)와 생산비율(보상심도/ 혼합층심도, Dc/MLD)과의 관계

Dc/MLD	e.g.	r	Group
0.1	5/50	0.07	Small diatoms
0.25		0.102	Diatoms
0.50	25/50	0.155	Green flagellates
0.75		0.208	Dinoflagellates
1.00	50/50	0.26+	Dinoflagellates

Table 5-2. Comparison of production systems in different oceanic structure in Korean waters

Table 5-2. 한국근해의 상이한 해양구조의 생산체제 비교

	production form A	production form B
Season	Winter months (Nov.~Apr.)	Summer months (May.~Oct.)
Frontal layer	Weak stratification Thermocline outcropping	Strong stratification Subsurface thermocline
Environmental factors (FF or PF*)	FF: Light (north) PF: Temperature and others (north) Disturbance(south)	FF: Nutrients (offshore) Turbidity (coast)(K-WA) PF: Temperature and others
Production cycle	Traditional grazing food chain, diatoms	Long food chain (microbial food loop)
Main contribution to the secondary production	High	Low
Related fish	Mackerel, anchovy, sardine, Pacific saury, etc. (ECS)	Others
Fish migration and production form	Pelagic fish migrate seasonally to use the high production form(A)	
Generation of recruitment	Shifting of production form from A to B or the reverse could be affected by the climate-oceanic changes	

* Forcing function (FF) or phasing function (PF) for phytoplankton production in ecotrophic structure.

5.8 삼투압과 수산생물의 폐사 (Osmotic pressure and mass mortality of marine organisms)

수산생물이 서식하는 환경은 그 생물의 체액의 농도와 균형이 취해지고 있다. 염분이 너무 낮은 물이 그 생물의 주위에 밀려들면 피부를 통하여 해수가 체내로 스며드는 삼투압조절(osmotic pressure regulation)로 몸이 부풀어 그 생물은 폐사한다. 그간 얼어붙었던 산하의 해빙과 초여름의 장마철 강수에 기원을 둔 담수는 모두 바다로 흘러나와 이 고온–저염의 표층수는 연안천해의 생물에 피해를 줄 것이라 염려한다. 그러나 이 천해 및 내만의 저염수역의 생물들은 그 들이 서식하는 염분이 낮은 물에 적응되어 긴 세월에 자자손손 대를 이어가고 있다. 이와 반대로 이 천해 수산생물들은 염분이 너무 높은 고온–고염의 외양수가 밀려들면 삼투압조절과정에 체내의 수액이 체외로 빠져나와 그 생물은 폐사한다. 육지의 넓은 들에 벼가 고개를 숙일 무렵이면 극동해역에는 폭우를 동반하는 거센 태풍이 해안을 강타하면서 고온-고염의 난류를 남해안의 내만 깊숙이 밀어 넣는다. 결국 연안–내만의 저염수괴에 서식하는 생물에 피해를 주는 바닷물은 염분이 낮고 온도가 높은 난류 표층수(예, 양자강의 저염수에 영향을 받은 표층수)가 아니고 남쪽 바다에서 태풍과 함께 밀려드는 염분과 온도가 높은 대마난류중핵수(Tsushima Warm Current Core Water-mass)이다.

이상을 요약하면, 한국남해의 해류계와 수괴간의 연직 및 수평적경계인 전선층(frontal layer)은 생물의 기초생산 뿐 아니라 성어의 분포와 관계가 크다는 것이 강조되었다. 한국 남해 연안전선과 동중국해 육붕전선은 고온, 고염의 대한/대마난류와 각종 연안수와의 경계역이며, 겨울을 중심한 6개월(11~4월간)에 해면에 노출되는 수온약층의 통풍현상을 통하여 초식연쇄(규조류부터 시작되는 전통적 식물연쇄)의 생물생산체제를 형성한다. 나머지 여름을 중심으로 하는 6개월(5~10월간)에는 고온, 저염의 표층수가 한반도근해의 거의 전역을 덮으면서 상하층간에 강한 성층을 이루어 열대해역과 같은 구조를 이루고, 아-표층의 계절수온약층에 미생물환이 연결된 부식식물연쇄체제(microbial food loop)로 전환될 수 있어 신생산에 의한 영양염류가 추가되어 고도의 광력을 요구하는 와편모조류와 같은 식물성플랑크톤의 기초생산이 활발하다.

한국남해–동중국해에 분포의 원천해역을 가지고 황해와 동해로 계절적 회유를 하는 수주성회유어류 (pelagic migratory fishes)는 초식연쇄체제가 활발하게 가동되는 전선층의 통풍역을 따라 서둘러 북으로 여행하지 않으면 자신뿐 아니라 그들의 자식들도 굶주림이라는 위험에 노출된다. 생물의 생산체제는 천해의 조석전선의 이행역에 조류 혹은 태풍과 같은 소란으로 공급되는 영양염류, 외양의 전선층의 이동 및 수온약층의 해면노출과 기초생물의 세포분열기간동안의 안전층의 유지, 수주의 구조와 광합성 유효방사에 관련되는 생산비(유광층/상부혼합)등의 물리적환경에 크게 지배되는 것을 강조함으로서 유기의 생물계는 무기의 세계(대기, 육지, 수계 및 해저)와 나눠서 이해할 수 없음이 강조되었다.

06

수리학적 및 생태학적 경계와 어업관리구역

(Hydrographic and Ecological Boundary and Fisheries Management Zone)

기후변화와 해양생태계

Climate Change and Marine Ecosystem

수리학적 및 생태학적 경계와 어업관리구역 06
(Hydrographic and Ecological Boundary and Fisheries Management Zone)

머리말

해양생태계는 생명의 존재가 가능한 생태권(ecosphere)의 일부이다. 어획 혹은 양식대상의 생물을 포함하는 유기의 세계인 ①생물계(biosphere)는 ②대기(atmosphere), 해안 및 해저를 포함하는 ③지권(lithosphere) 과 빙하 및 해수를 포함하는 ④수권(hydrosphere) 등의 무기의 세계와 끊임없는 상호작용을 한다. 어선어업이 이루어지는 근해 및 원양의 어획대상생물은 대기, 수계와 관련하여 3 차원의 서식장에서 그리고 연안어업과 양식어업의 대상생물은 육지를 포함한 4차원의 복잡한 서식장(habitat)에서 각각 인간의 간섭을 받아왔다. 최근 생태계기반의 어업관리가 논의 되고 있으나 그 최종 목표는 적절한 어획과 양식이 가능한 생태계의 지속가능성(sustainability)과 생물다양성(biodiversity)의 확보에 있을 것이다.

지금까지 어업자원의 개발 및 어업관리에 관한 바다의 구역을 육안으로부터의 거리나 조업어선의 활동시간 등을 고려하여 내만, 천해, 연안, 근해 및 원양 등으로 나누었다. 그러나 관리대상해역은 수리학적, 생물학적, 생물지리학적 특징을 고려한 생태학적 기반에서 구분될 필요가 있다. 이와 같은 경계의 설정에서 뺄 수 없는 것은 상이한 해류 및 그 수괴 사이에서 형성되는 전선(front) 혹은 전선층(frontal layer)이다. 이 절에는 한국근해의 주요 해류계의 접촉으로 나타나는 각종 전선의 위치와 그 구조가 생물의 생산, 분포 및 생태계의 구분에 관련되어 어업관리구역의 설정 기준이 될 수 있음을 보여준다.

6.1 극동아시아 해역의 생물지리 구분
(Marine biogeographic divisions in the East Asian waters)

(1) 해양생물지리학적 구역(Marine biogeographic areas)

세계적 시점에서 보면 한반도를 포함한 극동아시아의 해양생물상은 3대 해양생물지리구(marine biogeographic areas); 인도양–서태평양구(열대-아열대성 생물의 분포역), 동아시아구(온대성생물의 분포역) 및 북태평양구(한대–아한대성생물의 분포역)에 걸쳐 전개되어 있다. 이들 3대 지리구가 만나는 지역에 위치하는 중국근해, 한반도근해 및 일본열도 주변해역은 기후적으로 풍부한 해산동물상을 수용한다. 열대–아열대성동물은 인도양 및 서태평양의 열대해역에 분포중심을 가지고 한반도와 일본열도근해는 그 하나의 연변구역에 해당하고 분포의 중심으로부터 지리적으로 떨어질수록 즉, 고위도로 향할수록 그 종수는 감소한다. 이와 마찬가지로 북태평양계의 한대–아한대성 동물군에 대해서는 일본 및 한반도근해는 하나의 연변구역에 상당하고 여기에는 일반적으로 저위도로 향할수록 종수는 감소한다. 한편 온대성종으로 구성되는 동아계의 동물군은 일본, 한국 및 중국에 걸친 해역이 그 분포의 중심에 해당한다. 그들은 이 해역에서 번영하고 여기서 고위도, 저위도 방향으로 향하면서 종수를 감소해가는 것은 기본적인 경향이다.

(2) 생물기후적 구역(Bioclimatic divisions)

해산동물들이 이와 같은 분포경향을 가지는 결과 한반도와 그 인접해역에서는 이들 3대(A, B, C)해역의 생물지리학적 군집은 기후적 특성에 따라 그 출현에 전이역(trans ition zone)을 보이며 장소에 따라 상당히 다른 출현양상을 나타내므로 그 상대적 출현 상황을 조합함으로서 해역을 7개(Ⅰ, Ⅱ, Ⅲ, Ⅳ, Ⅴ, Ⅵ, Ⅶ)의 생물기후적 구역(bioclimatic divisions)으로 구분할 수 있다.

이와 같은 지리적 구분은 이들 해역을 구성하는 해양환경의 구조 및 특성에 의한 것으로 특히 상이한 수온을 나타내는 해수유동(해류, 조류)이 크게 관련된다(Figs. 2-3, 6-1, 6-2).

해양생물지리구	생물기후적구역
A. 인도-서태평양구	Ⅰ 열대구
	Ⅱ 아열대구
B. 동아시아구(동아구)	Ⅲ 난온대구
	Ⅳ 중간온대구
	Ⅴ 냉온대구
C. 북태평양구	Ⅵ 아한대구
	Ⅶ 한대구

(3) 동물상구성의 기후적 비대칭성과 생물지리구를 규정하는 요인 (Climatic asymmetry in setting of marine fauna and factors controlling biogeographic area)

해양생물지리구 A 인도양-서태평양계(열대-아열대성), B 동아계(온대성) 및 C 북태평양계(한대-아한대성)의 3군집에서 중국, 한국 및 일본근해에 출현하는 실제 종수는 A > B > C의 순서로 인도-서태평양계의 동물군이 압도적으로 탁월하다. 기본적으로 온대역에 위치한다고 볼 수 있는 일본과 한국근해에서 열대-아열대성동물이 압도적으로 탁월하고 이에 대하여 아주 약세인 한대-아한대성동물 즉 불균형적인 기후적 비대칭성이 현저하게 나타난다. 원리적으로 기후대는 지구표면을 위도에 평행하게 둘러싸이게 되어야한다. 그러나 중국, 한반도 및 일본열도근해에서 천해표층의 생물지리구분(기후대의 일종)은 그로부터 편기되어 서남에서 북동으로 향하는 대각선형(對角線型)의 공간배치를 나타낸다(Fig.6-2).

극단적인 고염분 및 저염분의 경우를 제외하고 해양생물의 분포는 주로 수온에 의하여 규정된

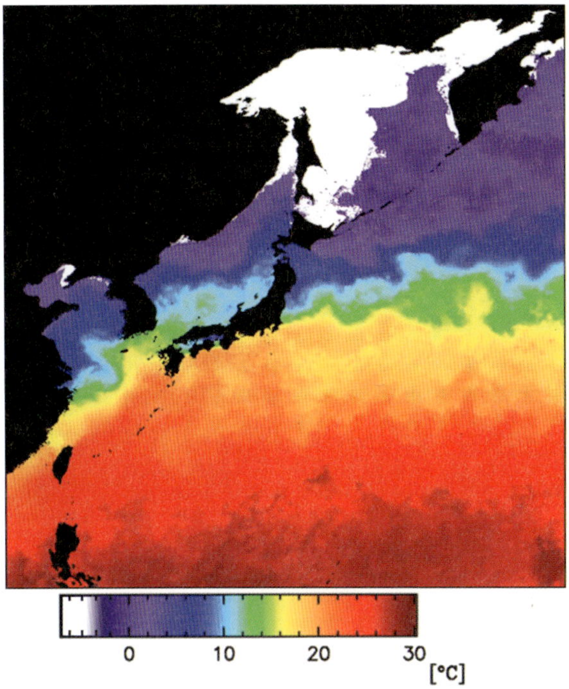

Fig. 6-1. Thermal pattern at the sea surface in the Far-East from satellite image of NOAA, which is similar to the marine biogeographic and bioclimatic division in the upper layer of the region.

Fig. 6-1. NOAA의 인공위성에 의한 극동해역의 해표면수온 분포도는 이 해역 상층의 해양생물지리구 및 7개 생물기후적구역과 유사한 형태를 보인다(이것은 생물의 분포가 해류계의 영향을 받기 때문이다).

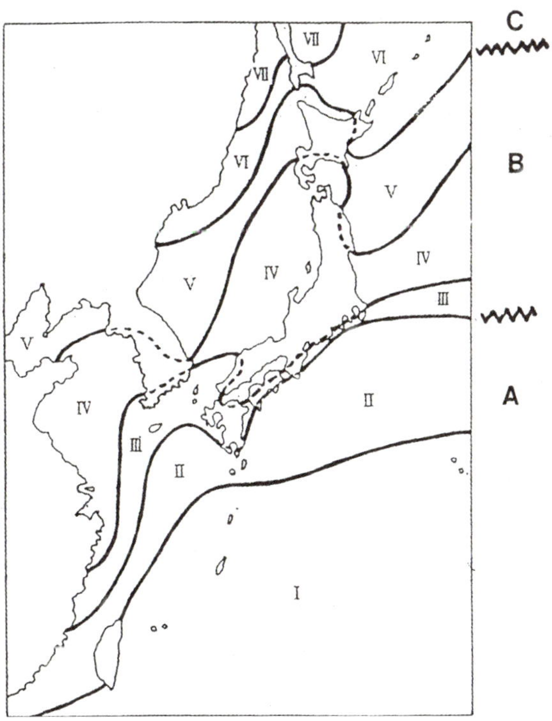

Fig .6-2. Marine biogeographic areas (A, B, C) and bioclimatic divisions (I~VII) in the shallow and upper layer of the waters in the Far-East (Nishimura 1992).

Fig. 6-2. 극동해역의 천해 및 상층의 3개 해양생물지리구역(A, B, C) 및 7개 생물기후대(I~VII) (Nishimura 1992).

다. 그들의 분포가 위도에 따라 대상분포(帶狀分布)로부터 편기하여 대각선형으로 되는 가장 중요한 원인은 특이한 수온 특성을 가지는 수괴(water-mass)가 수괴의 남북방향의 성분을 포함하는 유동에 의하여 그 지점의 온도장에서 흩어지기 때문이다. 바다에서 수온분포를 결정하는데 수괴의 유동 즉 해류(ocean current)가 중요한 역할을 한다. 결국 해양생물지리구의 성립에 해류가 대단히 중대한 영향을 미치고 있다. 실제 극동해역의 해류와 생물지리구를 대비하면 쉽게 이해할 수 있다(Fig. 2-3, Fig. 6-1, Fig. 6-2). 또 해류는 그 속의 생물의 집단 혹은 개체를 포함하여 다른 장소로 수송한다는 직접적인 역할을 한다. 한반도근해와 그 인접해역(북서태평양과 동중국해)에 막대한 열량과 열대-아열대성의 인도-서태평양계의 동물을 운반하는 쿠로시오와 대한/대마난류는 지구자전의 영향을 받아 끊임없이 오른편으로 치우치는 결과 쿠로시오는 36° N 부근에서 외양으로 흘러 쿠로시오속류로 이어지고, 대한/대마난류는 북동으로 흘러 동해의 북동부에 이른다. 한반도근해에 한대-아한대성의 북태평양계 동물을 가져오는 리만(연해주)한류-북한한류와 태평양측의 오야시오(親潮, Oyashio)는 역시 지구자전의 편향력으로 대륙측의 연안 및 열도를 따라 남하하여 난류계수 사이에 뚜렷한 특성치의 불연속대 즉 아극전선(Subpolar front)을 형성한다.

따라서 태평양측에서 난류계생물과 한류계생물이 급격히 감소하는 경계는 36° N을 따라 동방으로 연장되는 선이다. 동해에서 난류계생물이 급격히 감소하는 경계는 한반도의 남동단, 울릉도, 대화퇴 및 혹카이도 서방을 잇는 선에 있다. 이 경계선의 평균위치는 놀랍게도 아극전선의 위치와 일치한다. 계절풍에 의한 취송류(wind drift)는 여름에는 북으로 향하고 겨울에는 남으로 흘러 열량 및 생물의 수송에 크게 기여한다. 동중국해로부터 한반도 주변해역에 여름에는 난류가 탁월하여 상당수의 열대-아열대성 동물의 침입을 볼 수 있으나, 겨울에는 대한/대마난류 세력이 약해지고 연직대류가 일어나서 그 결과 온대성생물의 발전, 유지에 호적한 환경이 광범위하게 형성되는 반면, 수온 저하와 유동변화(연직대류 및 표층취송류의 발달)에 의하여 한대-아한대성동물의 출현이 가능하게 된다.

(4) 부어류의 어업지리학적 위치(Fishery geological zone of pelagic fishes)

해류계(海流係, ocean current systems)는 생물의 적정서식환경(optimum habitat)을 구성하는 수괴를 수송하여 간접적으로 그 분포해역을 결정하고, 직접 그 생물을 수송하므로 분포시기 및 해역을 결정한다. 한반도 주변해역에 출현하는 회유성어류 가운데 상업적 어획대상어종(예, 멸치, 정어리, 고등어, 전갱이, 꽁치 및 오징어)은 생물기후학적으로 동아계의 온대성 어종으로 그 분포역의 북측 한계역에서는 연어, 송어류와 같은 한대-아한대성어류의 분포남한에 접하고 그들 분포역의 남측 한계역에서는 다랑어류 및 날치류와 같은 열대-아열대성어류의 분포북한에 접하는 어업지리학적(fishery geology)위치에 있다.

6.2 한반도근해의 해양구조와 전선의 생태적 기능
(Ocean structure and ecological function of front in the in the waters off Korean Peninsular)

(1) 해양구조(Ocean structure)

황해, 동중국해 및 한국남해에 탁월한 계절풍체제(monsoon system)는 이들 해역의 해양학적 과정의 기본적인 변화를 일으킨다. 특히 겨울에 발생하여 이들 해역에 미치는 북극대륙기단의 영향은 세계에서 가장 맹렬한 것으로 알려졌다. 높은 수준의 강수량과 강렬한 대기-해양의 상호작용은 광범위한 해양전선을 형성하게 하므로 인공위성영상으로 쉽게 탐지된다. 대기의 강제력(atmospheric forcing)은 두 형태 즉, 겨울에는 강한 한랭, 건조한 북풍에 의한 냉각과 성층파괴를 일으키고, 여름에는 다량의 강수량, 하천수 및 태양열로 온난하고 저염한 표층수를 배출하여 수주(water column)는 뚜렷한 성층(stratification)을 형성한다(Huh 1982). 요약하면, 동계의 한랭한 계절풍의 영향으로 난류계수연변에 전선이 형성되고 하계의 저염수와 태양열로 수주에 성층이 형성된다. 이들 해역의 표층수의 순환은 ①계절풍계 ②쿠로시오-대한/대마난류-황해난류계 및 ③복잡한 지형(육지분포, 수심 및 하천 등)에 의하여 크게 영향을 받는다.

쿠로시오(黑潮, Kuroshio)는 고온, 고염, 저산소 및 큰 투명도의 특성을 가지며, 타이완의 동안과 오키나와 해곡을 지나 토가라해협을 통하여 태평양으로 흐른다. 대한/대마난류(Korea Warm Current/Tsushima Warm Current)는 쿠로시오의 서측연변에서 북으로 향하여 큐슈서방의 대륙붕위로 흘러 동중국해의 육붕수(陸棚水, East China Sea shelf water)에 의하여 변질되어 대한해협을 지나 동해로 들어가고 그 일부는 제주도 남서측을 지나 황해로 향한다. 동중국해는 주요 3수괴; 황해표면수(Yellow Sea surface water), 동중국해육붕수 및 쿠로시오로 구성된다(Fig.2-3).

가을(9-11월)의 북서계절풍은 황해의 얕은 곳을 따라 표면수가 남으로 흐르게 한다. 한국서해(황해)안을 따라 흐르는 이 계절적 흐름은 한국서해연안류(West Korean Coastal Current)라 불린다. 이 한국서해 연안수는 여름의 하천수의 영향으로 염분이 낮고 가을에 시작되는 냉기단의 영향으로 수온이 낮으며, 황해 남부로 밀려 제주해협을 지나 남해의 하천 및 내만수와 접하면서 대한해협을 통하여 동해로 흘러간다. 이 한국서해에서 남해로 밀려든 염분이 낮고 탁한 해수는 염분이 높고 맑은 외측의 대한/대마난류계수와 접하여 뚜렷한 수온, 염분 및 밀도불연속대를 형성하므로 오래전부터 한국남해연안전선(South Korean Coastal Front)이라 불리었다 (Uda and Ohira 1958, Gong 1971). 이 전선은 가을과 겨울에 가장 안정되고 수온 및 염분경도가 일치한다. 한국 남해안과 대한/대마난류 북측연변사이의 한국남해연안수(South Korean coastal water)는 그 물리적 특성치가 큰 계절변동을 보인다.

겨울(12, 1 및 2월)에 강한 북풍은 한랭, 저염 및 고탁도의 연안수가 중국연안과 한국서해안을 따라 흐르게 한다. 이때 연안의 해수면(sea level)은 연중최저치를 보인다. 한국연안을 남하하던 이 연안류는 목포서방의 흑산도 바로 남측에서 형성되는 강한 수온전선(thermal front)에서 갑자기 멈추고 여기서 황해의 중부를 행하여 재순환한다. 이 도서주변해역은 가을, 겨울 및 봄에 반영구적 냉수역을 형성한다. 이 냉수역 주변에 수온약층의 노출(outcropping)이 있고 기초생산이 활발하나 쉴 사이 없는 소란과 암초지대의 낮은 영양염류 때문에 적조라 인정할 정도의 폭발적 번식은 잘 나타나지 않는다.

겨울에 염분이 높은 대한/대마난류는 남해안 가까이 접근하고 건조한 바람에 의한 증발로 염분은 연중최고치를 나타낸다. 겨울에 수온이 낮아진 한국남해연안수는 밀려든 대한/대마난류 아래의 해저로 침강한다. 가을에 제주해협으로 밀려든 황해수와 대마난류가 접하여 제주도, 거문도 및 대마도를 잇는 선에 형성된 강한 수온전선은 겨울이 되면 사라진다. 따라서 겨울에는 한랭한 연안수와 대한/대마난류간의 전선은 남해안에 접근한다.

겨울에 한국남해연안전선은 그 내측의 저온(고비중), 저염수(저비중)와 외측의 고온(저비중), 고염수(고비중) 사이에 밀도차이가 적으므로 수중 미립자와 미세부유생물은 전선내측과 외측사이로 수송가능한 상태가 된다. 물론, 이때 염분불연속대 혹은 수온불연속대는 적정염분 및 적수온을 가진 생물의 분포한계는 될 수 있다. 한국남해연안전선과 동중국해의 육붕전선의 북-서측의 황해-동중국해의 대륙측에는 수주(water column)의 상부혼합층은 해저에 달하고 물리-화학적 특성치(수온, 염분 및 영양염류)는 표면에서 저층까지 균질하다.

봄(3, 4 및 5월)에 동중국해의 대륙붕연변을 따라 쿠로시오(Kuroshio)와 동중국해육붕수(East China Sea Shelf Water)가 혼합되어 대한/대마난류(Korea/Tsushima Warm Current)의 상층수의 주요 원천이 된다. 이때 대한/대마난류의 수송수량은 연중 최저가 된다. 연안측 해수면(수위)은 늦겨울부터 초봄에 연중 최저치를 보이고, 북풍의 응력이 약해지고 남풍으로 바뀌는 봄에 하천수와 태양열이 증가하면서 수위는 갑자기 증가하기 시작한다.

봄철의 해수의 물리적 특성은 늦겨울의 것과 비슷하여 수온이 낮고, 염분이 가장 높아 비중이 높으며 성층이 연중 가장 약하다. 태양열에 의한 수온의 상승은 5월에 가장 급격하다. 늦봄이 되면 연안에는 내륙으로부터 녹아내리는 하천수의 증가로 염분이 낮아진다. 한랭한 황해저층수(Cold Yellow Sea bottom water)는 심층에 머물고 있으며 남으로 이동한다. 봄에 증가된 태양열, 담수유출 및 대한/대마난류와 황해난류에 의하여 새로 공급되는 쿠로시오계수의 영향으로 바다의 성층(stratification)은 강화된다.

여름(6, 7, 8월)에는 봄해빙이후 계절적 강수(장마)로 인하여 두 번째로 많은 하천수가 연안으로 흘러든다. 여름에 쿠로시오, 대한/대마난류, 황해난류는 비교적 고염의 열대수를 전 해역에 분포시킨다. 전 계절에 연안에서 생성된 저염수는 쿠로시오와 대한/대마난류 북서측 연변에 확산된다. 황해난류는 쿠로시오로부터 북으로 흘러 제주도 서방을 지나 황해로 향한다. 이 고염(>34.0 psu)의 난류는 흑산도 부근밖에 미치지 못하나 표면의 고온 저염수는 황해중부까지 확산된다. 제주서방으로 흐르든 대한/대마난류의 한 지류인 황해난류는 황해로부터 제주해협으로 들어오는 황해연안수와 함께 제주해협으로 흐르므로 이것을 제주난류라 부르기도 한다(Lie et al. 2000). 여름에 황해 및 동중국해의 해수면이 연중 최고치를 보이고 이에 따라 늦여름–가을에 동해로 유입되는 대한해협의 수송수량은 연중 최고치를 보인다.

동중국해의 동남부의 쿠로시오를 횡단하여 관측되는 PN line (27° 30′N, 128° 15′ E~ 30° 00′N, 124° 30′E)의 수송수량은 겨울–봄에 연중 최고를 보이는데 대한해협의 수송수량은 늦여름–가을에 최고를 보이는 것은 황해에 축적되는 봄–여름의 해수가 남해연안수의 보급을 받으며 쿠로시오로부터 분지되어 제주도와 큐슈사이로 흘러든 대한/대마난류에 추가되기 때문이다. 황해는 봄–여름에 수량의 공급을 받아 대량의 해수가 가을에 제주해협 및 대한해협을 통하여 동해로 흘러가게 하는 완충(buffer)역할을 한다(Huh 1982).

태양열과 하천수로 인한 저염수는 황해 및 동중국해의 물리적 특성을 크게 변화시킨다. 이들 바다의 하층에 겨울에 형성된 한랭하고 고염의 저층수를 보유하고 있어 표층의 고온, 저염의 가벼운(저 비중) 해수사이에 뚜렷한 성층이 형성된다. 특히 황해와 한국의 남해안에 강한 수온약층이 형성된다. 대한해협의 서수도에는 표면수, 중층수 및 동해냉수의 3층을 이루고 그 동수도에는 표면수 및 중층수만 형성된다.

황해의 조석간만의 차는 대단히 크며 조류가 강하여 여기에 서식하는 생물들은 북해의 어류(Arnold et al. 1994)처럼 선택적 조류수송(選擇的 潮流輸送, selective tidal stream transport)이라는 수단으로 장거리 회유를 할 것이다. 한반도 서해 및 남서해연안에서 강한 조류로 인하여 연안측의 수주는 여름에도 표면에서 저층까지 혼합되어 완전히 균질한 상태가 된다. 그 조류의 강도는 반일주조의 주기로 변할 뿐 아니라 사리(대조)와 조금(소조)의 주기로 변한다. 수심이 깊은 외해측은 조류에 대한 수주의 깊이가 커서 표면에서 저층까지 모두 혼합될 수 없어 여름에는 수온약층이 형성된다. 표면에서 수온약층까지는 바람 혹은 기타 요인으로 상부혼합층이 형성된다. 조석전선(tidal front) 혹은 육붕연변전선(shelf-break front)은 해안(내)측의 해류 및 조석에 의한 혼합역과 외측의 성층역간의 해수특성치의 불연속대이다. 이와 같이 수평적으로 연안(저온)과 외측(고온) 그리고 수직적으로 약층아래(저온)와 그 위(고온)에 수괴의 특성치가 급변하는 경계는 전선층(frontal layer)이라 불린다(Gong 1971, 1972) (Fig. 5-1).

한국 서해 및 남해의 연안측에는 이 조석전선이 형성되어 사리(spring tide)에는 강한 조석류에 의한 혼합역이 외측으로 확장되므로 그 전선이 해안으로부터 멀어지고, 조금(neap tide)에는 조류에 의한 혼합이 약하여 전선이 연안으로 치우쳐 형성되므로 이행영역(transition zone)이 형성된다. 이행영역의 폭은 해류 혹은 조류의 강도와 해저의 경사 등 여러 요인에 의하여 결정된다. 이것은 인공위성의 영상으로 그 위치의 추적이 가능 하므로 이 전선의 이동이 정확하게 추적되면 조석표가 없이도 조류가 강한 사리(조석전선이 외측으로 이동된 시기)와 조류가 약한 조금(조석전선이 연안으로 이동된 시기)을 식별할 수 있을 것이다.

(2) 한국근해의 전선의 구조와 생태적 기능 (Structure and ecological function of front in Korean waters)

대륙붕연변전선(shelf-break front)은 대륙붕이나 해저융기부의 연변에 생기며, 대륙붕에서 수심이 갑자기 낮거나 대륙붕에서 해류유속이 변하거나 조석에 의한 대륙붕수와의 교환이 일어나는 것 등이 이 전선의 성인이다. 한국 남해안과 서해안에서 여름에 형성되는 이 전선 중에 특히 조석이 활발한 서해연안의 것은 조석전선(tidal front)이라 볼 수 있다(Fig.5-1). 이 대륙붕연변전선 혹은 조석전선은 여름에 상층의 고온, 저염의 가벼운 해수와 저온 고염의 하층수사에서 형성되는 수온약층이 연안의 강한 조류의 소란으로 붕괴되어 이루어지는 불연속대(discontinuous zone)이며, 태양광, 강수량, 조류 및 해저지형등이 이 전선에 미치는 중요한 외력이다. 조석전선은 고조시에는 연안의 조석에 의한 소란으로 약층의 붕괴가 활발하여 외해측으로 이동하고 저조시에는 연안으로 이동하므로 그사이에 이행대(transition zone)가 형성된다. 이 조석전선은 기본적으로 해수가 침강하는 수렴역이다. 조석전선과 대륙붕연변전선은 기초생물의 폭발적 번식으로 내측과 외측간의 생산성의 경계가 되며 수심이 갑자기 낮아지는 곳으로 저서생물의 분포의 경계이므로 중요한 생태학적 경계이다(Table 6-1).

해양전선(oceanic front)은 고온 및 고염의 난류계수와 저온 및 저염의 한류계수간의 불연속대로 중요한 수렴역(convergence zone)이다. 이들 두 이질 수괴가 전선대에서 침강속도를 달리하므로 부유물질과 엽록소가 전선대에 축적되어 기초생물뿐 아니라 유영생물의 군집이 활발하다. 북서태평양에서 쿠로시오와 혼합수역사이, 혼합수역과 오야시오사이의 해양전선역은 세계적으로 유명한 어장이다. 한반도주변의 대한/대마난류와 북서측의 한류 및 연안수사이에서 형성되는 대한/대마난류 전선은 기초생산이 활발하고 각종 난류성 및 한류성어종들의 군집으로 좋은 어장을 형성한다. 이 해양전선은 주년 형성되나 표층에 나타나서 인공위성으로 추적이 가능한 시기는 한겨울을 중심으로 약 반년이며, 한여름을 중심으로 약 반년은 저온 및 저염의 난류 표층수 아래에서 형성되므로 인공위성에 의한 추적이불가능하고 다른 관측으로 추정할 수밖에 없다. 그러나 여름이라도 조석전선, 육붕연변전선 및 용승전선은 여름에 형성 되므로 인공위성에 의한 추적이 용이하다.

수리학적 전선대는 생태적경계 : 대륙연변전선 혹은 조석전선은 급격한 수심의 차이와 기초생산 및 저서생물의 분포의 차이로 천해와 근해를 가르는 생태적 경계이다. 근해 해양전선역에 집적되는 표류물(flotsam)은 회유성어류의 산란소와 치어의 부착으로 이용되고 각종 난류성 및 한류성어류의 군집으로 유명한 어장이 된다. 아한대와 온대해역사이의 아극전선은 한류성어류(예, 연어류)와 온대성어류(예, 꽁치)의 분포의 한계이며 아열대와 온대역사이의 아열대해양전선은 온대성어류와 열대성어류(예, 다랑아류)의 분포의 경계이다. 해양전선은 생물기후적경계가 되며 하나의 어류 개체군의 단위자원은 그 경계역내의 수계에 수용되어 자자손손 종족을 유지하면서 특정 관리단위(개체군 혹은 계군)를 형성한다.

Table 6-1. Structure and ecological function of two types of fronts in Korean waters

Table 6-1. 한국근해의 2 형 전선의 구조와 생태적 기능

	Tidal and shelf-break front	**Oceanic front(Korea Warm Current front)**
Region	Yellow Sea tidal front, South-southwest shelf-break front	East China Sea shelf front, South Korea coastal front, East Sea Subpolar front
Season	Summer	Autumn, Winter, Spring, Summer(subsurface only)
Forcing	Solar heating, precipitation Tidal current, bottom topography	Cold (cold, dry northly wind) and fresh (run-off) waters contact with warm and high haline current systems (Kuroshio, Korea/Tsushima Warm Current)
Transition	Spring tidal front retreat offshore Neap tidal front advance to coast	Seasonal, annual changes in frontal layer (horizontal position in front and vertical layer in pycnocline)
Type	Essentially convergent	Convergent
Function	Best conditions for production Stratification parameter $S=\log_{10}(H/CdU^3) \approx 1.5$	Phytoplankton cells rise and accumulate on the warm side of the front due to the different downwelling velocities in cold and warm side
Production	High Chl-a along the frontal layer; nutrient, active radiation and stable conditions for cell division	Buoyant phytoplankton cells could grow on either side of the convergent front, Enhanced secondary production (from zooplankton to fish)
Boundary	Different demersal fish and benthic communities	① Aggregation of organisms and flotsams. ② Discontinuity belts in marine animal distribution. ③ Fishing geographic community boundary (e. q. salmonids-saury-tunas). ④ Hydrographic containment-stock boundary.

(3) 동해의 아극전선과 동물분포 (Subpolar front and animal distribution in the East Sea)

한반도 동측의 바다, 동해에서 대한/대마난류는 하나의 큰 사행성의 흐름을 보이는 경우 (주로 겨울 혹은 난류가 약한 해)도 있고(Naganuma 1973), 많은 소용돌이(渦, eddy)를 동반하면서 2 혹은 3분지를 형성하는 해도 있다. 제1분지는 일본열도 연안을 따르고 제2분지는 울릉도 부근에서 북동으로 흐르고, 제3분지는 한국동안을 북상하여 38° - 40° N 부근에서 동으로 전향하여 극전선을 따른다. Hokkaido(北海道)서방의 뉴도사끼(40° N)근해에서 이들 분지는 합류하여 대부분은 쓰가르해협(津輕海峽, Tsugaru Strait()으로 빠져나가고 나머지는 Hokkaido 서안을 따라 북상하여 소야해협(宗谷海峽, Soya Strait)에서 대부분이 유출한다. 대한/대마난류의 가장 북서방의 한 분지류가 동한난류(East Korean Warm Current)이며 한반도동안을 따라 북으로 흐르므로 서안경계류(western boundary current)의 하나로 간주되며 39° - 40° N 부근에서 해안으로부터 떨어져 동으로 흐른다(Fig. 2-3).

해양의 수평 및 연직구조 : 동해의 냉수위로 북상하는 대한/대마난류는 남부에서는 300m 층까지 그 세력이 인정되나 북으로 향할수록 이 난류수층이 얇아져서 전선층(frontal layer)은 표면에 노출(outcropping)되어, 소위 아극전선(Subpolar front)이 표면수온분포도에서 인정된다. 이 전선의 북서부해역에서 바람–밀도유발의 반시계방향의 선류(旋流, gyre)가 형성되고, 리만한류(Liman Cold Current)는 러시아의 남서해안을 따라 흐르고 그 연속인 북한한류(North Korea Cold Current)는 한반도동안을 따라 남으로 흐른다.

이와 같이 수온과 염분이 높은 난류계수와 수온 및 염분이 낮은 중, 저층냉수와 접하여 형성되는 불연속층(영구수온, 염분 및 밀도약층)은 39° –40° N 부근에서 표면에 노출되어 소위 전선대(frontal zone)가 형성되므로 겨울을 중심으로 약 반년동안은 표면수온 분포도(선박 해양관측자료 혹은 인공위성 영상)에서 쉽게 인정된다. 그러나 한 여름 중심의 약 반년(6-10월 혹은 11월)동안은 동중국해와 한국남해로부터의 고온, 저염의 난류표면수(superficial water)가 대한/대마난류중핵수(Korea Warm Current Core Water)위를 덮어 북으로 확산되므로 아극전선은 표면에서 추적되지 않고 그 아래의 아표층(亞表層, subsurface)에서만 인정된다.

아극전선은 생태학적 경계 : 동해의 아극전선은 폭이 약 100–150km이며 고온이고 염분의 농도가 높은 대마난류계수와 북방의 한랭하고 염분이 낮은 리만한류–북한한류계수사이에서 형성되는 특성치의 불연속대이다. 전선의 남–동측의 난류계수와 북–서측의 한류계수사이의 염분의 수평경도가 크지 않으나 수온의 수평경도가 크므로 밀도의 수평경도는 수온의 경도에 크게 좌우된다. 따라서 이 바다의 아극전선(Subpolar Front)은 밀도 불연속에 의한 순수한 해양전선

(oceanic front)의 하나이며 해수의 유동의 수렴대(convergence zone)이다. 그러나 이 전선의 위치는 계절적 및 경년적 변동이 크므로 기후적 온도분포도에서 동해의 중부에서 광범위하게 퍼져있고 많은 와동(eddy)과 파동(wave)의 형태로 나타난다. 이 아극전선의 위치는 표면 및 아표층의 수온의 수평경도가 가장 높은 지점을 연결한 선으로 나타낼 수 있다(Uda 1938, Han and Gong 1965, Naganuma 1966 , Gong and Lie 1984). 지구자전의 편향력에 의하여 서안경계류는 흐름방향의 우측으로 치우치므로 아극전선은 동해의 남서부(한반도 남동해안)에서 북동부(혹카이도 서방)를 향하여 대각선으로 연장된다. 따라서 아열대-온대성 어류의 분포의 북측 한계는 이 대각선 방향으로 뻗은 아극전선에 따른다.

이 아한대전선의 위치는 계절적으로는 남북으로 이동하고 경년적으로는 더 심하게 이동하므로 그 북측과 남측위치 사이에 전이역(transition zone)이 형성된다. 따라서 동해는 남측의 난류역(A), 전이역(혹은 이행영역, B) 및 북측의 한류역(C)로 나눠진다. 이와같이 수리적 특징(hydrographic characteristics)은 기상학적 특징에 의하여 변하고 이 바다의 생물생산과 생물의 분포에 큰 영향을 미친다. 따라서 아극대전선의 배치는 생태학적 해역구분의 기초가 된다.

아극전선은 일종의 수렴전선(convergent front)이므로 그 주변에 부유물질, 플랑크톤 및 어류가 군집한다(Uda 1938, Uda and Ishino 1958). 따라서 전선대는 ①기초생산, ②부유생물 및 어류의 군집 ③부유물질(flotsam)의 집적으로 어류의 산란소, 자어 및 치어의 은신처로서 군집효과가 증대되는 중요한 해역이다.

한반도의 동해안을 따라 북상하던 동한난류의 선단은 봄 및 가을에 동한만(East Korea Bay)근해에서 고기압성순환(anticyclonic circulation)을 이루면서 그 내측에 냉수와동류(cold eddy)를 낳고, 이 냉수와동류의 가장자리와 이를 둘러싸는 더운물줄기(warm jet)사이에 높은 기초생산이 이루어짐을 보였다(Suh et al. 2000a). 이 냉수와동류 주변의 높은 생산성은 더운물줄기와 냉수와동류 사이의 전선대에서 양측의 유동속도의 차이로 기초생물의 생산요소들이 집적되기 때문이다(Yoder et al. 1994).

농해의 아극전선의 북서부해역에서는 기상학적 계절, 수리학적 계절 및 생물학적 계절이 서로 일치한다. 그러나 동해의 아극전선이남의 중부-남동부해역에서는 온난한 대한/대마난류의 영향으로 기상학적 및 수리학적 계절 및 생물학적 계절은 각각 약 1개월의 시차를 두고 나타남으로 여기에 플랑크톤 생산에 불균형성이 인정된다. 동해의 남동부(A)와 북서부(C)의 중간해역(B 해역)은 수리학적으로 전이역(이행영역)에 해당되며, 이곳의 생물학적 달력(biological calendar)은 A 및 C 해역의 중간적 특징을 가진다(Table 4-3).

동해의 아극전선(Subpolar Front)은 동물지리학적 경계의 의미를 갖는다. 이 바다에서는 난류성 생물은 태평양측보다 북으로 치우쳐 혹카이도 서방에 까지 나타난다. 한류성 생물은 많은 종이 태평양측보다 더 남하하여 대한해협에까지 이른다. 그런데 이들 한류성생물의 분포남측한계는 한반도 남안과 중국연안(황해에 서식하는 청어, 대구, 곰치 등 18종)까지 이른다.

동해의 동물지리학적 특징은 다른 해역과 다르다. 이 바다에는 열대부터 한대성 동물개체군까지 분포하는데 기후적 특징에 따라 일부는 영구적으로 다른 일부는 일시적으로 출현한다. 일반적으로 열대-아열대동물 개체군은 표면 가까이의 얇은 층을 점유하고 한대와 아한대동물 개체군은 아래층을 점유하며, 두 층간의 경계는 뚜렷하여 앞에서 검토된 영구수온 약층과 거의 일치한다.

이들 개체군의 계절적 변화가 크고 뚜렷한 계절적 특징을 보인다. 여름에는 열대-아열대 개체군이 동해에 들어와 상층의 넓은 해역으로 확산된다. 많은 종의 천해 혹은 연안생물이 이 바다의 가장 북부해역에서도 번식한다. 겨울에는 아표층으로부터 올라온 많은 한대-아한대개체군이 동해남부해역으로 표류되어 나타나고 열대-아열대개체군은 북쪽에서 남으로 후퇴한다. 광범위하게 퍼진 표면의 개체군에 비하여 아열대-온대성 중층개체군은 동해남동부에 국한되어 있고 그들의 분포 북측한계는 아주 명백하게 제한되고 있다.

동중국해로부터 난류표면수계와 함께 동해로 회유하는 열대-아열대생물군집(예, 만새기, 쥐치, 날치 등)은 아극전선의 남동부의 고온역에 분포하고, 중층의 아열대-온대군집은 대한/대마난류 중핵수, 동계의 상층수괴의 상부연변 및 동해중앙수(동계 상층수)와 함께 동해중부의 아극전선에 이르고, 그 일부의 군집(예, 고등어, 꽁치, 참다랑어 등)은 초여름에 확산되는 저염분, 저온의 표면수를 피하여 동해북부 혹은 태평양으로 빠져 나간다.

전선층은 수평 및 연직적 생태학적 경계 : 동해의 아극전전층(Subpolar frontal layer) 아래 및 북측에 분포하는 한류성 군집(예, 대구, 명태, 도루묵, 영덕게, 붉은대게, 북쪽분홍새우 등)은 동해남부에서는 100~300m 수층의 영구수온약층(permanent thermocline) 아래에 분포한다(Fig. 6-3). 이 한류성 생물군집의 분포수층은 연안측 및 북측으로 갈수록 얕아 지므로 남부에서는 저서생물이라 분류되지만, 북서부에는 구별되지 않는다. 청어는 대표적인 회유성부어류이지만 여름의 황해산 청어는 저층냉수를 벗어날 수 없는 저서어류군집에 속한다. 저서어류를 어획대상으로 하는 한국 남서해의 트롤 및 안강망어획에 의한 말쥐치(file fish)는 동해에서는 표층이하로 내려가지 못하는 부어류에 속할 수밖에 없으며, 남해안에서는 연안 정치망과 고등어 및 전갱이와 같은 부어류를 목표로 하는 선망에서도 어획되고, 동중국해와 황해남부에서는 안강망이나 기선저인망에 의해서도 어획된다. 같은 어종이라도 분포수역(장소)과 계절(시기)에 따라 해양물리학적 특성과 이에 적응하는 생물의 특성이 달라 서식장내의 위치가 달라짐을 충분히 이해할 필요가 있다. 따라서 한반도 근해의 어류의 어획과 관리에 관련된 부어류 혹은 저어류 등의 분류는 그들의 서식환경과 생태학적 위치에 기초를 두고 이루어 져야한다.

결국, 이질수괴를 동반하는 두 해류계의 불연속대 즉 전선층(frontal layer)은 해양의 기초생산과 회유성 어업자원생물(예, 남방종과 북방종, 부어류와 저어류)의 수평적 및 연직적 분포한계를 규정하는 생태적 경계가 된다.

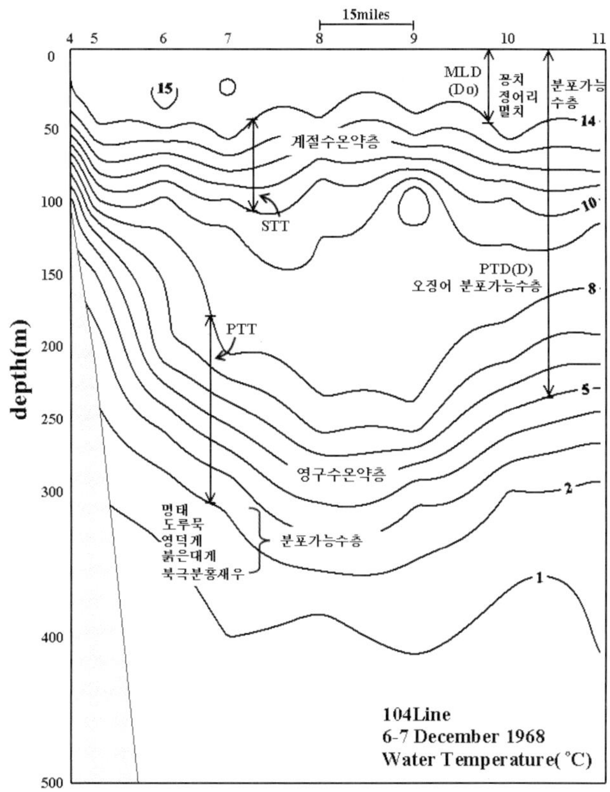

Fig. 6-3. Vertical distribution of temperature along the 104 line (Lat. 37° 03' 04"N) crossing the East Korea Warm Current in early Dec.1968. MLD (mixed layer depth), PTD (permanent thermocline depth), STT (seasonal thermocline thickness) and PTT (permanent thermocline thickness) are shown (Gong and Oh 1977).

Fig. 6-3. 동한난류를 횡단하는 해양관측정선 104선(Lat. 37° 03' 04"N) 단면의 수온연직분포, 1968년 12월 6-7일. 상부혼합층깊이(MLD), 계절수온약층의 두께(STT), 영구수온약층 깊이(PTD), 영구수온약층의 두께(PTT)가 표시되었다(Gong and Oh 1977).

6.3 생태계 구분과 어업관리구역
(Boundary between ecosystems and fishery management zones)

어업자원의 개발 및 관리를 위하여 구분된 해역(내만, 천해, 연안 및 근해)은 거안거리 혹은 어선의 조업기일 등을 기초로 된 것이다. 그러나 어업대상자원과 그들의 먹이생물의 서식장의 유지 및 회복, 생물의 다양성의 유지 및 회복, 바다 목장화 및 어획의 영향과 생태계기반의 자원관리를 위해서는 대상해역은 생태학적 기초에서 구분될 필요가 있다. 해양물리(수리)학적 특성과 생물생산 및 군집의 분포한계를 규정하는 각종 전선(조석 및 육붕전선, 연안, 근해전선)을 기존의 거안거리 기준의 해역간의 경계에 대응시켜 볼 필요가 있다(Table 6-2).

① 내만과 천해의 생태학적 차이는 내만이 어느 정도 열려 있는 가에 따라 차이는 있겠지만 내만의 문지방(sill) 혹은 외연(out limit)은 그 경계가 될 것이다.

② 천해와 연안간의 경계는 육붕연변전선(shelf-break front) 혹은 조석전선(tidal front)이 될 수 있다. 조석전선의 위치는 사리전선(spring-tide front), 조금전선(neap-tide front) 혹은 그 중간선이 될 수 있다. 이 조석전선은 UN 해양법의 영해설정의 기선인 최저저조선(low water line)과 관련이 있다. 한반도 동안에서 천해와 연안간의 경계는 육붕연변전선이 되겠지만, 대륙붕이 협소하므로 그 경계의 설정에는 해저지형도 고려될 필요가 있을 것이다.

③ 연안과 근해의 경계는 동해와 남해에서 형성되는 대한(대마)난류전선(1-동해의 아극전선, 2-남해의 연안전선, 3-동중국해의 육붕전선의 연속)이 기준이 될 수 있다(Fig. 6-4). 동해에서 아극전선(subpolar front)은 한반도 남동단의 200m 등심선이 지나는 연안에서 북으로 향할수록 해안으로부터 멀어진다.

④ 남해의 대한(대마)난류전선(한국남해연안전선)의 위치는 50m 및 100m 등심선사이의 해역에서 계절적 및 경년적으로 남-북으로 진동을 한다. 황해에서 한국연안전선의 위치는 40~50m 등심선과 인접하여 형성되며 동-서진동이 크다. 금후 다른 요인과 관련시켜 확정되어야 할 것이다.

⑤ 한국근해의 어업관리 주체와 정책을 가상적으로 선정하여 그 대상해역을 크게 구분할 수 있다(Table 6-3).

전선층은 생태적 경계(요약) :

황해, 남해 및 동해의 해류, 이질 수괴간의 수평적 및 연직적 경계인 전선층과 생물분포에 관련된 생태학적 경계에 관한 검토결과를 간추려 보자.

표층해수의 순환은 한랭한 계절풍계, 난류계(쿠로시오–대한/대마난류–황해난류), 봄–여름의 강수량 및 복잡한 지형(육지분포, 수심)에 의하여 영향을 받고 황해의 해수유동은 대한해협협의 수송수량을 조정하는 완충역할을 한다.

해양생물의 분포는 수온, 염분이 서로 다른 특정 수괴와 생물을 수송하는 해류에 의하여 규정

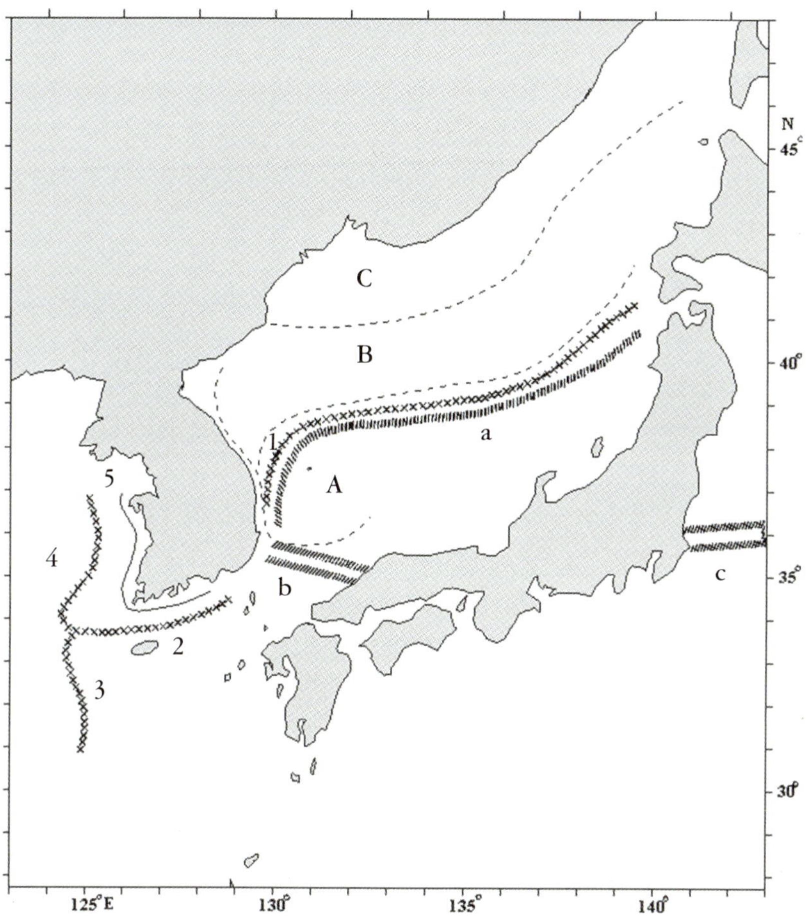

Fig. 6-4. Frontal zones(1-5), bioclimatic division (A. B. C) and distribution limits of marine animals (a. b. c) in the waters off Korean peninsula and its adjacent regions. The Korea Warm Current Front (frontal zones connecting 1, 2 and 3) is the boundary between the coastal water off Korea and the warm-saline water offshore.

Fig. 6-4. 한반도근해와 그 인접해역의 전선대(1~5), 생물기후대(A, B, C), 해양동물의 분포 한계(a, b,c). 대한난류 전선(전선 1, 2 및 3의 연결선)은 한반도근해의 연안수와 외측의 고온, 고염수간의 경계이다.

되고 극동아시아의 생물지리구(biogeographical zone)의 대각선형 배치는 지구자전의 영향을 받은 서안경계류의 흐름의 형태와 비슷하다.

한국근해에서 한랭한 계절풍의 영향으로 난류계수의 연변에 해양전선(oceanic front)이 형성되고, 여름의 저염수 및 태양열로 수주에 연직안정도가 큰 성층(stratification)이 형성된다. 상이한 특성(고온, 저염; 고온, 고염; 저온, 저염)을 가진 수괴의 수평 및 연직분포의 불연속대 즉 전선층(frontal layer)은 생물생산 및 그 분포를 제한하는 수직 및 수평적 생태적 경계(ecological boundary)와 일치한다.

한국서해연안수(West Korean coastal water)는 여름에 하천수의 영향으로 염분이 낮고, 늦가을에 시작되는 북서계절풍의 냉기단의 영향으로 수온이 낮아지며 황해남부로 밀려 황해를 향하는 난류에 받혀 그 흐름의 주류는 제주해협을 지나 남해의 하천수 및 내만수와 접하면서 대한해협을 지나 동해로 흘러간다. 이 염분이 낮고 탁한 연안수와 고온, 고염이고 맑은 대마난류 계수사이에 강한 불연속대 즉 한국남해 연안전선(South Korean Coastal front) 이 형성된다. 이 제주도와 대마도를 잇는 선상에 형성되는 수온전선(thermal front)은 겨울이 되면 사라지고 한랭, 고염의 연안수와 대한/대마난류사이의 전선 즉 대마난류전선(Tsushima Warm Current Front)은 남해안으로 접근한다.

봄에 한랭한 황해저층수(Yellow Sea bottom cold water)는 심층에 머물고 그 일부가 남으로 이동한다. 봄에 증가되는 태양열, 담수유입 및 대마난류와 황해난류에 의하여 새로 공급되는 쿠로시오계수의 영향으로 바다의 성층이 강화된다. 따라서 여름에는 한국근해의 대부분의 해역에서 표면에 고온, 저염의 가벼운 해수로 덮여 그 아래층과 강한 성층(수온, 염분 및 비중약층)이 형성되어 표면에서는 전선이 육안과 인공위성으로 추적되지 않는다.

황해 및 남해의 조석전선 혹은 육붕연변전선 과 그들의 전이해역(transition zone)은 기초생산이 활발하고 해저의 경사가 급하게 변하는 곳이므로 4차원(대기, 육지, 수계 및 생물)의 해안측과 3차원(대기, 수계 및 생물)의 외해를 가르는 중요한 생태적 경계이다. 이들 조석전선 혹은 육붕전선역은 Simpson- Hunter의 평가기준에 의하여 잘 규정되므로 성층지수와 기초생산과의 관계에 대한 조사의 필요성이 인정된다.

동해의 아극전선층(Subpolar frontal layer)은 기초생산, 부유생물 및 표류물(flotsam)의 축적 및 어류의 군집효과가 높은 해역이며, 한대성어류와 난류성어류의 수평 및 연직분포의 한계를 정하는 생태적경계이다. 이 바다의 아극전선의 위치는 계절변동보다 경년변동이 더 크며 특히 서부(한반도측)의 경년변동이 동부보다 더 크다. 그것은 대륙측의 서안경계류(대한/대마난류–동한난류 및 리만한류–북한한류)의 세력의 큰 경년변동을 의미한다. 이 바다의 해양생물생산의 입장에서 본 해역은 남동부의 난수역, 북서부의 냉수역 및 그 중간역으로 나눠지며, 이 중간해역은 아극전선의 경년변동의 남측한계와 북측한계간의 전이해역에 해당된다(Fig. 4-1 및 4-4).

동해에서 난류계 생물이 급격하게 감소하는 경계는 한반도 남동단, 울릉도, 대화퇴 및 혹카이도서방을 잇는 선이며, 아극전선 위치와 거의 일치한다. 한류계 생물이 급격하게 감소하는 경계는 대한해협의 동해 측 입구이며, 동해산 대구는 남해안(진해만−거제도사이)에서 산란하며, 대구와 청어의 분포역은 황해까지 확장되었다.

이상과 같이 고유한 수괴특성을 가진 해류가 생물지리구를 규정하고 상이한 해류 및 수괴가 접하는 불연속대 즉, 전선층(frontal layer)은 생물생산, 군집 및 생물분포를 규정하는 생태학적 경계(ecological boundary)가될 수 있음이 지적되었다. 따라서 기존의 자원의 개발 및 관리를 위한 해역구분(예, 내만, 천해, 연안 및 근해)을 이들 생태학적 경계(조석 및 육붕전선, 연안 및 근해전선)에 기초를 두고 조정할 필요가 있다(Table 6-2). 앞으로 해안구조, 해저지형, 수심 및 수리학적 특징(전선), 생물생산 및 그 분포등이 종합적으로 고려되어 보다 구체적인 생태학적경계가 설정될 수 있기를 기대한다.

Table 6-2. Ecological boundaries of the fishery management zones in the waters off Korea

Table 6-2. 한국근해의 어업관리구역의 생태적 경계

Sea	① Inland (A)	② Littoral (B)	③ Coastal (C)	④ Offshore
East Sea	Sill(Out limit, threshold)	Shelf-break front	Subpolar front (diverge northward)	Open sea
South Sea	Sill	Tidal front(or Shelf-break front)	South Korean coastal front (edge of the shelf with about 50m depth)	Open sea
Yellow Sea	Sill	Tidal front (around low water line)	West Korean coastal front (edge of the shelf with about 40~50m depth)	Open sea

Note; A: Boundary between ① and ② zones
B: Boundary between ② and ③ zones
C: Boundary between ③ and ④ zones

Table 6-3. Managers and policies by management zone in the waters off Korea to maintain ecosystem health and sustainability

Table 6-3. 한국근해 생태계의 건전성과 지속가능성을 유지하기위한 관리주체와 정책

Management zone	Manager	Policy & Strategy[1)]
Inland and littoral zone (12 n miles territorial Sea)	Fishing village communities (Specific ranching units)	Maintain, restore habitats & biodiversity (e.g. Marine ranching)
Coastal zone[2)] (from 12' to subpolar front(E), South Korean front(S), Yellow Sea coastal front(W)	Regional governments	Sustainable yield and maintain system sustainability
Offshore zone L M E & Intl. management zones ① TWC(=KWC)[3)] ecosystem (East~South Seas) ② Yellow Sea ecosystem	Government and/or Subregional International bodies	Sustainable yield and maintain system sustainability. International ecosystem management policies

Note ; 1) Strategies are not described

2) The outside limits denoted by fronts are not defined by distant, which are future tasks

3) Tsushima Warm Current = Korea Warm Current

07

해양기후변동 및 어류개체군의 풍도변동

(Ocean Climate Regime Shifts and Fish Population Fluctuations)

기후변화와 해양생태계

Climate Change and Marine Ecosystem

기후변화와 해양생태계

Climate Change and Marine Ecosystem

해양기후변동 및 어류개체군의 풍도변동 (Ocean Climate Regime Shifts and Fish Population Fluctuations) 07

7.1 해양기후변동과 부어류 자원분포, 구조 및 풍도 (Ocean climate regime shifts and distribution, structure and abundance of pelagic fish populations)

동중국해 및 그 인접해역에 산란장을 가지고 북서태평양(TWC 해역)과 한반도주변(TWC 해역)에 분포하는 소형부어류 7종(청어, 정어리, 멸치, 전갱이, 고등어, 꽁치, 오징어)의 생태적 특징을 간추렸다(Gong et al. 2006, 2007, 2008).

(1) 청어, Pacific herring, *Clupea pallasii*

청어는 청어목 청어과에 속하고 아시아대륙의 북부연안의 저염, 한랭수역(수온 0–7℃)에 서식한다. 북서태평양의 180도 이서의 FAO 61 해구에 분포하는 태평양 청어는 지리적으로 6개 해양성 무리로 나뉘진다. 동해의 극전선 이남의 청어는 영구수온약층(50–250m)아래의 남부하층수의 상부연변부의 냉수(0–7℃, 최적수온 4–7℃)에 서식하고 황해의 청어는 여름에는 계절수온약층아래의 냉수(5–10℃)에 각각 분포한다(Tables 4-1, 4-2, 7-1). 청어는 15세기 이래 참조기 및 명태와 함께 한국어업의 주요 대상 어종이었다(Park 1976). 한반도근해의 청어는 그 풍도가 높던 1750년대, 1910–1940년대에는 동해, 남해 및 황해의 전 연안에 분포하여 하나의 개체군으로 구성되었을 것이다. 최근에는 황해산 청어와 동해산 청어는 서로 혼합할 기회가 없으며 형태적으로 차이가 있는 것 같다(Park and Yeon 1981). 황해에 서식하는 청어의 성숙연령(2세)은 북방의 다른 그룹(2–4, 4–6세)들 보다 낮다.

사하린–북해도(Hokkaido)의 청어는 1870년대 중기부터 1920년대 중기까지 한때 탁월하였다. 그러나 1930년대 후기에 어획량이 감소하고 서식장이 급격히 변한 이유는 아직 확실하지 않다. 아마 주요 요인은 1932–38년 및 1955년 이후의 해수의 온난화 인 것 같다. 이 청어는 알류샨 저기압의 발날에 따른 한랭시대에 풍부하였다(Table 7-1).

황해에 분포하는 청어는 1968년부터 중국어민에 의하여 강도 높게 어획되고 한국어민에 의한 청어어획은 무시할 정도로 낮았다. 황해산 청어의 중국어획량은 1970년대 초기에 급격한 증가(1972년 180,000톤)를 보였다. 청어 개체군의 풍도의 변동형태는 정어리의 그것과 위상이 다르다(Kawasaki 1991). 청어는 아한대해역의 염분이 낮은 연안수역과 황해냉수역에 서식하고 어획량은 TWC 해역보다 KOC 해역에서 더 높다.

(2) 정어리, Japanese sardine, *Sardinops melanostictus*

정어리는 청어목, 청어과의 일종으로 수명은 약 7세, 성숙개시연령은 최근에 1세(50%), 2세 이상(100%)이다. 정어리는 부화 후 1년에 15cm, 2년에 18cm, 3년에 20cm, 4년에 22cm 로 성장하고 최대체장은 약 25cm이다. 정어리는 그 자원량의 수준이 낮은 시대에는 성장이 빨라 2년에 성숙하고 높은 시대에는 성장이 늦어 3년에 성숙한다. 정어리는 북서태평양 및 그 인접해역의 연안 및 근해(28° –55° N, 120° –160° E)에 분포한다. 정어리의 산란기는 10–5월(최성기2–3월)이며 산란 후 여름에는 태평양의 쿠로시오-오야시오 이행역 이북과 동해의 북부로 색이회유를 한다. 성숙한 정어리는 겨울에 산란장으로 남하회유를 하나 미성숙어군들은 색이장의 남측에 남아 월동을 하기도 한다. 정어리의 서식환경은 냉온대수역(서식수온 10–20℃, 최적수온 13–15℃)의 상층(0–200m)이다. 정어리는 멸치(*Englaulis japonicus*) 및 눈퉁멸(*Etrumeus teres*)과 같이 자어기부터 치어기에 걸쳐 변태(metamorphosis)를 한다. 이 변태기에 호적한 서식환경(수온 및 먹이)에서 빨리 성장하여 변태기를 빨리 통과면 생존률이 높아 가입량이 높다. 식성은 자어기에 소형동물플랑크톤, 성장함에 따라 대형의 종류도 포식하고 성어는 주로 식물플랑크톤(예, 규조류,diatom)을 여과하여 포식한다. 정어리의 풍도가 높았던 시대에는 색이장은 북서태평양(KOC 해역)과 동해북부(TWC해역의 북부)까지 확장 되었다. 정어리를 먹이로 하는 포식자는 중대형어류, 해산포유류 및 바닷새(sea bird)등이다.

한반도 근해에서 1920–1930년대에는 정어리는 정치망, 자망 및 건착망(선망과 유사한 어구)으로 어획되었으나 1980년대에는 한국남해에서는 고등어, 전갱이를 목표로 하는 선망(purse seine)에 의하여 어획되었다. 북서태평양의 일본 동북해구에서는 정어리는 대–중형선망으로 어획되고 그 외의 일본주변해역에서는 선망과 정치망에의 하여 어획되었다. 북서태평양의 정어리 개체군의 자원량은 장주기 변동을 보인다(Ito 1961, Yasuda et al. 1999, Gong et al. 2008). 이것은 극동어업국(한국, 일본 및 러시아)의 어획량이 1920년대부터 1930년대에 증가하고 1940 및 1950년대에 감소하였다가 1970년대부터 1980년대에 증가하고 다시 1990년대에 급격하게 감소한 것에서 명백하다(Figs. 7-6, 7-9).

(3) 멸치, Japanese anchovy, *Engraulis japonicus*

다른 어종들보다 멸치는 연안의 난수역에 즐겨 산다. 멸치는 수온 10–28℃(적수온 17–24℃)인 상층(0–100m)에 분포하므로 저서군집 Okaba community- I 에 대등한 대표적 표층성 부어류(epipelagic fishes)의 일종이다. 멸치는 태평양에서는 쿠로시오에 실려 이행영역과 오야시오해역에 이르고, 대한/대마난류에 실려 동해 및 황해로 수송된다. 멸치는 작고 성장이 빠르며 일찍 성숙(1년)하고 수명(4세)이 짧아 전형적 r–선택의 생활전략을 가진 어종이다. 멸치는 소형플랑크톤 식성이고 대신 30–40여종의 상위 영양단계의 어종(예, 삼치, 고등어, 갈치)의 먹이가 된다.

멸치의 호적한 먹이환경에 따른 변태기의 빠른 성장은 높은 생존률과 가입량을 낳는다. 쿠로시오–오야시오해역에서 표준체장 20-35mm 인 변태기의 멸치 중에 빨리 성장하는 어군일수록 생존율이 높다고 알려졌다(Takahashi and Watanabe 2004). 극동산 멸치자원의 풍도는 정어리 자원량의 수준이 높았던 한랭한 1980년대에는 낮았으나 1980년대 후기부터 정어리가 격감하고

1990년대의 온난체제기간에 멸치자원이 급격하게 증가하였다(Gong et al. 2008).

(4) 전갱이, Jack mackerel, *Trachurus japonicus*

북서태평양의 전갱이는 수명은 5–6세이고, 1년에 16–18cm, 2년에 23–25cm (완전 성숙) 그리고 3세에 28–39cm 로 성장한다. 성숙개시연령은 1세(50%), 2세 이상(100%)이다. 전갱이는 겨울–봄(1–6월)에 동중국해 남부, Kyushu 및 Honshu의 중부와 동해의 중-남부연안에서 산란하며, 남부일수록 산란기가 빠른 경향이며 산란성기는 3-5월이다. 전갱이는 산란후에 Kyushu근해, 북서태평양 및 동해에서 색이하고 가을–겨울에 월동 및 산란을 위하여 남하회유를 한다. 전갱이는 고온(10–25℃), 고염(34.0–34.7psu)의 연안 및 근해의 상층(0-150m)에 분포하며 한랭한 수역(동해의 북부 및 오야시오해류역)에는 분포하지 않는다. 전갱이의 대표적인 먹이생물은 곤쟁이, 난바다곤쟁이, 어류의 자어, 치어등의 동물성플랑크톤이며, 유어 이후는 어류식성이강하다. 전갱이는 방어등 어식성어류의 먹이가 된다(Table 7-1).

동중국해, 동해 및 태평양의 일본 전갱이어획량은 선망(약 80%)과 정치망(약 20%)에 의한 것이고, 한국의 전갱이어획량의 대부분은 동중국해북부, 황해남부 및 대한해협에서 선망(69%)과 정치망(14%)에 의하여 부수적으로 어획된다. 극동해역의 전갱이어획량의 대부분(80%)은 동중국해를 중심으로 하는 대마난류역(TWC)남부에서 어획된다. 극동해역(FAO 61해구)의 전갱이는 모두 동중국해에 공통의 주요 산란장을 자지며 그 인근에 작은 지방군이 있으나 이 두 해역(TWC 및 KOC 해역)의 전갱이는 서로 혼합할 가능성이 높다. 따라서 극동해역의 전갱이는 하나의 개체군으로 취급하여 평가, 개발 및 관리되어야할 것이다(Figs. 7-1, 7-6, 7-9).

(5) 꽁치, Pacific saury, *Cololabis saira*

태평양에 분포하는 꽁치는 4속 4종의 하나로 그 수명은 1.5–2세이고 성숙개시연령은 0세(약 5%), 1세(100%, 체장 약 20cm)이다. 극동의 꽁치는 넓은 해역(25° –55° N, 125° –170° E)에 분포하고, 북태평양에 가장 농밀하게 분포하며 북으로는 한대성의 연어류와 그리고 남으로는 열대성의 다랑어류와 어법생태적 경계를 이루는 대표적인 온대성 및 외양성 표층어류(epipelagic fish)의 일종이다. 꽁치는 겨울에는 태평양측의 쿠로시오수역 과 동중국해의 대한/대마난류역에서 산란하고 봄와 가을에는 쿠로시오 북방의 혼합수역과 동해 남부에서 산란한다. 꽁치는 대표적인 외양성 어류로 고염분(33.6–34.8 psu) 및 고온(10–20℃, 적수온13–19℃)인 표층수에 서식한다. 한반도 근해의 꽁치는 염분 33.6–34.8 psu 및 수온 10–22℃(13–18℃)인 해양상층에 서식하며 염분이 30.0 psu 보다 낮은 황해와 동중국해서부에서는 분포하지 않는다. 꽁치의 어란 및 치어는 쿠로시오와 함께 쿠로시오속류역으로 수송되고 대한/대마난류와 함께 동해로 수송되며 성장하면서 여름에 오야시오 해류역과 동해의 중앙 및 북부로 회유하는 과정에 왕성한 색이(feeding migration)

를 한다. 그들은 충분한 색이를 한 뒤에 가을에는 쿠로시오남부와 동중국해로 산란회유(spawning migration)를 한다. 북서태평양의 꽁치는 북동태평양의 북미서안에 분포하는 꽁치와 같은 개체군이다. 이 꽁치는 생태계의 소란(예, 수온 및 플랑크톤생물량)에 민감하게 반응하며 연도별로 어획량의 변동이 크다(Gong et al. 2007, 2008).

(6) 고등어,Chub mackerel, *Scomber japonicus*

고등어의 수명은 6세, 성숙개시연령은 1세(60%), 2세(85), 3세(100%)로 추정되나 해역과 풍도에 따라 다소 다르다. 고등어는 동중국해부터 황해, 동해 및 북서태평양의 일본근해까지 광범위한 해역(25°−48° N, 120°−170° E)에 분포한다. 산란장은 동중국해 남부–중부(2–3월), 동중국해 북부(4–6월), 동해 및 태평양의 일본중부근해(5–7월)로 북쪽으로 갈수록 산란시기가 늦어진다. 산란 후에 성어와 그 자어들은 북동으로 회유 혹은 표류하여 쿠로시오–오야시오 이행영역 및 오야시오해류역과 황해 및 동해의 색이장에 분포하며 성숙한 성어는 더 남방으로 회유하여 일본의 남부 및 동중국해의 산란장에 이른다. 여름에는 바다의 상층, 겨울에는 깊은 층에 분포한다, 고등어의 자어는 온난한 해역(14–21℃), 성어는 이보다 저온인 해역(12–16℃)에 분포하여, 같은 고등어과의 열대태평양의 눈다랑어처럼, 대형군일수록 더 심층에 서식하는 연직분포크기의 성층(vertical size stratification)을 보인다(Yang et al. 2005). 고등어는 부유성 갑각류(예, mysids, euphausia, copepods)와 소형어류(예, 정어리, 멸치류)를 포식한다.

Table 7-1. Life cycle, habitat, distribution for the seven pelagic fish species which have spawning grounds in the East China Sea and its adjacent regions

Table 7-1. 동중국해와 그 인접해역에 산란장을 가지는 멸치, 전갱이, 고등어, 정어리, 청어, 꽁치, 오징어의 생활사, 분포범위 및 서식환경

Common name	Japanese anchovy	Jack mackerel	Chub mackerel	Japanese sardine
Scientific name	*Engraulis japonicus*	*Trachurus japonicus*	*Scomber japonicus*	*Sardinops melanostictus*
Life span(years)	4	6	7	7-8
Maximum body length (cm)	14	40	40	25
Age-at-maturity (years)	1	1(low level) 2(high level)	2(low level) 3(high level)	1(low level) 3(high level)
Spawning season/area	Mar.-June (E. China Sea) May-Oct, (Yellow Sea, NW Pacific)	Dec. -July (mainly Feb-July) East China Sea, adjacent region	Jan. -July(mainly Mar.-July) East China Sea, NW Pacific, Korea Strait	Dec. -June(mainly Feb.- May) East China Sea, NW Pacific, Korea Strait and adjacent regions
Community level, corresponding to demersal comm. groups	Okaba community Ⅰ	Okaba community Ⅱ	Okaba community Ⅱ (young fish), Ⅲ (adult)	Okaba community Ⅲ
Optimum habitat ; salinity and temperature range ℃	17-24℃ low haline/ warm water origin	15-22℃ high haline/ warm water origin	14-21 (young) mild temp. 12-16 (adult) cool temp.	13-15℃ cold water origin
Main food for adult fish	Zooplankton (copepod etc.)	Zooplankton (copepod etc.)	Zooplankton (copepod, Euphausia), anchovy, squid salps.	Phytoplankton(diatom), Zooplankton(copepod etc.)
Main food for larvae and juveniles	Corycaeus, Paracalanus, Oncea etc.	Corycaeus	Neocalanus Eucalanus, Corycaeus	Paracalanus Corycaeus, Oncea etc.

Table 7-1. Cont.

Common name	Pacific herring	Pacific saury	Common squid
Scientific name	*Clupea pallasii*	*Cololabis saira*	*Todarodes pacificus*
Life span	7-8(5-15) years	1-1.5	1
Maximum body length	30(52) cm	34	30(DML)
Age at maturity	2(4-5)years , 2 cm	1 (20)	0.8 (20)
Spawning season/area	Feb-May / coastal zone, north of 35° N	Sep.-June / 30-45°N, 125 -160° E	Autumn-winter/ 25-40°N, 122-144° E
Community level corresponding to demersal comm. groups	Taraba community-1	Okaba community-11	Okaba community-11
Optimum habitat ;temperature, salinity ranges	Pelagic-mesopelagic, 0-250m, 0-7℃ (4-7℃)	Epipelagic, offshore, 0-100m, 10-22℃ (12-19℃), 33.6-34.8psu	Coastal-offshore, 0-250m, 7-23℃ (12- 18℃)
Main food for adult fish	Zooplankton	Zooplankton	Zooplankton
Main food for lavae and juveniles	Corycaeus	Corycaeus	Corycaeus

7.2 극동해역의 회유성 소형부어류의 회유회로 (Migration circuits of small pelagic fishes in the Far-East)

동중국해와 그 인접해역에서 산란하고 봄-여름에 북상하는 색이회유와 가을-겨울에 남하하는 산란회유를 하는 회유성소형부어류(7종)의 회유회로를 작성하였다. 지금까지의 이들 부어류의 회유경로 혹은 회유회로는 특정해역에 국한된 것이 대부분이었다. 우리는 이들 어종의 분포역이 대단히 광범위하나 각각 한 개체군으로 보고 그들의 회유회로를 작성하였다.

동중국해 및 그 인접해역에 산란장을 두고 북상(색이회유) 및 남하(산란 및 월동회유)를 하는 소형 부어류(7종)의 회유회로(migration circuits)는 그림과 같다(Fig. 7-1). 꽁치의 분포역은 더 동방으로 뻗어 북동태평양의 북미근해까지 이르나 이 회유회로에 포함되지 못하였다. 이 7개 어종의 회유회로의 작성에 참고 된 문헌은 다음과 같다.

청어(Pacific herring) : Gong 1973, Tang 1991, Naumenko 2002, Tanaka 2002, Gong et al. 2008.

정어리(Japanese sardine) : Ito 1961, Nakai 1962, Nishimura 1965, Kuroda 1991a, 1991b, Hiyama 1998, Wada and Jacobson 1998, Schwartzlose et al. 1999, Okasaki et al. 1996, Zhigalin and Belayev 1999, Gong et al. 2007, 2008.

멸치(Japanese anchovy) : Tanaka 1979, Chang et al. 1980, Chikuni 1985, Zhu 1991, Iverson et al. 1993, Nakamura et al. 2005, Takahashi and Watanabe 2005, Gong et al. 2008.

전갱이(Jack mackerel) : Yamanaka et al. 1988, Zhang and Lee 2001, Uehara and Mitani 2004, Yoda et al. 2004, Yoda and Sassa 2004, Sassa et al. 2006, Uehara et al. 2006. Gong et al. 2008.

고등어(Chub mackerel) : Novikov 1977, Iizuka and Hamasaki 1983, Yamaguchi 1988, Takeshita and Hayashi 1991, Wang 1991, Yatsu et al. 2005, Watanabe and Yatsu 2006. Gong et al. 2008.

꽁치(Pacific saury) : Shuntov 1967, Novikov 1967,1972,1982, Fukushima 1979, Nishimura 1969, Sablin and Pavlychev 1983, Gong 1984, Gong and Hirano 1987, Gong et al. 1983, Kosaka 2000, Gong and Suh 2003, 2004, Gong et al. 2008, Tian et al. 2003, 2004.

오징어(Common squid) : Kasahara 1991, Murata 1991, Nakata 1993, O'Dor and Coelho 1993, Gong et al. 2006, 2007, 2008. Sakurai 2007.

Fig. 7-1. Migration circuits of pelagic fishes which have spawning grounds in the East China Sea and its adjacent regions; (a) Pacific herring, (b) Japanese sardine, (c) Japanese anchovy, (d) Jack mackerel, (e) Chub mackerel, (f) Pacific saury and (g) common squid.

Fig. 7-1. 동중국해 및 그 인접해역에 산란장을 가지고 북상(색이회유) 및 남하(산란 및 월 동회유)를 하는 부어류 (청어, 정어리, 멸치, 전갱이, 고등어, 꽁치, 오징어)의 회유회로

청어, Pacific herring, *Clupea pallasii*

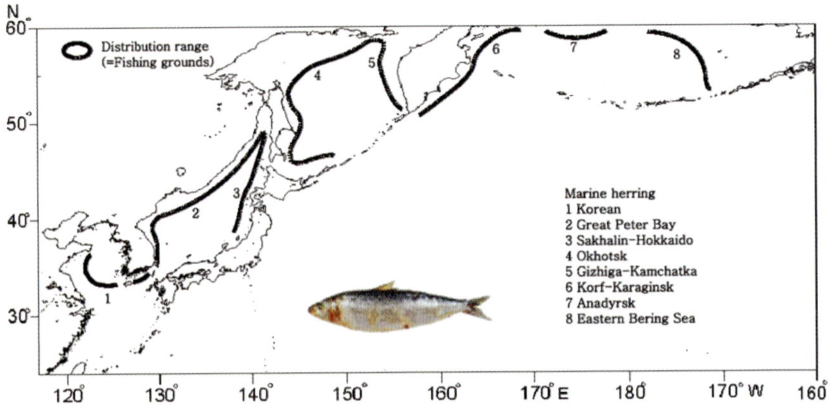

정어리, Japanese sardine, *Sardinops melanostictus*

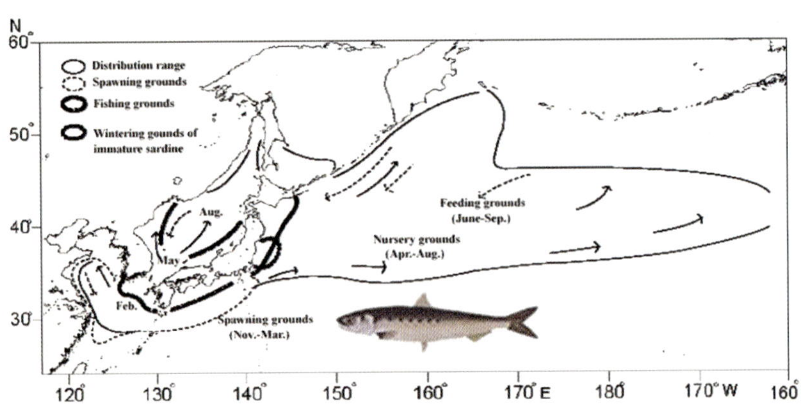

멸치, Japanese anchovy, *Engraulis japonicus*

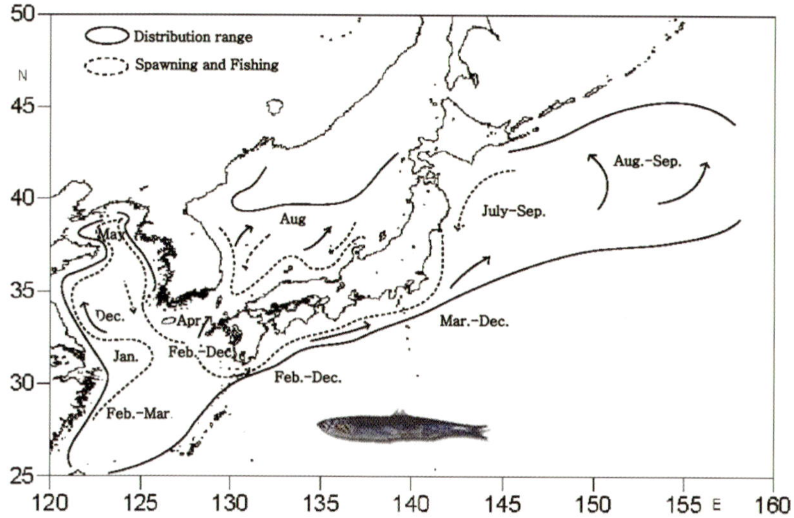

전갱이, Jack mackerel, *Trachurus japonicus*

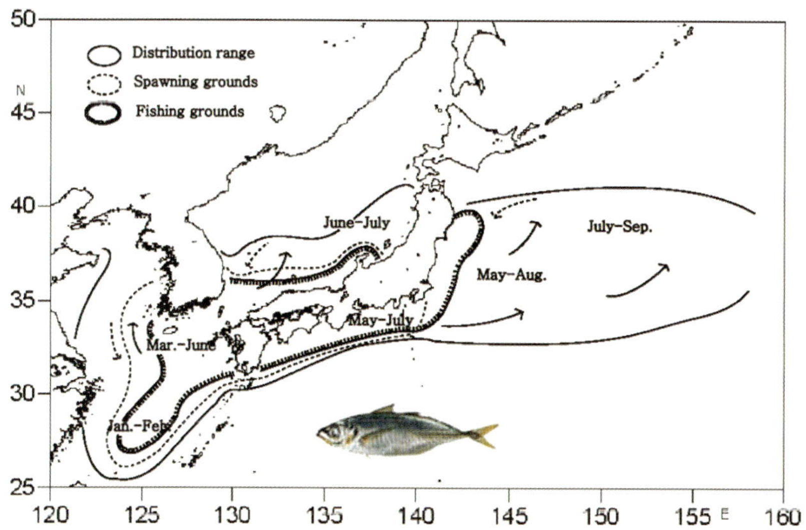

고등어, Chub mackerel, *Scomber japonicus*

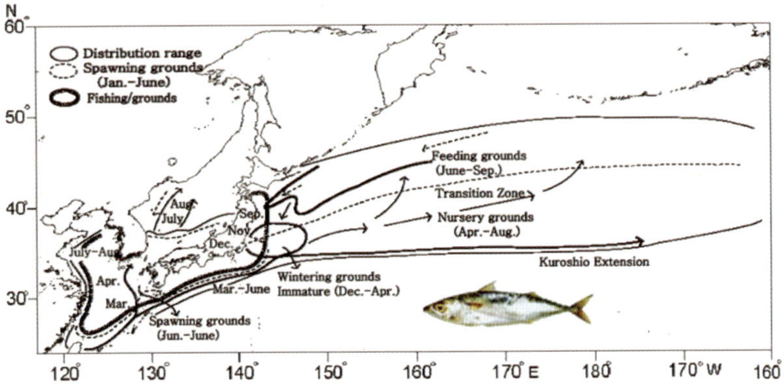

꽁치, Pacific saury, *Cololabis saira*

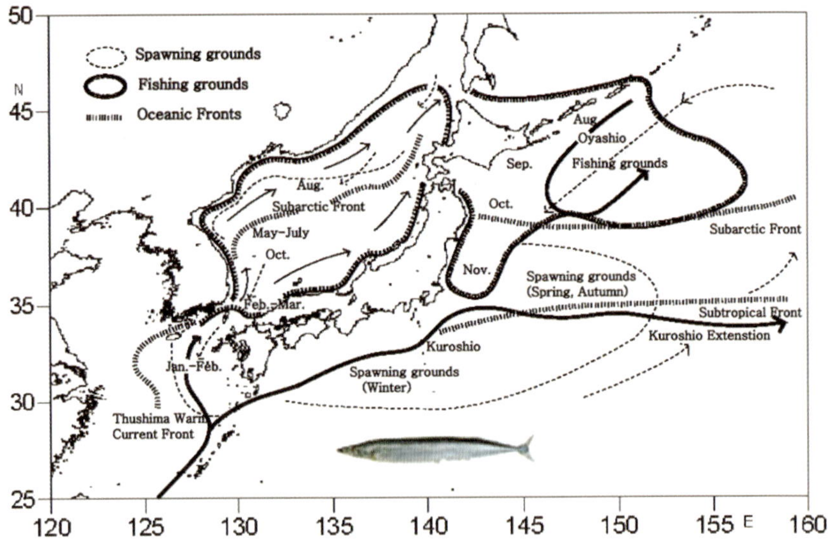

오징어, Common squid, *Tadarodes pacificus*

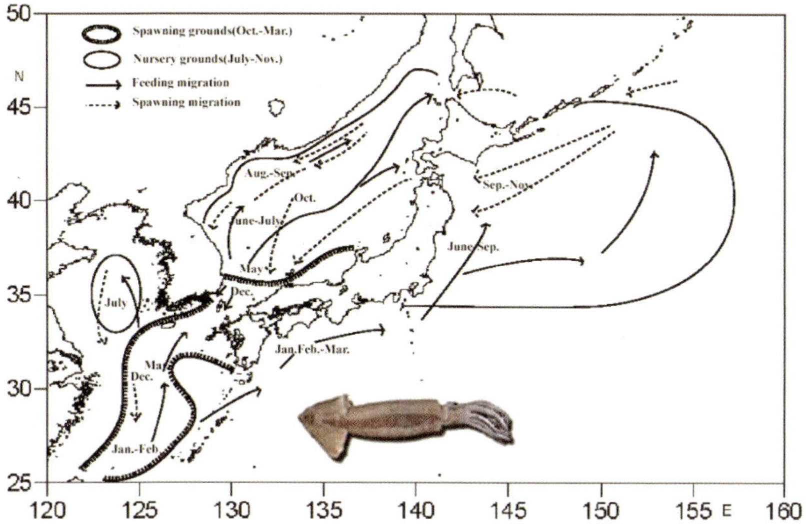

7.3 환경변동에 대한 회유성 어업자원생물의 반응 (Response of pelagic fish populations to the environment changes)

해양생태계에서 식물망의 하위에 위치하는 플랑크톤이나 소형어류(예, 멸치 및 꽁치)와 같은 생물은 해양기후변동에 대하여 민감한 반응을 보이는 것 같다. 이 절에서는 해양변동에 대한 꽁치의 반응을 보기로 한다.

(1) 꽁치의 어법생태(Fishing ecology for Pacific saury)

꽁치는 먹이를 찾는 과정에 왕성하게 불빛에 따른다. 꽁치는 과거에는 자망(gillnet) 과 정치망에 의하여 어획되었으나 북서태평양에서는 1950년대 초부터 화광으로 어군을 유인하는 봉수망(stick held-dip net)에 의하여 어획(95%)되고 있다(Gong 1984, Fukushima 1979). 한반도 주변의 대한/대마난류(TWC)해역의 꽁치는 불빛에 모이지 않아 여전히 봄–여름의 북상기와 가을–겨울의 남하기에 자망(80%)이나 정치망으로 어획되고 있다. 북서태평양의 꽁치는 오야시오해역에서 색이를 하는 여름(6–7월)부터 쿠로시오해역으로 남하회유를 하는 가을(8–12월)에 농밀한 어군이 봉수망의 불빛에 유인되어 어획된다. 1980년대부터는 일본, 러시아, 한국 및 중국/타이완의 봉수망어선단은 여름에 Kurill열도근해에 군집하여 꽁치어획에 성시를 이루고 가을의 남하회유기에는 일본의 봉수망에 의하여 어획되고 있다. 이 꽁치가 동중국해북동부(Kyushu 서안)와 동해에서는 불빛에 민감하게 반응하지 않아 화광으로 유인하여 포획하는 봉수망으로는 어획되지 않는다. 이들이 TWC해역에서 불빛에 군집되지 않는 것은 어군밀도가 비교적 낮아 먹이에 대한 경쟁이 심하지 않기 때문으로 추정된다.

(2) 국별 해역별 꽁치어획량 변동(Fluctuations in saury catch by country and region)

자원의 풍도변동추세를 보기위하여 연도별어획량의 시계열을 이용하는 경우에 어획의 실태(fishing nature)를 충분히 고려할 필요가 있다. 북서태평양의 꽁치의 해역별 및 국별 어획량에서 주목할 것은 태평양측(KOC)의 어획량(단위 10^4 tons)에 비하여 대한/대마난류역(TWC)의 어획량(단위 10^3 tons)은 1/10 수준이나 경년변동의 추세는 같은 경향이다(Fig. 7-2). 단 1990년대의 태평양측의 어획량이 대한/대마난류역에 비하여 현저하게 높은 것은 한국 및 중국/타이완의 원양어선단이 1980년대 말기부터 Kuril열도동방에 출어하여서 대량으로 어획한 결과이다. 두 해역의 풍도의 경년 변동을 어획량의 변동으로 비교할 경우에는 어업에 참여한 일본, 한국 및 러시아의 역사적 어획기록의 비교로 가능하다. 한편 한반도 근해의 TWC해역의 어획량은 북한(38° 30′N이북)의 어획량이 고려될 필요가 있다(Gong 1996).

한국과 일본에 의한 43년(1959-2001)의 대한/대마난류역(TWC) 연평균꽁치어획량은 약

29,000톤으로 최고 약 55,000톤에서 최소 약 8,000톤으로 경년변동이 크다. 한반도동해북부(38° 30′N이북)의 과거(1921-1945) 꽁치의 어획량은 그 남부에서 어획된 것과 거의 같다(Gong 1984, Gong 1996). 그 당시에 동해의 일본연안에서도 상당량의 어획이 있었다. 따라서 대한/대마난류역(TWC해역)에서 꽁치의 자원수준이 높은 시대의 어획량은 약 100,000 tons 정도로 추정되며 태평양(KOC 해역)에서 어획되는 꽁치어획량(약 500,000 tons)의 1/5 정도이다(Gong and Suh 2004). 지난 1930-1940연대에 자망에 의한 노력당어획량(CPUE)은 한반도주변의 TWC해역보다 태평양의 KOC해역에서 더 높았으며 같은 TWC해역에서는 서측(대륙측)이 동측(일본열도측)보다 더 높았다(Fukataki 1966, Gong and Suh 2004). 결국 이 어종은 고염의 서안경계류역에서 그 분포밀도가 높다.

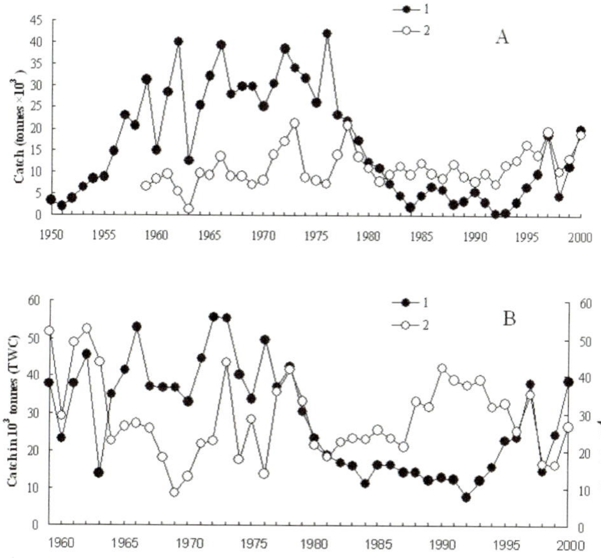

Fig. 7-2. (A) Pacific saury catch by (1) Korea and (2) Japan in the Korea/Tsushima Warm Current region(TWC),1950~2000, and (B) catch by (1)Korea and Japan in the TWC region, and catch by (2) Korea, Japan, Russia and Taiwan in the Kuroshio-Oyashio Current region (KOC),1959~2000 (After Gong and Suh 2004).

Fig. 7-2. (A) 51개년(1950~2000)의 한국(1) 및 일본(2)에 의한 대한/대마난류역(TWC해역; 한국남해를 포함하는 동중국해 및 동해)의 꽁치어획량, (B) 42개년(1959~2000)의 (1)한국 및 일본의 TWC해역의 꽁치어획량과 (2)한국, 일본, 러시아 및 중국/타이완에 의한 북서태평양의 쿠로시오-오야시오 해류역(KOC해역; Seto 내해, 일본태평양측 및 Okhotsk 해 및 Tsugaru해협)의 꽁치어획량(After Gong and Suh 2004).

꽁치 어획량이 통계기간(1912−2004년)에 두 해역사이에 현저한 차이(KOC ≫ TWC)를 보이는 것은 이 어종의 분포역이 고온, 고염의 태평양에 치우쳐 있고 그 분포밀도가 그 곳에서 더 높기 때문이다. 1930−1940년대에 TWC해역 어획량의 50%를 보였던 동해북서부의 어획량이 1945년 이후 보고되지 않았다(Gong 1984). 꽁치의 풍도와 어획상태가 지역적으로 차이가 있으나 두 해역(TWC 및 KOC)의 장기 및 연별 어획량이 같은 변동추세를 보이는 것은 꽁치개체군이 공통의 기후-해양 환경에 의하여 통제되고 있음을 암시한다(Gong 및 Suh 2004). 지난 1907−2000년 기간의 KOC해역의 꽁치어획량의 보정된 시계열은 그 풍도가 1910년대 초기, 1920년대, 1950년대 및 1990년대에 높았음을 보였다. 1970−1990년대의 봉수망의 양망당어획량(CPUE)은 같은 기간의 어획량과 같은 변동형태를 보였다 (Kitakawa and Tomosada 2000). 쿠로시오해역 꽁치풍도의 준10년 규모의 변동은 1976/77, 1988/89 및 1997/98년의 기후변동(climate regime shift)과 일치하였다. 쿠로시오해역에서 꽁치의 성장과정에 밀도−의존적 효과는 분명하지 않고 가입의 성공과 성장은 해양환경에 강하게 영향을 받는다고 한다(Tian et al.2004).

(3) 기후−해양변동에 민감한 꽁치(Pacific saury are sensitive to climate-ocean changes)

한반도근해의 꽁치는 주로 동해(TWC해역의 일부)에서 어획되어왔는데 1980년대의 한랭기간의 봄에 대형군(체장 29−30cm)이 없고 체장 27cm이하의 중-소형군만 출현하였다(Fig. 7-4). 그 후 1988/89년경의 기후체제변동후의 온난체제기간에 봄에 대형군의 꽁치가 출현하여 그 풍도가 증가하였음을 보였다(Gong and Suh 2003, 2004). 한편 북서태평양(KOC)의 주요 소형부어류에 대한 조사를 통하여 1980년대의 기후/해양체제변동(climate/ocean regime shift)은 북서태평양의 수주성생태계(pelagic ecosystem)의 범 해분(대양)적 규모에서 일어나고, 꽁치는 쿠로시오해역의 해양학적 체제급변의 생물지표(bio-indicator)로 이용될 수 있음이 보고되었다(Tian et al.2004). 꽁치의 자원구조와 풍도는 1980년대 후기(1988/89)의 체제급변 이후에 정상상태로 회복된 것 같다. 그러나 1990년대에 TWC해역에서 어획량이 증가하지 않은 것은 KOC해역으로부터 어획물이 TWC해역으로 반입되어 소수의 자망어선만이 어획하였기 때문이며(Gong and Suh 2004), 한편 KOC해역에서는 1988년 이후 어가조절을 위한 일본봉수망어선의 출어조정이 시행되었다(Oozaki et al.1998).

(4) 해양환경이 꽁치자원의 구조 및 분포에 미치는 영향 (Effect of environmental conditions on the population structure and distribution of Pacific saury)

꽁치의 체장조성 및 노력당어획량과 대한/대마난류역의 표면수온(SST)과의 관계를 기초로 해양환경요인의 변화가 꽁치(*Cololabis saira*)의 자원구조 및 분포에 영향을 미친다는 근거가 제시되었다. 계절적 SST가 평년보다 높으면 꽁치의 같은 체급군내의 크기가 크다(Table 7-2). 환경조건의 변화에 따라 어체의 크기가 변하고 1950년대 후반부터 1970년대 초기와 1990년대와 같이 자원수준이 높았던 기간에는 자원구조는 균질화(homogeneity)경향을 보였다. 대한/대마난류역에서 수온편차에 관련된 체급군(대형군 혹은 소형군)의 어획비율로 나타나는 어체 크기의 변화는 환경요인의 변화가 자원의 분포뿐 아니라 자원구조에도 영향을 미친다는 것을 보인다.

지난 1953/54, 1962/63, 1976/77, 1982/83, 1987/88 및 1997/98년에 있었던 꽁치 자원구조의 급격한 변화 가운데, 1976/77 및 1982/83년경에 일어난 현저한 저온체제동안에는 대한/대마난류에 대형군의 어획비율이 낮은 것이 특징이었다. 수온편차에 관련된 동해의 꽁치의 체장조성 자료는 해양환경이 대한/대마난류에 분포하는 이 자원의 분포 및 구조에 영향을 미친다는 것을 보여준다 (Table 7-2).

북상 및 남하회유기에 상이한 체급군의 어획비율이 수온변동형태에 관련되어 변하는 것으로 볼 때 초봄(3 혹은 4월)에 표면수온의 평년편차가 충분히 정(+)으로 크면 봄(4–6월)의 정상 혹은 조금 빠른 어기에 충분한 상업적 가치의 대형군이 동해 중–남부 어장에 출현할 것을 암시한다. 따라서 극전선대 주변에 형성되는 밀도 높은 꽁치어장은 인공위성 원격탐사로 추적될 것이다. 북상 혹은 남하회유기의 어군의 이동형태와 특정 시기(어기)에 특정 해역(어장)에 출현하는 꽁치의 어체 크기가 해황의 변동에 따라 변하는 양상을 표에 간추려 나타내었다. 동중국해 북동부 및 동해의 해황 특히 수온에 관련하여 봄-여름 북상회유시의 산란 및 색이회유기와 가을-겨울 남하회유시의 산란 및 월동회유기에 어장에 출현하는 꽁치의 체급군의 크기와 출현 하는 시기가 해황에 따라 다르다.

Table 7-2. Occurrence of sized groups of the Pacific saury in relation to oceanic conditions in the southern East Sea during northward and southward migration. Sized groups are classified as small (S<24.9cm), medium (M, 25.0~27.9cm), large (L, 28.0~31.9cm) and extra large (LL >32.0 cm) (Gong 1984, Gong and Suh 2004)

Table 7-2. 꽁치의 북상 및 남하기의 동해남부의 해황과 관련된 체장계급군의 출현. 체장 계급은 소형군 (S<24.9cm), 중형군 (M, 25.0~27.9cm), 대형군 (L, 28.0~31.9cm), 특대군(LL >32.0cm)으로 분류되었다 (Gong 1984, Gong and Suh 2004)

Season	Thermal conditions	Year	Sized group	Seasonal mean size	Occurring pattern
Northward migration; Mar. or Apr.~July	Warm	1976, 79, 88, 89, 90, 98	S, (M), L	Larger	• Larger than normal size in the same group
	Normal	1969, 72, 78, 85, 87, 97	S, (M), L	Larger	• M group scarcely occurs in the eastern East Sea
	Cold	1963, 77, 81, 84, 86	S, M, (L)	Smaller	• L scarcely occurs depending on thermal conditions
Southward migration; Oct.~Feb. or Mar.	Warm	1954/55, 1975/76 1978/79, 1989/90 1998/99	(A)M, L, LL (B)M, L	Larger	• The colder the surface water, the earlier disappear the larger sized group in A and B
	Normal	1952/53, 1961/62 1968/69, 1971/72 1977/78, 1990/91	(A)M, L, LL (B)M(L)		• Most of the L group disappear in B
	Cold	1956/57, 1962/63 1969/70, 1980/81 1983/84, 1985/86 1995/96	(A)M, L, LL (B)M	Smaller	• Only smaller M group occur in B

A : Early southward migrating season (Oct.~Dec.).
B : Late southward migrating season (Jan.~Feb. or Mar. in relation to oceanic conditions).

(5) 꽁치의 추월회유 모델(Get-ahead migration model for Pacific saury)

동해 및 동중국해의 꽁치는 북상회유를 3월 혹은 4월에 시작하여 7월까지 계속되며, 동해의 북부에서 여름(8–9월)을 보낸 후, 10월부터 남하하기 시작한다. 남하회유는 2월까지 계속되며, 겨울(2–3월)에는 동해남부 및 대한해협 이남의 월동장에서 보낸다. 꽁치는 해황에 따라 체장계급군이 북상 및 남하회유를 하면서 큰 체급군이 작은 체급군을 추월하는 회유를 한다. 즉, 평년해황일 때는 북상회유기에는 동해 38°30′N 이남에서는 중형군, 그 다음에 대형군이 북상하면서, 대형군은 중형군을 추월하여 극전선이북에서는 선두에 선다. 따라서 대형군이 동해북부에 먼저 도착하고 북상후기에는 중형군이 주체를 이루고 소형군이 그 뒤를 따른다(Fig. 7-3).

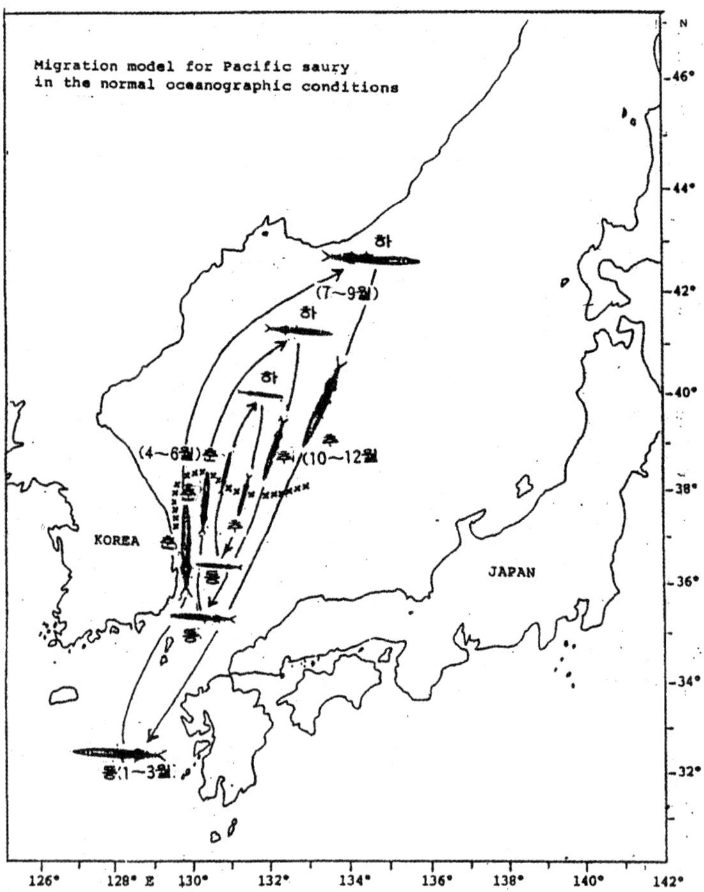

Fig. 7-3. Migration model for get ahead of different sized groups of Pacific saury in the East Sea and northern East China Sea during normal oceanographic conditions(Gong et al.1983, Gong 1984).

Fig. 7-3. 해황 이 평년상인 해의 동해 및 동중국해북부 꽁치의 체급군간 추월회유모델(Gong et al. 1983, Gong 1984).

꽁치어군은 남하 회유기에 남으로 향하면서 소형군일수록 남쪽에 치우쳐있으나 남하후기에는 큰 어체의 꽁치가 중-소형군을 추월하여 먼저 남방의 월동장에 이른다. 가을에 동해중부의 울릉도부근에 중형군, 다음에 중형군과 대형군(및 특대형군)이 주체를 이루고 특대형군, 대형군이 순차로 월동장으로 회유하여 동해중부에서는 자취를 감춘다. 이와 같은 체급군 간의 추월장소(동해의 극전선부근)는 단일어군이 이동하는 장소보다 어군분포밀도가 높다. 따라서 이 추월시기(북상기 4, 5, 6월, 남하기 10, 11월)는 성어기, 추월장소는 중심어장이 되며 해황에 따라 그 시기와 장소가 변동하므로 어기전의 해황정보(정선관측 혹은 인공위성영상)는 어획대상 꽁치의 질(크기)과 양(어획량)을 예측하는데 필요한 정보이다(Gong et al. 1983. Gong 1984, 1996).

(6) 해양환경이 꽁치의 구조 및 풍도에 미치는 영향 (Effect of environmental conditions on the population structure and abundance of Pacific saury)

꽁치의 체장, 어획량 및 노력당어획량의 경년 및 준 10년 규모의 변동을 기초로 대한/대마난류역의 꽁치자원의 구조 및 풍도에 미치는 환경조건의 영향이 분석되었다. 수온의 경년 변동에 따라 이 어종의 체급군의 출현(어획)율이 달라진다. 환경변수에 따라 어체의 크기가 변하여 풍도가 높은 시대에는 자원구조가 균질하게 되지만 풍도가 낮은 시대에는 나머지 발생군으로 자원이 유지된다.

준 10년 규모의 기후변동에 의한 상층해양구조 및 생산주기의 변동은 꽁치 자원구조 및 가입량의 변화를 유도하여 그 풍도의 변동을 초래하게 된다. 수온변동형태 및 생산주기변동을 기초로 기후변동이 자원구조 및 풍도에 미치는 영향의 가설적 기작이 예시되었다. 대한/대마난류역에서 경년적 수온상태의 변동은 꽁치의 상이한 체급군들이 회유하는 동안 시공간적 출현률이 변하는 원인이 된다. 대마난류역 꽁치가 환경조건의 변화에 의하여 체장이 변하므로 자원풍도가 높은 시대에는 자원이 균질하게 되나 풍도가 낮은 시대에는 그 중 한 발생군만 남아 있게 된다. 이 꽁치의 수명이 단명(1-1.5세)이고 체급군이 시공간적으로 변함을 고려하여 두 발생군의 회유회로를 도시하였다. 1970년대 중기의 큰 진폭으로 진동하는 수온변동형(thermal regime)과 그 후의 준 10년의 반 안정적 한랭체제는 생산층의 강화된 성층을 동반하여 산란장 및 색이장의 생산주기 및 동물플랑크톤 생물량을 변동시켰다. 대한/대마난류역에서 이와 같은 조건하에서 꽁치 주 발생군의 붕괴에 기인된 자원구조의 변화는 풍도의 변화를 유도하였다. (Gong and Suh 2004).

대한/대마난류역의 꽁치자원의 구조 및 풍도의 변동에 미치는 기후변동의 영향을 설명하는 가설적 기작(hypothesized mechanisms)은 다음과 같다.

① 동아시아 계절풍과 알류산저기압에 동반된 강한 편서풍은 동해 북부의 표면수를 냉각시켜 1970년대 중기 및 1980년대에 냉수가 대한/대마난류 아래로 침하 된 것을 촉진시켰다.

② 봄의 강한 방사열 및 확산된 표면난수로 강화된 성층은 유광층으로의 영양염 공급을 제한하였다.

③ 규조류기반의 짧은 전통적 식물연쇄로부터 긴 미생물식물망 (부식연쇄)으로의 전환이 일찍 일어나 생산체제가 비효율적으로 되고 식물플랑크톤의 우점종이 여름형으로 바뀌었다.

④ 동물플랑크톤 생물량은 1970년대 후기와 1980년대에 동해남부에서는 봄의 꽁치산란장에서 그리고 북부에서는 여름의 색이장에서 각각 감소하였다(Chiba, Saino 2002).

⑤ 저온 및 제한된 먹이로 인한 불충분한 꽁치의 성장은 가입량 실패를 유도하여 자원의 구조가 변하였다.

⑥ 꽁치 대형군이 봄–여름에 이 바다에 나타나지 않아 풍도가 감소하였다. 해양기후변동(1976/77 및 1988/89)은 대마난류역에서 꽁치의 주요발생군의 붕괴로 인한 자원구조 변동을 동반하고 꽁치 풍도와 어획량의 변동을 초래하였다.

⑦ 동한난류역에서 꽁치유자망 어획은 1980년대에 거의 중지되었다(Figs. 7-4, 7-6, 7-9). 이 꽁치의 풍도는 같은 해역에서 동–서간 그리고 전체 북태평양 및 그 인접해역에서 해역간에 차이가 있지만 어획량 장기변동 추세가 같은 형태를 가지는 것은 이 어종이 대한/대마난류역 및 쿠로시오–오야시오 해역의 전 분포역에서 공통 환경의 영향에 지배된다는 것을 암시한다. 이 종의 근원지(동해남부–동중국해동북부)에서 초기생활 및 성어단계에 대한 조직적 표본채취 (시험어획 혹은 상업적 어획)를 생산체제 및 해양기후변동에 관련하여 실시함으로써 자원에 미치는 공통적 환경요인의 정체가 밝혀지고 그 풍도변동에 관한 장기예측이 가능해질 것이다.

(7) 꽁치는 물리적환경에 민감하게 반응하는 대표적인 생물지표종 (Pacific saury sensitive to physical environmental conditions as typical bio-indictor)

1980년대의 봄–여름(북상색이회유기)에 꽁치의 평균체장은 작아 어획물은 중형군(체장 mode 26–27cm)이하의 어군으로 구성되고 풍도는 TWC 해역의 기록에서 가장 낮은 수준으로 감소하였다(Fig. 7-4). TWC해역에서 봄철의 어획물에 대형군(29–32cm)이 없었던 것은 이 해역에서 춘계 발생군의 산란기에 부적합한 환경으로 인한 가입량의 실패 때문이다. 태평양측의 일본 Tohoku(KOC해역)어장에서 1960년대의 가을어기에 대형군이 출현하지 않은 것은 가을산란에 부적합한 환경 때문이었으며 그 때 어획물은 주로 중형군(mode 26–27cm)으로 구성되었었다(Novikov 1982). 가을에 Tohoku어장(KOC)에 출현하는 꽁치의 대형군(29–32cm)은 봄에 동해(TWC)에 출현하는 중형군(26–27cm)에 상당한다.

기후체제변화(1988/1989)이후 TWC해역의 꽁치개체군은 두 개의 체장계급군 즉 가을 발생군(24-28cm)과 봄발생군(29–31cm)으로 정상적 자원구조를 보였다(Fig.7-4). 따라서 꽁치의 자원구조 및 풍도는 1980년대 후기(1988/1989)의 기후체제변화이후 정상상태로 회복되었다(Gong et al. 2008).

그러나 1990년대의 어획량이 높지 않은 것은 제한된 어획활동 때문이다. 북서태평양의 봉수망 어획에 의한 꽁치의 노력당어획량이 급격히 증가할 때 정어리의 가입량은 급격하게 감소한 것은 1980년대 후기의 기후체제변화에 관련되어 정어리가 꽁치에 의하여 대치된 어종간의 교체현상을 보이는 것이다. 꽁치의 풍도 및 개체군 구조의 경년적 및 준 10년 변동은 기후체제변화(1976/1977, 1988/1989)에 따른 생태계내의 물리적 특성의 변화를 민감하게 알려주는 중요한 생물지표종(bio-indicator)임을 나타낸다.

(8) 꽁치자원 풍도의 밀도독립적 변동 (Density-independent fluctuations in abundance of Pacific saury)

동해(TWC해역)의 대한/대마난류세력(수온 > 10℃인 해역의 면적 비)이 낮은 1980년대에는 꽁치어획물은 체장 mode 26−27cm의 중형군이 주체를 이루고 어획량으로 나타낸 풍도는 낮았으며 대한/대마난류세력이 높은 1990년대에는 체장 mode 29−32cm의 대형군이 주체를 이루고 풍도가 높았다(Fig. 7-4). 일반적으로 부어류 어업자원의 풍도가 높은 경우에 밀도효과에 의하여 체장이 소형화되어 열대화현상이 나타나지만, 꽁치는 해양기후에 동반되는 생태계의 변동에 민감하게 반응하여 한 발생군이 붕괴되거나 성장이 억제되어 환경-의존적(밀도−독립적)으로 변동한다. 1980년대 후기(1988/89)의 기후체제변동 이후의 온난체제에 꽁치의 대형군이 출현하고 자원이 증가하였으나 TWC해역의 어획량이 크게 증가하지 않은 것은 어가에 관련된 어업조정에 기인한다.

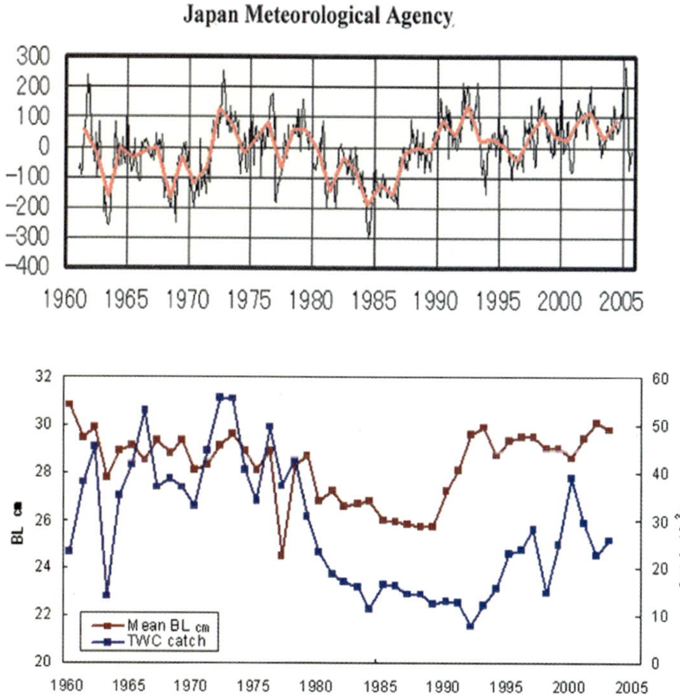

Fig. 7-4. Year-to-year strength of the Korea/Tsushima Warm Current defined by the area of warmer than 10°C)(top)(Japan MeteorologicalAgency) (http://www.data.kishou.go.jp/kaiyou/db/mizuru/knowledge/seiryoku.html)(top), Body length and catch of Pacific saury by Korea and Japan in the TWC region, 1960-2005(bottom)(Gong et al. 2008).

Fig. 7-4. 수온10° C이상 난수역의 면적으로 규정된 대한/대마난류세력의 경년변동(상)(일본기상청) (http://www.data.kishou.go.jp/kaiyou/db/mizuru/knowledge/seiryoku.html)(상), TWC해역에서 한국과 일본에 의한 꽁치의 체장 및 어획량의 경년변동, 1960-2005(하)(Gong et al. 2008).

7.4 기후–해류중재 자원구조 및 풍도변동
(Climate–ocean current–mediated population structure and fluctuations in abundance)

(1) 오징어의 생태적 특징
(Ecological characteristics of common squid, *Todarodes pacificus*)

이 오징어의 생활주기는 단명(1년)이고 1생 1회 산란하는 일회결실(semelparity)의 특징을 가진다. 이 오징어는 동중국해와 동해남부의 대륙붕의 저층에 주로 가을부터 겨울에 산란한다(여러 개의 알이 들어 있는 주머니 balloon을 낳는다). 이 오징어는 저서어류 Okaba-II군집에 상당하는 부유성 군집의 일종으로 광염(33-35psu) 및 광온(7-23℃, 주로 12-18℃)에 적응하여 수평적 및 연직적으로 분포범위가 크다(Table 7-1).

(2) 오징어 어획량과 풍도변동
(Fluctuations in catch and abundance of common squid)

이 종은 동중국해, 동해 및 황해(TWC해역) 와 북서태평양의 동북해역(KOC해역)에 분포한다. 1960년대 말기부터 1970년대에 TWC해역의 일부(동해)에서 어획된 많은 오징어가 일본의 태평양(KOC)측 항구에 양륙되었다. 이 어획물은 해역별 어획량의 비교를 위하여 어획이 실제로 이루어진 TWC해역에 포함 시켰다(Fig. 7-9g → Fig. 7-9g revised). 1990년대에 오징어어획량의 현저한 지역차이는 해류유발–회유회로의 변화에 따라 어장이 이동된 때문이다. 1970년대에 TWC 및 KOC 해역간의 오징어어획량시계열의 위상(변동시기)의 차이는 1970년대 중기의 기후체제변화에 대한 오징어의 반응이 있기 전에 특히 KOC해역에서 강한 어획노력(과도어획)이 가해진 것으로 설명될 수 있다.

북서태평양의 KOC해역과 TWC해역에서 약 54년(1952–2005)의 한국 및 일본에 의한 오징어 어획량시계열과 기후변동시계열을 비교하면, TWC해역의 풍도와 KOC해역의 풍도는, 어획이 KOC해역에서 TWC해역으로 이동된 1960년대 후기부터 1970년대를 제외하고는 같은 형태를 보였다. 극동해역 전체어장에서 이 오징어의 풍도가 높았던 두 기간(1950–1960년대와 1990년대)사이에 KOC해역에서는 20년(1970–1980년대)동안 그리고 TWC해역에서는 10년(1980년대)동안 풍도의 수준이 낮았다. 오징어 분포범위의 연변(KOC 해역, 특히 Hokkaido 동쪽의 도동해역)에서 겨울발생군(winter-breed microcohorts)에 기초를 둔 어업은 1970년대 초부터 붕괴되고 ,분포역의 중앙해역(TWC해역, 특히 동해중부)에서 가을 및 겨울발생군(autumn and winter-breed microcohort)에 기초를 둔 어업은 보다 늦게 1970년대 중기부터 붕괴되었다. 전자는 과도어획에 의하여 1970년대 중기(1976/1977)의 기후체제변동(climate regime shift)의 영향이 있기 전에 붕괴되었다. 따라서 어획 중심이 TWC해역으로 집중되고 결국 전체 오징어풍도는 1976/1977년과

1988/1988년 사이의 한랭체제(cool regime)동안에 낮은 수준에 있었으며 그 후 1990년대의 온난 체제(warm regime)동안에 높은 수준으로 회복되었다. 풍도가 낮은 기간(1980년대)에 가을 발생군의 어획율은 동계발생군의 어업에서 보다 높았으나 두 발생군의 풍도가 다같이 1990년대 초에 증가한 것은, 풍도가 높은 기간동안에 개체군의 구조가 같아, 하나의 큰 개체군(a single large population)을 형성할 가능성을 암시한다(Gong et al. 2006, Gong and Choi 2008)(Fig.7-5).

환경변수, 어획 및 생물학적 자료가 해양기후변동에 관련된 오징어 개체군 구조, 회유 및 풍도 변화를 설명하는데 쓰였다. 이 오징어의 주요 구성요소(가을-겨울발생군)는 한국 및 일본근해(TWC해역 및 KOC해역)에서 하나의 관리단위로 취급될 수 있겠다. 두 해역의 이 오징어의 주성분의 풍도는 1970년대 초에 감소하기 시작하여 1980년대에 낮은 수준에 있었으며 1990년대에 생태계의 유리한 변화와 함께 증가하였다. 이 오징어 개체군의 구조, 분포 및 풍도가 해류의존 회유회로에 관련되어 변하는 기작이 기후변동에 반응하여 일어나는 생물기후 관련 변수를 기초로 설명되었다(Gong et al. 2006).

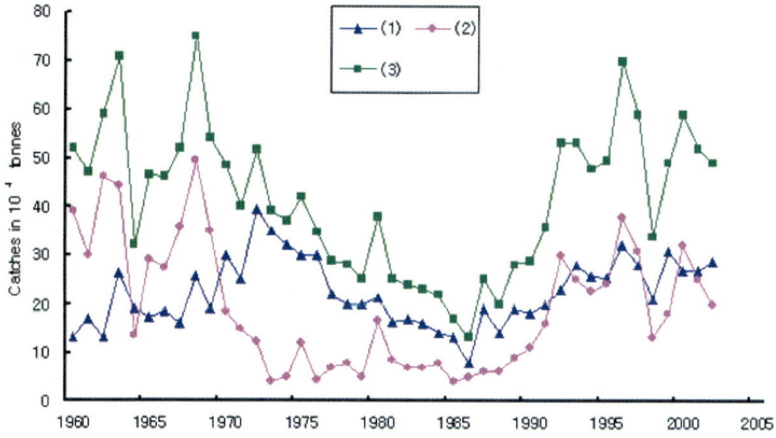

Fig. 7-5. Catches of (1)autumn-breed group, (2)winter-breed group and (3)total of *Todarodes pacificus* taken by Korea and Japan in the Tsushima Warm Current (TWC)region and by Japan in the Kuroshio-Oyashio Current(KOC) region, 1960-2005(Gong and Choi 2008).

Fig. 7-5. 대한/대마난류역(TWC)에서 한국 및 일본에 의한, 그리고 쿠로시오-오야시오해류역 (KOC)에서 일본에 의한 오징어, *Todarodes pacificus*의 (1)봄발생군의 어획량, (2)겨울발생군의 어획량 및 (3)총어획량, 1960-2005(Gong and Choi 2008).

(3) 오징어 자원구조 및 풍도의 변동기작
(Mechanism for the changes in population structure and fluctuations in abundance of common squid)

극동해역(TWC+KOC 해역)의 오징어개체군은 가을부터 봄에 주로 동중국해의 북동부에서 발생하여 이들 해역의 중–북부의 색이장으로 북상(색이회유)하여 에너지가 비축되면 가을부터 겨울에 다시 산란장으로 남하(산란회유)를 하므로 회유회로(migration circuit)는 쿠로시오–오야시오 및 그 분지류의 해류계(current systems)에 의존된 회유형태 즉 해류중재회유회로(current mediated migration circuit)를 형성한다(Fig. 2-3, Fig. 7-1). 따라서 극동해역(TWC및 KOC)의 오징어의 자원구조, 분포 및 풍도의 장기변동은 기후–해양체제의 변동에 크게 의존된다. 기후변동에 대한 생물의 반응과 생물의 생태적 특성(예, 극동해역의 해류계, 오징어의 회유시기 및 범위, 성장률 및 다산성)을 기초로 해류중재회유회로가 설정되었다. 해양기후 변동이 오징어 개체군의 구조, 분포 및 풍도변동 일으키는 기작 (mechanism)은 다음과 같다(Gong et al. 2006).

Mode Ⅰ. **난류계수가 약한 경우**(Weak warm current system)

① 해양기후변동에 따라, 대한/대마난류가 약해진다(전선층이 남방으로 치우친다)
② 짧고/작고/온난한 회유환이 형성된다 (오징어는 산란장 부근의 난수역에 치우쳐 분포한다).
③ 예로, 겨울발생군의 성장률이 낮다
④ 일찍 성숙된 작은 체급군의 다산성이 낮고 가입양이 낮아 풍도가 낮아진다.
⑤ 산란장에 일찍 도착한다(겨울발생군이 산란장 가까이 분포하다가 일찍 도착한다)
⑥ 겨울발생군이 가을발생군으로 이행되어 개체군의 구조가 변한다.
⑦ 회유환의 축소, 짧은 회귀시간으로 과중한 어획압을 피할 수 있어 치자의 생존율이 높을 수 있다.
⑧ 대한/대마난류(TWC)해역의 오징어 색이장에 가입량성공이 기대되고, 작은 회유환으로 쿠로시오–오야시오(KOC)해역으로 회유하는 오징어군이 적어진다. 이상 ⑦단계부터 현상은 긍정적으로 바뀐다.

Mode Ⅱ. **난류계수가 강한 경우**(Strong warm current system)

① 해양기후변동에 따라, 대한/대마난류-동한난류가 강하다(전선층이 북으로 치우친다)
② 길고/크고/한랭한 회유환이 형성된다 (회유 범위가 냉수역으로 확장된다)
③ 예로, 가을발생군의 성장률이 높아진다.
④ 늦게 성숙한 대형군의 다산성이 높고 가입양이 높아 풍도가 높아진다.
⑤ 산란장에 늦게 도착한다(가을 발생군이 원거리 여행으로 늦게 도착한다).

⑥ 가을발생군의 다음세대는 겨울발생군으로 이행되어 개체군의 구조가 변한다.

⑦ 회유환이 팽창하고 회귀시간이 길고 혹은 강한 어획압을 받을 기회가 많아져 이오징어의 치자 생존율이 낮아질 것이다. 예로, 가을 발생군이 동해북부와 북서태평양의 일본의 북동부해역까지 회유를 하였다면 한국, 일본 및 러시아의 어획 대상이 될 수 있을 것이다.

⑧ 대한/대마난류(TWC)해역의 색이장에 가입양실패가 예상된다. 그들의 일부가 쿠로시오 따라 북서태평양(KOC)해역으로 회유한다. 이상 ⑦단계부터 현상은 부정적으로 작용한다.

7.5 기후-해양변동과 탁월한 어종의 교체 (Climate-ocean regime shifts and alternation of dominant fish populations)

(1) 한국근해 부어류 및 저어류의 탁월어종 교체 (Alternation of dominance in pelagic and demersal fish populations in the waters off Korea)

정어리(sardine)자원의 격감과 함께 1990년 후반부터의 멸치(anchovy)자원의 증가는 기후-해양변동과 잘 대응하고 있다. 경험적으로 알려졌던 정어리로부터 멸치로의 탁월어종의 교체현상이 해양생태계의 체제이행(ecosystem regime shifts)이라는 개념으로 이해되었다. 한국근해에서 한국어업에 의한 부어류 및 저서어류의 연도별 어획량자료에서 탁월어종의 교체현상을 인정할 수 있다.

① 1980년대 중반기를 정점으로 약 10년간의 한국의 정어리어획량(10-20만톤)이 높은 시기에 멸치어획량이 그 전 10년 평균 17만 톤에서 15만 톤으로 감소하였으나 1990년대 초에 정어리어획량이 급감하자 멸치어획량이 20-25만 톤으로 증가하였다(Fig.7-6).

② 명태(Walleye pollack)는 전형적인 반-부유성어류(semi-pelagic fish species)의 일종으로 동한만과 그 인접해역에서 겨울에 산란을 한다. 명태는 동해산 대구와 함께 영구수온약층아래의 냉수역에 서식하는 Taraba-community-II 에 속하고 그 서식적수온은 1-5℃이다. 과거 약 20년(1914-1933년)동안에 동해의 전 연안의 명태어획량은 낮은 수준(2-9만)에 있었으나 그 후 약 10년(1934-1942)동안에 연간어획량은 높은 수준(10-27만 톤)을 유지하였다. 1945년 이후에 38° 30′N 이남의 명태어획량은 1960년말 까지는 낮은 수준에 있었으나 1970년대 초부터 증가하여 약 10년(1976-1985년)간에 어획량은 8-17만 톤 범위에 있다가 1990년대에 들어 격감하였다(Park 1978, Gong and Zhang 1986)(Fig. 7-6).

한편 정어리는 과거 약 17년(1925-1941)간의 풍어시대에 한반도 남해부터 동해에서 연간어획량은 10만-140만 톤의 높은 기록을 보인 후 약 30년 동안 거의 흔적만 남겼다. 이 정어리자원은 1970년대 초부터 증가하기 시작하여 약 15년(1976-1991년)간 38° 30′N이남의 한국 어획량은 11-19만 톤의 범위에 있었다. 이와 같이 동해의 명태자원, 남해 및 동해의 정어리자원은 다같이 1930년대와 1970-1980년대에 풍어를 보였다. 한편 남해 및 남-서해에서 부어류를 어획대상으로 하는 선망과 저서어류를 대상으로 하는 안강망 및 저인망어업에 의한 말쥐치(file fish)의 어획량은 약 15년(1976-1990)에 10-30만톤 범위에 있었으나 정어리 자원과 함께 급격히 감소하였다.

지난 1970년대 말기부터 1980년대 말기사이의 한랭체제동안에 높은 어획량수준에 있던 한반도근해의 부어류(정어리)와 반-저서어류(명태 및 말쥐치)자원이 1980년대 말기(1988/89년)에 일어난 기후체제변동과 함께 급격하게 감소하였음이 명백하다. 한국의 멸치, 꽁치 및 오징어 어획량시계열은 이 기후체제변동과 함께 시작된 온난기에 이들 자원이 급격히 증가함을 명백하게 나타낸다(Fig. 7-6).

이 동해산 명태의 자어 및 치어는 동물플랑크톤의 유생을 먹이로 하고 명태의 성어는 대형 동물플랑크톤과 소령어류를 섭이하므로 대구, 영덕게, 도루묵, 황볼락 및 홍가자미와 같은 Taraba - community-II의 다른 어종들과 먹이경쟁을 피할 수없다(Table 4-2). 여름부터 초겨울사이에 중층(100-200m)에 분포하는 대형 동물플랑크톤(예, 요각류, copepodite)은 명태와 대구의 중요한 먹이가 된다. 1930-1940년대에 동해산 명태와 대구의 어획량을 보면 1930년대 말기의 명태어획량의 급격한 증가에 이어 대구어획량이 급격히 감소하였다. 1990년대 초기부터 남해동부의 산란장에 내유하는 대구의 자원량이 증가하고 있는 것은 명태와의 먹이경쟁으로부터 자유롭게 됨에 일부 기인한 것으로 추정된다. 동중국해 및 황해에 분포하는 참조기(small yellow croaker)의 어획량은 1980년대 중기의 한랭기에 감소하고 1990년대 초에 증가하였으나 최근에 다시 감소하였다(Fig 7-6). 한국의 어획은 이들 어종의 분포역의 극히 일부분에서 이루어졌다(NFRDI, 1985, 2005, Gong et al. 2008)(Fig. 7-1). 어획비율이 낮은 한어기(예, 꽁치 및 정어리의 여름과 멸치 및 고등어의 겨울)에는 어획대상종이 어장범위 밖으로 이출(emigration)하였음을 나타낸다. 따라서 자원변동의 나타낼 수 있는 어획량 시계열은 각 개체군의 전 분포역에 걸친 인접국의 자료까지를 필요로 한다.

Fig. 7-6. Time series of Korean catches of pelagic and demersal fishes in the waters off Korean Peninsular, 1910-2005. In the series before 1944 catches from the north of 38°30'N are included .

Fig. 7-6. 한반도근해의 부어류 및 저어류의 어획량시계열, 1910-2005. 1944년 이전의 시계열에는 38°30'N 이북의 어획량이 포함되었다.

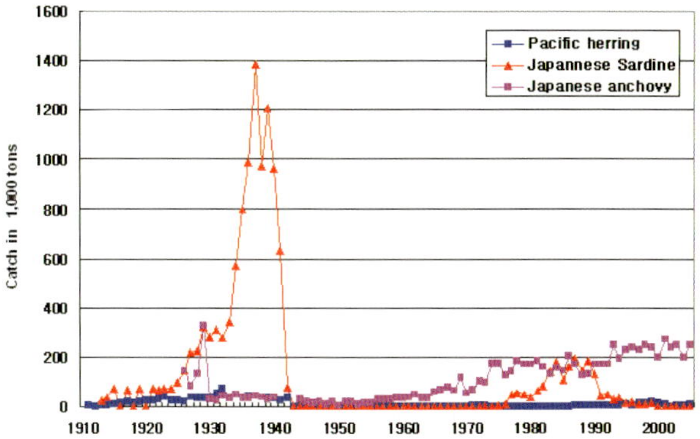

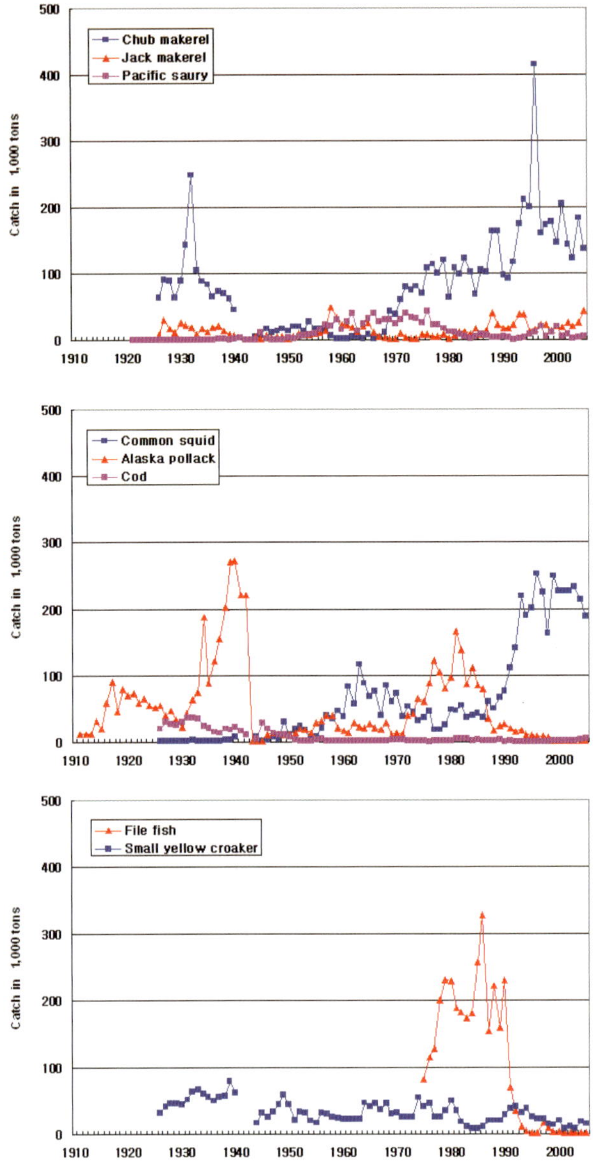

(2) 일본근해 부어류의 탁월종 교체

(Alternation of dominance in pelagic fish populations in the waters off Japan)

동중국해 및 동해의 동부해역을 포함한 일본열도 주변의 소형부어류의 어획량시계열에서 과거 약 65년(1912-1976)에 5회의 탁월어종의 교체현상이 인정되었다. 이 해역에서1928년 이전에는 탁월하였던 청어가 감소하자 정어리가 1936년경에 최고를 보이고 그 후 1954년까지 감소하였다.

정어리자원이 감소하자 멸치(1955-1972년)와 전갱이(1959-1966년)가 탁월하고 고등어는 1965년부터 증가하여 1974년에 peak를 보이고 이어 정어리가 다시 증가하기 시작하였다. 이들 중에 정어리와 고등어는 풍도가 높은 시대에는 분포역이 남으로 확장되고, 전갱이와 멸치는 풍도가 높은 시대에 분포역이 북으로 확장된다. 정어리와 고등어는 과거에 북방(예, 동해)에서 진화되어 상대적으로 저온, 고염의 수괴에 분포하는 북방집단(northern group)에 속하고, 멸치와 전갱이는 과거에 동중국해를 포함한 남방에서 진화되어 상대적으로 고온, 저염의 수괴에 분포하는 남방집단에 속한다(Nakahara and Ogawa 1978, Ogawa and Nakahara 1979).

플랑크톤식성 부어류의 장기변동에는 두요인: 환경변동과 종간경쟁의 영향이 고려된다. 일본의 장기간 어획량은 고등어(종 B)가 정어리(종 A)에 의하여 교체되고, 정어리가 멸치, 꽁치 및 전갱이(C)에 의하여 교체되고 그룹 C는 다시 B에 의하여 교체됨을 시사하였다. 종간경쟁능력에서 만일 A가 B를 붕괴시키면, B는 C를 그리고 C는 A를 붕괴시키게 되어 이들 3 그룹의 풍도는 영구적으로 변동하고 같은 순으로 탁월하게 된다(Fig.7-7).

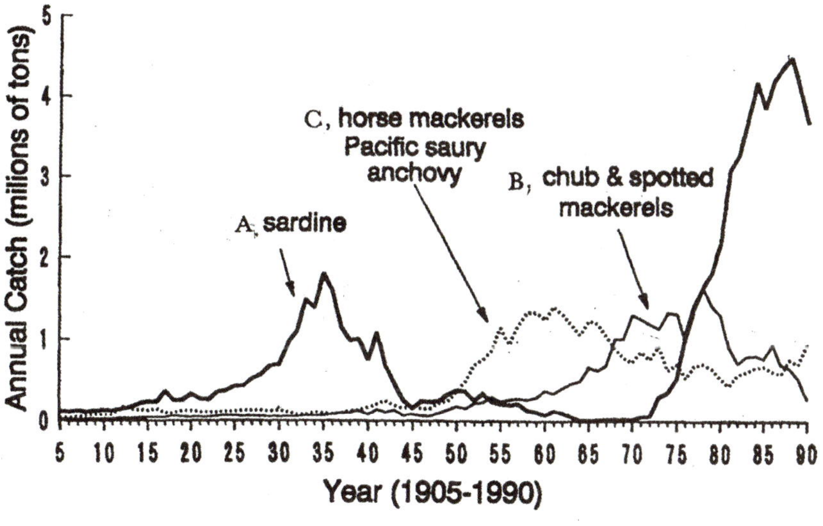

Fig.7-7. Long term fluctuation of annual catch of several species of pelagic fishes: (A) sardine, (B) chub mackerel, (C) anchovy, horse mackerel and Pacific saury in 1905-1990(After Matsuda et al 1992).

Fig.7-7. 부어류 어획량 장기변동: (A)정어리, (B)고등어, (C)멸치, 전갱이 및 꽁치, 1905-1990 (After Matsuda et al 1992).

이 것은 종간교체에 대한 주기적 유리가설(cyclic advantage hypothesis for species replacement)로 보고되었다. 이 model에서 환경변동은 종간교체의 방아쇠역할을 한다. 환경변동은 다음 탁월종을 결정할 수는 없으나 다음 교체가 일어나면 크게 영향을 미친다(Matsuda et al. 1991, 1992). 일본근해 정어리 및 고등어자원의 가입량과 환경요인의 시계열에서 정어리의 산란친어량 및 표면수온은 가입량에 영향을 미치고, 고등어의 산란친어량, 표면수온 및 정어리의 생물량은 고등어의 가입량에 영향을 미친다고 해석되었다(Yatsu et al. 2005). 정어리자원의 환경요인은 적합한 시기(1969-87년)와 부적합한 시기(1951-67년 및 1988년 이후)가 있었다. 고등어자원의 환경요인은 적합한 환경에서 부적합한 환경으로의 전환(1976-77년, 1985-88년)과 부적합한 환경에서 적합한 환경으로의 전환(1969-70 및 1988-92년)이 있었다(Fig.7-8).

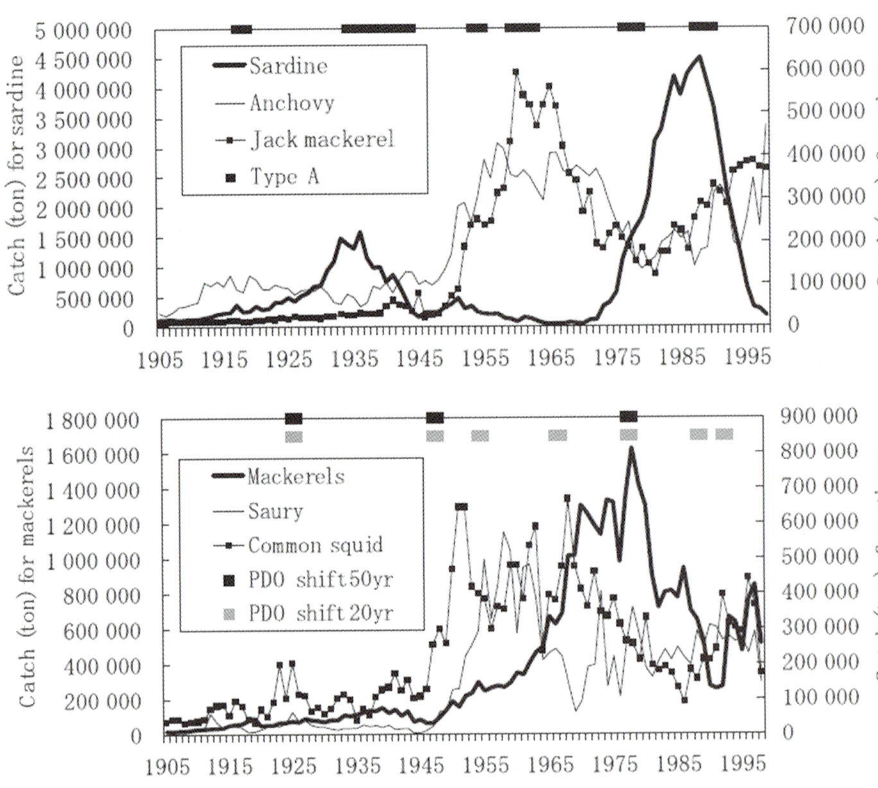

Fig. 7-8. Time series of catches for Japanese small pelagic fisheries. Selected environmental information includes time periods when the Kuroshio Current followed by type A paths(large meandering), and pentadecadal (50 yr) and bidecadal (20yr) shifts in Pacific Decadal Oscillation (PDO, Minobe 2000). Mackerels include chub mackerel and spotted mackerel(After Yatsu et al. 2005).

Fig. 7-8. 일본의 소형부어류어업의 어획량시계열. 환경정보로 쿠로시오의 대사행(A 형) 과 태평양 준 10년 진동(PDO)의 50 및 20년 주기(Minobe 2000)등이 표시되었다. 고등어에 점고등어가 포함되었다(Yatsu et al. 2005).

(3) 극동해역 부어류 7종의 탁월어종 교체
(Alternation of dominance in 7 pelagic fish populations in the Far-East regions)

극동해역(FAO 61 해구)의 소형부어류 7종의 어획기록(Table 7-3)을 기초로 20세기의 탁월한 부어류의 어종교체(alternation)형태를 분석하였다. 그 교체순서는 청어(1910-1920년대), 고등어(아마 1929년대), 정어리(1930년대), 4개 어종(꽁치, 전갱이, 오징어 및 멸치, 1950년대–1960년대), 청어(1960년대 후기–1970년대 전기) 그리고 다시 고등어(1970년대) 그리고 또 정어리(1980년대)의 순이다. 1988/89경의 기후체제변동으로 정어리자원량이 감소되고 온난기(1980년대 후기–1990년대)에 4종의 어획량이 증가하였다. 이들 7종의 탁월기간은 종에 따라 차이가 있으나 10–20년간 지속되었다(Fig. 7-9).

Table 7-3. Catch data sources for 7 pelagic fish species in the Far-East

Table 7-3. 극동해역의 7개 부어류 어종의 어획량자료출처

NO.	Common name	Scientific name	Abundance(units)	Fishing country	Time	Catch data sources
1	Pacific herring	*Clupea pallasii*	Catch(tonnes)	K. J. C. R.	1870~2300	①, ②, ③
2	Japanese sardine	*Sardinops melanostictus*	Catch(tonnes)	K. J .C.	1910~2003	①, ②, ③
3	Japanese anchovy	*Engraulis japonicus*	Catch(tonnes)	K. J. C. T.	1910~2003	①, ②, ③, ⑦
4	Jack mackerel	*Trachurus japonicus*	Catch(tonnes)	K, J. T. R.	1953~2003	①, ②, ③, ⑧
5	Chub mackerel	*Scomber japonicus*	Catch(tonnes)	K. J. C. T. R.	1926~2003	①, ②, ③
6	Pacific saury	*Cololabis saira*	Catch(tonnes)	K. J. R. T.	1921~2003	①, ②, ③, ④, ⑤
7	Common squid	*Todarodes pacificus*	Catch(tonnes)	K. J. T.	1895~2003	①, ②, ③, ⑥

Note; 1. K(Korea, Rep. of), J(Japan), C(China), T(Taiwan), R(Russia) .
2. Catches for the period of 1952~2005 are divided into two regions(TWC, KOC). TWC region covers the East China Sea, Yellow Sea and East Sea and KOC region covers the Northwest Pacific including the Okhotsk Sea and Seto Inland. ① Year books of Fisheries Statistics of Korea (Rep. of) and Japan, ② FAO Yearbooks of Fisheries Statistics, ③ Chikumi (1985) The fish resources of the northwest Pacific, ④ Gong (1984), ⑤ Gong, Suh (2004), ⑥ Gong et al. (2006), ⑦ Zhigalin, Belayev (1999), ⑧ Wada, Jacobson (1998).

Fig. 7-9. Time series of catches for pelagic fishes in the TWC (Yellow Sea-East China Sea, East Sea) and KOC (Northwest Pacific-Okhotsk Sea) regions during 1910-2005. Catches before 1951 are from the waters off Korea and Japan, and those after 1952 are from the two regions by all fishing countries(Korea, China/Taiwan, Japan, Russia).

Fig. 7-9. 동중국해 및 그 인접해역에 산란장을 가진 회유성부어류 7 종의 국별 및 해역별(TWC: 황해-동중국해-동해 및 KOC: 북서태평양-오호츠크해) 어획량시계열, 1910-2005. 1951년 이전은 한국 및 일본의 어획량, 그 후는 두해역의 전 어업국 (한국, 중국/대만, 일본, 러시아)의 어획량.

(a) Pacific herring

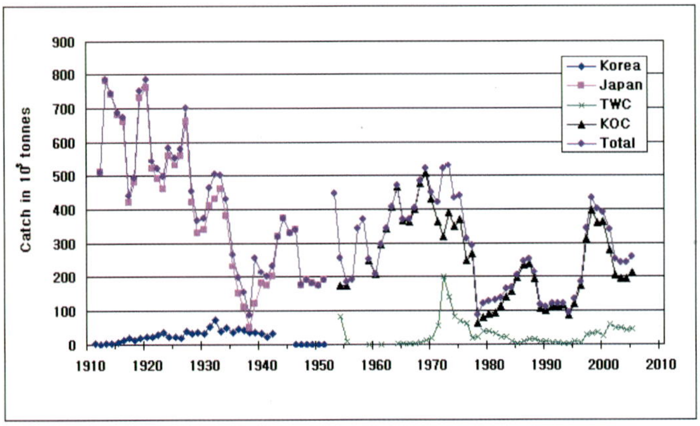

(b) Japanese sardine

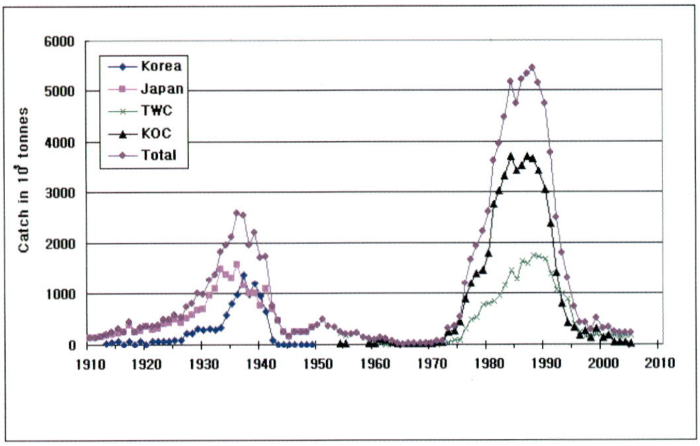

(c) Japanese anchovy

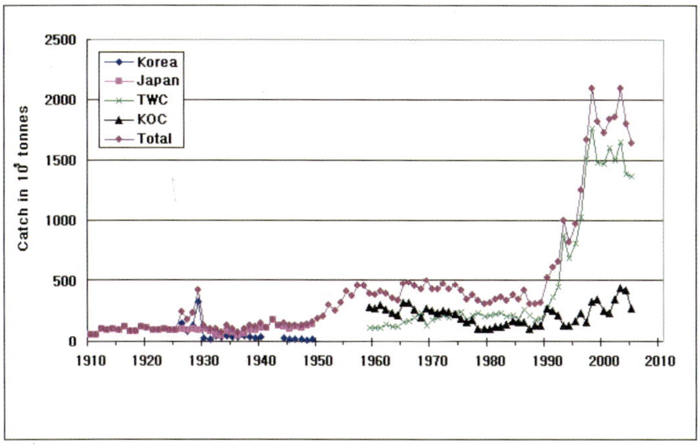

(d) Jack mackerel

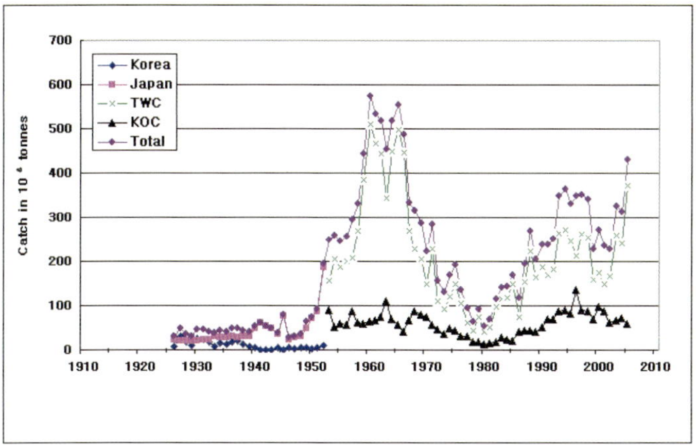

(e) Chub mackerel

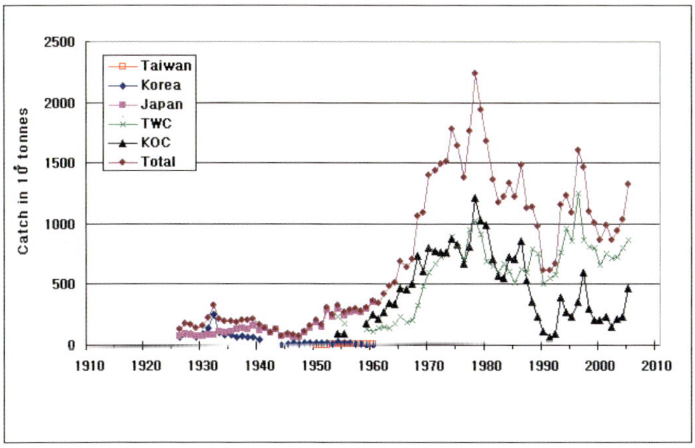

(f) Pacific saury

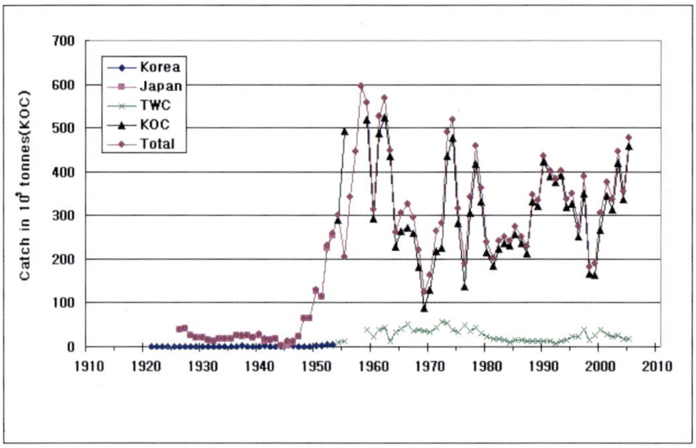

(g-original) Common squid

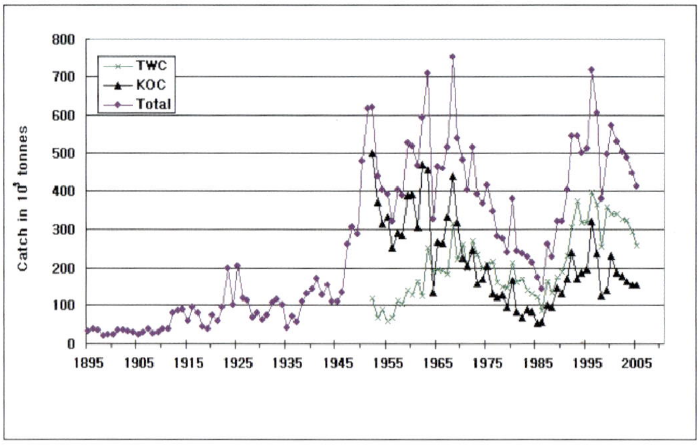

(g-revised) Common squid

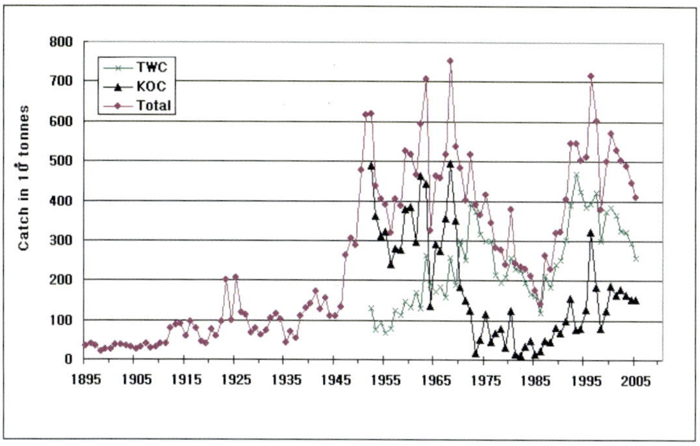

Note; 극동해역의 오징어(common squid)의 연별어획량시계열에서, 전자(Fig. 7-9 g-original)는 TWC해역(예, 동해 및 황해)에서 어획된 오징어가 태평양연안의 항구에 양륙되었을 경우에 그 것이 KOC해역에 포함된 경우이다(일본농림수산통계연보). 예로, 1960년대 말기 및 1970년대에 태평양측의 자원의 고갈로 자동조획기와 냉동시설이 완비된 일본어선단에 의하여 TWC해역(주로 동해)에서 어획된 오징어가 태평양측 어항에 양륙되었다. 후자(Fig. 7-9 g-revised)는 TWC해역(동해 및 황해, 동중국해)에서 어획된 오징어는 태평양측어항에 양륙되었어도 실제 어획된 해역(TWC)에 포함된 것이다.

이들 7종의 연별어획량은 1900–2004년 기간에 대한/대마난류(TWC)해역과 쿠로시오–오야시오해류(KOC)역에서 변동이 동시에 일어나는 형태(synchronous pattern)를 보이므로 이들 개체군 수준이 같은 기후적 힘에 의하여 지배되고 있음을 알 수 있다. 그들의 개체군 변화를 나타내는 어획량의 진폭의 차이를 보이는 것은 다음절에서 검토되는 어란 치자어의 기후유발–해류에 의한 수송량의 동서진동과 변하는 자원이용도(availability)와 어획기술의 차이 때문이다. 우리는 이들 어종의 분포역이 광범위하지만 각 단일의 개체군이 각 어종에서 지난 100년간 유지되어 왔다고 본다.

따라서 인접국들로 구성된 국제기구를 통하여 단일 개체군의 어종들을 공동으로 관리할 필요가 있음이 강조된다. 금후 가입에 관한 대규모 조사를 해양기후변화, 해류중재회유회로 및 어란. 치자의 수송의 동서진동에 관련하여 실시하고, 성어의 두 해류계 (TWC 및 KOC)에서의 자원이용도(availability)에 관련하여 조사할 필요가 있다.

극동해역에 분포하는 7개 어종의 어획량 시계열(1910-2005년)은 표(Table 7-3)의 자료를 기초로 작성되었다.

(4) 북태평양 서부와 동부의 정어리 및 멸치류의 기후체제변동에 대한 상이한 반응 (Fluctuations from anchovies to sardines and back to climate regime shifts in the western and eastern Pacific Ocean)

과거 약 100년(1910-2005)간 극동해역의 7 어종의 해역별 어획량은 1930년대 및 1980년대의 한랭체제에 정어리가 풍어를 보이고 특히 1980년대에는 KOC해역에서 정어리가 탁월하게 풍어를 보였고, 1990년대의 온난체제에는 그 외의 온대성 부어류의 풍도가 특히 TWC 해역에서 높았다. 그런데 북태평양의 정어리 및 멸치류의 자원량은 기후체제변동에 관련하여 수 10년 주기로 크게 변동한다. 기후체제는 1980년대에는 북동태평양에는 온난체제였고 북서태평양은 한랭체제였으며, 1990년대에는 북동태평양은 한랭체제였고 북서태평양은 온난체제였다. 정어리류 *Sardinops* 는 북태평양의 서부에서는 한랭기(1980년대)에, 동부에서는 온난기(1980년대)에 증가한다. 멸치류 *Engraulis* 는 서부에서는 온난기(1990년대)에, 동부에서는 한랭기(1990년대)에 증가한다(Chavez et al. 2003).

이처럼 북태평양의 서부와 동부에 분포하는 정어리류 2종과 멸치류 2종은 해수온에 의하여 지표되는 체제변동(regime shift)에 대하여 각각 대조적으로 응답한다. 더욱 북서태평양에서는 정어리가 체제전환에 동반하여 크게 변동하지만 눈퉁멸은 거의 변동하지 않는다. 즉 정어리류와 멸치류 근연 2종이 기후체제변동에 동반한 수온변동에 대하여 각각 역으로 응답하는 것을 알았다. 이와 같은 응답의 차이는 두 해역의 정어리, 멸치류의 생태학적 특성의 차이에 의 한 것이라 하였다(Watanabe and Takahashi 2007).

산란기나 산란수온범위가 협소하고 1회에 많은 알을 적은 산란회수에 집중하여 놓는 경향이 있는 점에서 쿠로시오-오야시오해류역의 정어리와 북미산멸치류가 유사하다. 또 산란기나 산란수온 범위가 넓고 1회당 적은 알을 많은 산란회수에 분산하여 산출하는 경향이 있다는 점에서 쿠로시오-오야시오해류역의 멸치와 캘리포니아정어리가 유사하다. 시간적으로 집중하여 산란을 하는 북서태평양의 쿠로시오-오야시오해류역의 정어리와 캘리포니아해류역의 북미산 멸치는 같이 한랭체제에 자원량을 증대시킨다. 시간적으로 보다 넓은 범위에서 산란하는 쿠로시오-오야시오해류역의 멸치와 캘리포니아 정어리는 온난체제에 자원량을 증대시킨다.

(5) 어업자원 풍도의 변동에 필요한 어획량시계열자료 (Time series of catch for fluctuations in abundance of fish populations)

어업자원 풍도의 장기변동을 파악하기위해서 노력당어획량과 같은 변동지수가 필요하나 어업역사에 비하면 과학적인 어업자원의 조사는 극히 최근의 일이므로 어획량시계열을 이용할 수 있다. 이와 같은 어획량시계열의 해석에 어획의 실태(fishing nature)를 고려해야할 필요가 있다. 예로 태평양(KOC해역)의 꽁치는 1950년대부터 봉수망(stic held-dip net)으로 어획하였으나 대한/

대만난류역(TWC해역)의 꽁치는 여전히 유자망(gill-net)으로 어획되고 있다. KOC해역의 꽁치어획은 1980연대 후기부터 어가조절을 위한 출어제한을 받고 있으며 어획참여국(한, 중, 일, 러)이 많아지고 어탐 및 어획성능이 늘었다. 그리고 TWC해역에서는 다른 어업과의 관계와 어가문제로 어획을 기피하고 있다. 따라서 1960–1980년대에는 KOC해역과 대한/대마난류(TWC)해역의 연별어획량시계열에서 유사한 변동형태를 보였으나(Gong 1984), 최근의 두 해역의 어획량변동에서는 그 유사성을 찾기 어렵다. 따라서 이와 같은 어획의 실태(fishing nature)가 충분히 고려될 필요가 있다.

극동의 TWC 및 KOC 해역의 정어리어획량의 장기변동을 비교하면서 한반도동해안의 어획실태를 과소평가하며 두해역의 자원이 별개의 관리대상자원으로 평가하는 경우가 있었다. 어류자원분포역(population or stock areas)의 일부에서 어획이 이루어질 경우에는 자원은 충분히 이용되지 않아 어획량도 상대적으로 낮을 수 있다. 제 1차 정어리 풍어기(1930년대)의 38° 30′N이북의 어획량은 그 이남의 어획량보다 높아 TWC해역의 어획량이 KOC해역과 큰 차이가 없어 두해역(동해의 남부와 북부)의 총 어획량이 약 130만 톤에 달하였다. 그러나 제 2차 풍어기(1980년대)의 TWC해역의 어획량은 KOC해역에 비하여 현저히 낮았다(Fig. 7-9). 지난 1930년대의 TWC해역의 정어리는 한반도남안에서 동해북부까지 봄부터 가을까지 약 6개월간 이를 목표로 하는 선망, 자망 및 정치망에 의하여 충분히 어획되어 어유원료로 공급되었다. 그러나 1980년대의 TWC 해역의 어획량이 낮은 것은 (1)한반도 주변에서는 어군의 북상회유 초기(봄–초여름)에 고등어, 전갱이 및 쥐치를 어획하던 38° 30′N이남의 한국의 선망어업에 부수적으로 어획되고, 여름과 초가을에 어군이 군집하여 색이활동을 하는 38° 30′N이북의 한반도 북부어장에서 어획된 북쪽의 어획량은 기록이 없다. 따라서 1980년대의 TWC해역의 어획량은 일본열도 서방의 어획량을 더해도 KOC해역의 그것에 비하여 현저하게 낮다. 1980년대에도 어기, 어장 및 어획이 1930년대처럼 충분히 이루어 졌었다면 정어리어획량과 풍도는 KOC해역의 그것과 큰 차이가 없었음을 알 수 있다. 그러므로 두해역 정어리 어획량의 차이를 근거로 서로 다른 개체군으로 분리하여 취급하는 것(Schwartzlose et al. 1999)은 이 어업의 어획의 실태를 이해하지 못한 때문이다(Gong et al. 2008).

(6) 생태계의 종간교체와 밀도의존 혹은 밀도독립적 변동
(Alternation of dominance and density-dependant or density-independant fluctuations in fish populations abundance)

황해 어업자원의 군집구조와 그 변동 : 황해남부 및 동중국해 북부에서 겨울을 보낸 어류들이 봄부터 수온의 상승과 함께 북상회유를 개시하여 황해 및 발해연안의 산란장으로 향한다. 산란 후 대부분의 어류는 여름과 가을에 황해중부로 색이회유를 하고 늦가을부터 수온이 하강함에 따라 남쪽의 월동장으로 이동한다. 이와 같은 계절회유로 계절간의 어류 다양성지수가 변하게 되어 보통 가을과 봄에 높고 여름과 겨울에 낮다. 종의 다양성(species diversity)이 증가하면 생물량이 종사이로 확산되므로 균질도(evenness)가 증가한다.

황해에서 1950년대 및 1960년대에 몇 종의 저서어류(참조기, 갈치, 가자미, 대구)가 탁월하게 분포하여 중국과 한국의 중요 어획대상이 되었다. 그런데 어획기술과 어선세력의 증가와 무차별적인 트롤어업의 발달로 1970년대 및 1980년대에 특히 상업적으로 중요한 참조기 및 갈치와 같은 저서자원이 고갈되었다. 고갈의 원인은 고도어획(heavy fishing)뿐 아니라 밀도의존성(density dependence)을 들 수 있다. 탁월어종들이 모두 육식성 어류이고 상이한 계절에 같은 먹이와 공간을 나눠 가져야 하므로 밀도의존성도 중요한 이유가 될 수 있었다. 예로, 참조기와 갈치는 여름에, 돔과 복치는 가을에, 그리고 가자미와 대구 및 참조기와 넙치는 겨울에 서로 경쟁을 했었다.

황해에서 이들 저서자원이 고갈되고 기후변동에 따른 환경의 개선으로 1970년대 초에 청어, 고등어 및 삼치와 같은 몇 종의 부어류의 생물량이 급격히 증가함에 따라 생물량조성(biomass composition)의 변화가 일어났다. 그러나 강한 어획강도와 종간의 상호작용으로 이들 대형 부어류와 경제적으로 중요한 저서자원은 1980년대에 대부분이 감소하였다. 이에 따라 이들 어류의 주요 먹이가 되는 멸치, 반지 및 밴댕이와 같은 소형부어류의 생물량이 현저하게 증가하였다. 한편 고유의 저서어류의 일종인 곰치가 황해의 여러 저서어류가 비어둔 공간을 채웠다. 요약하면 1980년대에 소형부어류의 전격적인 증가가 황해생태계의 생물적 및 비생물적 환경의 변화에도 관계가 있을 것이며, 대형어류의 고도의 어획은 이들 소형부어류에 대한 포식을 완화시켰을 것이다. 그 결과 하층 영양단계에 있는 플랑크톤식성의 소형부어류의 생물량이 급격히 증가하고 1990년대 초에 황해의 어류군집에서 우위를 차지하였다. 결국 포식자(대형어류)의 감소로 피식자(소형어류)에 가해진 포식압의 완화(relaxed top-down)라는 생태계의 군집간의 전이가 일어났다 (Jin and Tang 1996).

이와 같은 어업자원의 장기변동에서 자원량이 높은 수준에 있을 때는 환경과 무관하게 밀도-의존적으로 쉽게 붕괴될 수 있으며, 자원량수준이 낮은 시대에는 서식환경이 조금 개선되면 밀도와 무관하게 밀도-독립적으로 자원이 쉽게 회복될 수 있다. 생태계의 구조, 군집간의 변동 형태 및 환경의 영향을 고려하여 어획압력을 조정할 수 있는 관리조치가 생태계기반의 어업관리라면 우리 바다의 어업의존 정보와 현장시험조사가 조화롭게 이루어져야 될 것이다.

7.6 극동해역 소형부어류의 자원구조 및 풍도변동기작
(Mechanism for the changes in structure and fluctuations in abundance of the small pelagic fish populations in the Far-East)

(1) 소형부어류의 개체군의 구조(Population structure of small pelagic fishes)

부어류는 개체군수준의 변화에 따라 그들의 공간적 분포범위가 크게 변한다. 부어류와 오징어의 산란장과 색이장은 기후와 해양변동에 관련하여 확장 혹은 축소되거나 변형된다. 남방해역(아열대해역)에서 진화된 전갱이와 멸치는 자원의 풍도가 낮은 시대에는 남방으로 옮기고 북방기원의 청어와 정어리는 북방으로 옮긴다. 부어류(예, 정어리, 멸치, 전갱이, 고등어, 꽁치 및 오징어)는 그들의 개체군 수준이 증가할 때 산란장과 색이장이 확장되어 지금까지 TWC해역 및 KOC 해역에서 2–4개로 나누어지고 있던 아개체군(sub-population)이 완전히 분리되지 않게 된다. 그러므로 우리는 본 보고서에서 극동해역의 5종의 부어류(정어리, 멸치, 고등어 전갱이 및 꽁치) 와 두족류 1종(오징어)은 각 자원구조가 하나의 큰 개체군으로 구성되었다고 간주한다.

(2) 부어류 풍도변동 기작
(Mechanism for the changes in abundance of pelagic fishes)

이상과 같이 극동해역에 분포하는 부어류는 쿠로시오 및 대한/대마난류에 수용되어 해류 의존적 회유회로(current-mediated migration circuit)를 형성하고 분포역의 북측(수용된 해류의 지류 혹은 가장자리)의 색이장(feeding ground)에서 남측(수용된 해류의 주류 즉 뿌리부분)의 산란장(spawning ground)을 향하는 해류역행(contranatant)의 물리적 충격(impact)를 극복하면서 자신들과 그들의 후손들이 생산성이 높은 곳(해양전선역)에 적기(봄-초여름의 폭발적 기초생산시기)에 순조롭게 도착하여 성공적인 색이활동을 하기 위한 생활사전략을 통하여 종족을 유지하고 있다. 그러나 이들의 자원량은 기후관련해황변동에 따른 이료생물의 생산시기와 생산량, 해양기후변동관련 해류에 따른, 치-자어의 수송의 동서진동과 가입량과 자원이용도(생태적 특징과 환경변화에 의한 어구에의 치상도, 어장에 접근도의 변화, 어장형성, 어획활동의 차이)의 변동에 따라 경년적 혹은 준 10년의 변동을 보인다(Gong et al. 2006, 2007, 2008).

기후변동에 관련된 어업자원의 어획량 혹은 풍도의 변동을 일으키는 기작은 다음 word summary로 요약된다. 기후 → 해양체제변화 → 해류의 강약과 흐름의 변화 → 해류의존 회유회로의 변화(팽창 /축소, 소란) → 해양구조의 변화 → 치어 혹은 유어의 먹이생물의 생산시기 및 생산량 → 치, 자어의 수송량 → 가입량(증가, 감소, 동서 진동) → 어업자원의 풍도 → 자원이용도 풍도 혹은 어획량 변동(증감, 동서진동) 의 순으로 진행된다.

(3) 해양기후관련 해양구조변동과 부어류 자원변동의 기작
(Mechanism for the changes in climate mediated oceanic structure and fluctuations in the abundance of pelagic fishes)

기후변동에 관련된 해양구조(예, 상부혼합층깊이, MLD)의 변화가 어류의 먹이(기초생산)를 변화시켜 어업자원생물(예, 정어리)의 생잔률과 가입량이 변하고 자원의 풍도가 변동한다(Nishikawa and Yasuda 2008). 극동해역의 부어류 가운데 정어리의 생산량은 대단히 높아 1930년대의 풍어시대는 연간어획량이 270만 톤, 1980년대의 풍어시대에는 550만 톤에 달하였다. 이 정어리자원의 장기변동에 미치는 어획의 영향은 확실하지 않으나 기후변동의 영향은 뚜렷하게 나타나고 있다. 정어리의 풍어시대에 북서(북동)태평양은 해표면수온이 평년보다 저온(고온)이었다.

정어리(*Sardinops melanostictus*)의 자원변동은 쿠로시오속류역의 동계표면수온(SST)의 변동과 관련된다는 것이 알려져, 지금까지의 연구로부터 SST의 변동 그 자체가 정어리에 직접영향을 미칠 가능성과 SST변동은 쿠로시오속류역의 환경변동을 대표하는 것이라, 정어리에 대해서는 별개의 요인이 영향을 미칠 가능성을 보였다. 최근의 연구(Nishikawa and Yasuda 2008)에서는 후자에 주목하여 1979년부터 1993년에 걸쳐 정어리의 후기자어(post larva)기부터 1세까지의 사망계수와 쿠로시오속류역의 겨울 혼합층심도(mixed layer depth, MLD)사이에 유의한 부(-)의 상관관계가 존재한다는 것을 알았다(Fig. 7-10). 북서태평양의 MLD의 변동이 기후변동에 관련되었음은 이미 잘 알려졌다(Sugimoto et al. 2001, Qu 2003, Qiu and Chen 2006). 1980년대 전반에는 혼합층이 깊고 정어리의 생존률이 높았다. 한편 1980년대 후반부터 1990년대 전반에는 혼합층이 낮고 정어리의 생존률이 낮았다. 그리고 MLD, SST, 광합성유효방사(PAR), 영양염분포의 관측 자료에 의하여 구동되는 저차생태계model을 써서 봄의 동물플랑크톤밀도를 구하여 정어리사망계수와의 사이에 부(-)의 상관관계가 있음을 보였다. 이것은, model내에서 식물플랑크톤의 bloom이 겨울의 혼합층이 깊은 해에는 봄에, 얕은 해에는 겨울에 일어나, 그 결과 봄의 동물플랑크톤의 밀도가 겨울MLD에 대응하여 해마다 변동하기 때문이다. 이 연구결과 겨울MLD의 변동에 의하여 정어리 자어, 치어가 수송되는 봄의 쿠로시오속류역에 이료가 적어지고, 1980년대 후반부터 1990년대 전반에 걸친 정어리자원의 붕괴를 일으켰을 가능성을 시사한다.

기후변동에 관련된 북태평양의 해양구조의 변화가 생물생산의 변동을 유발하는 기작을 다음과 같이 요약할 수 있다. 알류샨저기압과 함께 변동하는 아시아계절풍은 북태평양의 북부(아한대 및 한대해역)와 남부(온대 및 아열대해역)의 상층해황에 서로 상이한 변화를 유발한다. 즉 알류샨저기압과 함께 발달된 겨울의 계절풍의 영향으로 태평양북부해역의 상부혼합층깊이(MLD)는 얕아지고 중남부해역의 MLD는 깊어진다. 이 중남부해역은 광합성유효방사(PAR)가 충분하므로 겨울–봄의 깊은 상부혼합층과 함께 유광층으로 공급되는 영양염류가 증가하여 광합성이 활발하게 일어나고, 북부해역에서는 영양염류가 풍부하므로 MLD가 얕아지면 기초생산에 유리한 조건(임계심도, Dcr 〉 상부혼합층 심도, MLD)이 갖추어져 기초생산이 활발해진다.

1970년대 중기(1976/1977)에 겨울의 알류샨저기압과 함께 강화된 강한 아시아계절풍은 북태평양북부해역의 저기압성순환과 얕은 MLD를 유발하고, 북태평양중남부해역의 고기압성순환과 깊은 MLD를 유발하여 기초생산이 활발하게 일어났다. 따라서 정어리의 먹이생물의 폭발적인 증가는 정어리의 치, 자어의 생잔률을 증가시켰다. 한편 1980년대 후기(1988/1989)의 기후체제변화는 북부해역에서 평년보다 깊은 MLD, 중남부해역에 얕은 MLD를 유발하고, 기초생산에 불리한 조건을 유발하여 정어리 자, 치어의 생잔률을 격감시켰다. 따라서 이 기후체제변화와 함께 정어리자원이 감소하였다.

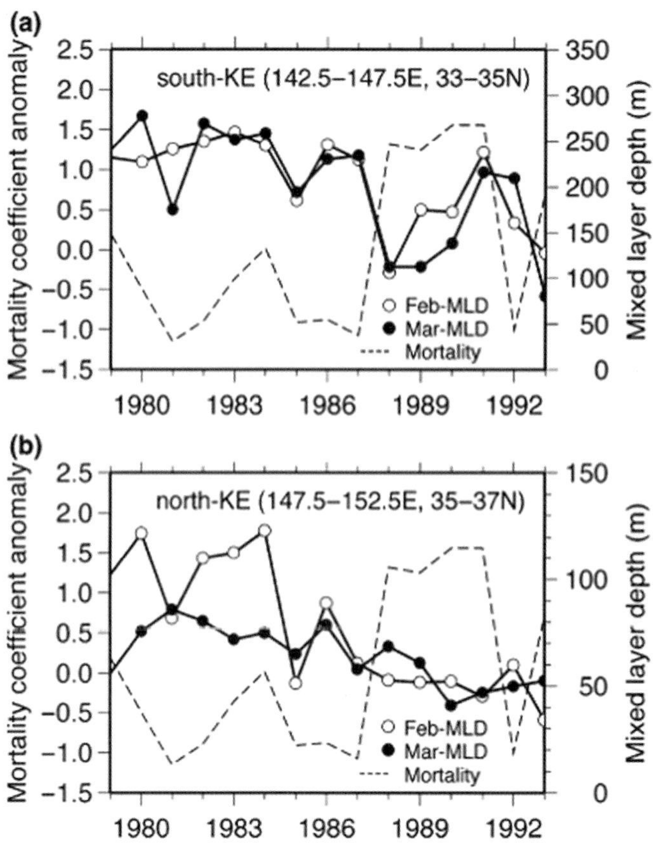

Fig. 7-10. Time series of the mortality coefficient anomaly from post-larvae to age 1(broken line), February MLD (solid line with open circles) and March MLD (solid line with closed circles) in the (a) south area and (b) north area of Kuroshio Extention from 1979 to 1993(After Nishikawa and Yasuda 2008).

Fig. 7-10. 쿠로시오-속류 남부(a)와 북부(b)의 1979년부터 1993년의 후기치어부터 1세의 정어리 사망계수편차(파선), 2월 혼합층 깊이(MLD, 실선-원), 3월 MLD(실선-점)의 시계열(After Nishikawa and Yasuda 2008).

7.7 기후해양 변동과 소형 부어류 풍도의 동서진동
(Climate regime shifts and regional difference in small pelagic fish population abundance)

(1) 기후-유발 해황변동과 부어류 개체군풍도의 경년 및 준10년 변동
(Climate-mediated oceanic conditions and annual and decadal fluctuations in abundance of pelagic fish populations)

해양기후지수(1900~2005), 어획량(1905~2005) 및 체장자료(1960~2006)를 기초로 동중국해 및 그 인접해역에 산란장을 가지는 부어류(청어, 정어리, 멸치, 전갱이, 고등어, 꽁치 및 오징어)개체군 풍도의 연별 및 준10년 규모의 두 해역(TWC 및 KOC)간 변동이 설명되었다(Gong, Suh, Han, Seong 2008).

부어류(예, 전갱이) 풍도의 대한/대마난류(TWC)해역과 쿠로시오-오야시오(KOC)해역사이의 음(-)의 상관관계는 겨울계절풍에 의한 취송류, 해류, 산란기 및 산란장에 의한 치어수송 및 가입양의 기후적 조절(climatic modulation)에 기인한다. 1930년대, 1970년대 및1980년대 후기에 두해역의 어류 개체군의 풍도의 변화와 탁월종의 교체현상이 기후지수(ALPI, AOI 및 MOI)에서 분명하게 나타났다. 두 해역간의 준10년 규모의 기후변화 진동은 어류 개체군의 치어수송, 가입양의 지역차이를 유발하여 결국 부어류 개체군의 풍도의 차이가 일어난다. 1980연대와 같이 알류샨저기압이 강하게 발달하는 기간에 강한 겨울 아시아계절풍, 한랭체제 및 증가한 쿠로시오 수송량에 동반하여 동중국해에서 KOC해역으로 치어수송이 증가하였으며, 반면 1990연대와 같이 알류샨저기압이 발달하지 않은 시대에는 약한 겨울계절풍, 온난체제 및 대한/대마난류체제의 증가된 수송수량에 동반하여 TWC해역으로 수송되는 어류의 치어 및 자어가 증가하였다.

1990년대에 고등어의 풍도가 KOC해역에서 감소하였으나 TWC해역에서 증가한 것은 반 안정적으로 온난했던 계절풍에 동반된 동중국해의 산란장 및 성육장의 온난체제하에서 가입양과 자원이용도가 증가한데 일부 기인된다. TWC해역에서 고등어와 전갱이의 풍도의 변동에 비록 어획에 의한 열대화(tropicalization)현상이 인정되었으나, 환경-의존적 성장형(environment-dependant growth form)에 따른다. 정어리의 개체군에 밀도-의존적 성장형(density-dependant growth form)이 나타났으나, 세대기간(3-4년)은 짧은데 풍도의 탁월기간(10-20년)이 길어 어획에 의한 열대화가 인정되지 않은 것은 환경-의존적 성장형이 풍도의 변동을 유도하기 때문임을 암시한다.

(2) 극동해역(TWC 및 KOC해역)의 부어류개체군의 기후-유발풍도변동기작
(Hypothesized mechanism explaining climate-induced fluctuations in pelagic fish populations in the Far East (KOC and TWC) Regions

❶ 부어류개체군(예, 전갱이) 풍도의 경년변동
(Year-to-year changes in abundance of pelagic fish populations; e.g. jack mackerel)

겨울계절풍이 강한 해의 해황과 그것이 치어 및 자어에 미치는 영향은 어류 가입량의 지역차이를 강화한다. 예로 1962/1963년에 강화된 겨울의 계절풍에 의하여 KOC해역으로 치어수송이 증가하여 상당량의 전갱이 어획량은 TWC해역에서 KOC해역으로 이동하였다. 그렇지 않았으면 TWC해역에서 이용될 수 있었던 어류가 KOC해역으로 시차 없이 이동되어 두 해역(TWC 및 KOC 해역)의 어획량이 같은 해에 동시변화를 보이는 것은 어획되는 어종이 거의 0 세 혹은 1세 정도의 어린 것이기 때문이다.

전갱이 연별 어획량시계열(Fig.7-9)에서 최근 약 50년(1952–2005년)의 대한/대마난류(TWC) 해역과 쿠로시오–오야시오 해역(KOC)의 연별 어획량이 분명히 구분된다. 이 기간에 겨울의 계절풍이 강한 1957/58, 1962/63, 1967/68, 1996/97년의 전갱이 어획량은 TWC해역에서 감소한 반면 KOC해역에서 증가 한 것은 겨울의 강한 북풍계열의 영향으로 동중국해(TWC 해역)의 산란장에서 발생한 치. 자어가 KOC해역으로 많이 수송되었음을 암시하고 이런 해의 총 어획량이 감소한 것은 강풍에 의한 산란장의 소란에 관련되어 생산성과 어장으로부터의 이출이 증가하고 자원이용도가 감소 한 때문이다.

동중국해남동부의 PN 관측정선(27° 30′N,128° 15′E~30° 00′N,124° 30′E)을 횡단하는 쿠로시오의 수송수량(volume transport)은 1980년대에는 평년보다 높고 1990년대에는 낮았다(Fig.7-11). 동해의 대한/대마난류세력은 1980년대에 약하고 1990년대에 높았던 것과는 반대이다(Fig.7-4). 이 현상은 지구규모의 기후변동에 대한 해양환경의 반응이 국지적으로 다를 수 있음을 암시한다. 이 기후–해양환경의 영향으로 동일 근원지(동중국해)의 어류의 치. 자어의 해역별(TWC 혹은 KOC) 수송량이 달라져 가입량이 다를 수 있다.

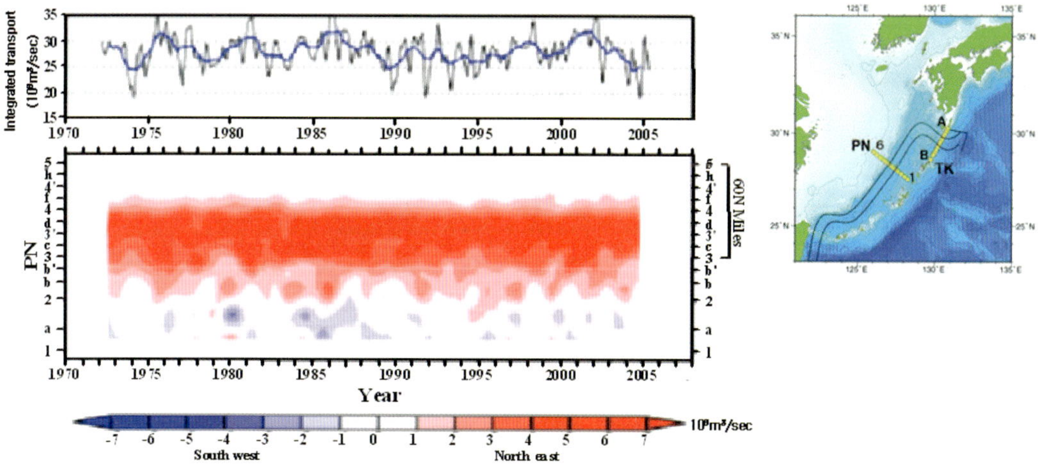

Fig. 7-11. Time series of volume transport of the Kuroshio across the PN Line(27° 30'N,128° 15'E~30° 00'N, 124° 30' E). (site:http://www.jma-net.go.jp/nagasaki/kaiyo/knowledge/kuroshio/index html).

Fig. 7-11. PN 관측선(27° 30'N,128° 15'E~30° 00'N, 124° 30' E)을 가로지르는 쿠로시오 수송 수량의 시계열. (site:http://www.jma-net.go.jp/nagasaki/kaiyo/knowledge/kuroshio/index html).

1980연대에 볼 수 있었던 바와 같이 알류샨저기압이 발달하여 북태평양의 아한대 저기압성(반시계방향)순환과 아열대 고기압성순환의 강화에 따라 동중국해 남부의 PN정선의 쿠로시오 수송수량이 증가하는 반면, 알류샨저기압과 같이 변하는 강한 겨울계절풍에 동반하여 대한/대마난류세력은 약하고 한랭체제가 지속될 것이다. 이에 대조적으로 1990연대에는 약한 겨울계절풍에 동반하여 해양순환이 약하여 쿠로시오수송수량은 감소하고 반면 알류샨저기압의 약화(높은 기압)와 같이 변하는 온화한 겨울계절풍에 동반하여 대한/대마난류세력은 강하고 온난체제가 지속되었다(Fig. 7-12).

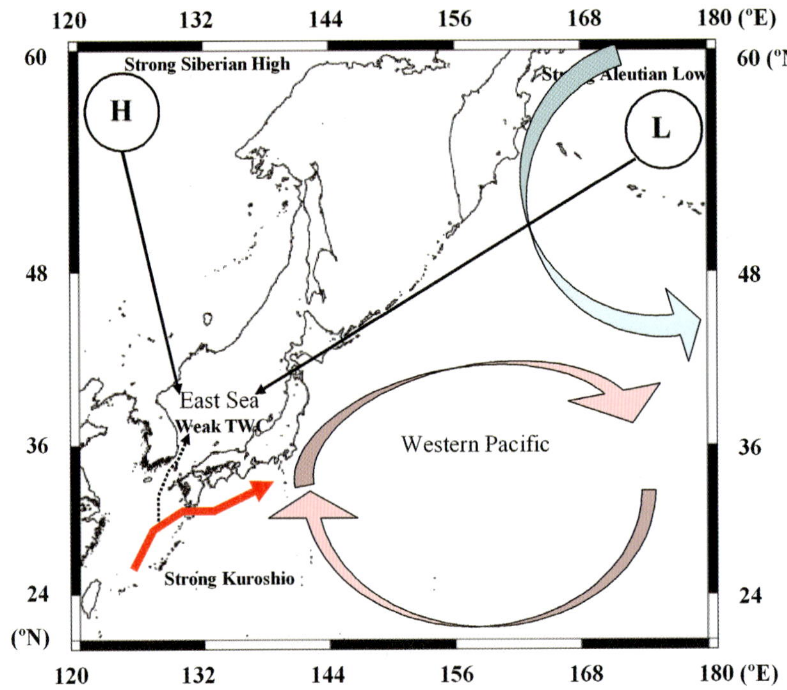

Fig. 7-12. Climate-induced oceanic conditions in the Northwest Pacific and its adjacent regions.

Fig. 7-12. 북서태평양 및 그 인접해역의 기후-유발 해황모식도.

❷ 준10년 기후변동과 부어류개체군 풍도의 지역차이

(Decadal scale climate regime shifts and regional differences in pelagic fish populations)

(a) 기후변동 : 북극진동(AOI)과 강한 아시아계절풍(MOI)과 같이 변동한 깊은 알류샨저기압(ALPI) → 강한 아한대 저기압성 순환 → 제일 오야시오관입FOI)의 남으로의 치우침 → 아열대 고기압성순환의 강화 → 쿠로시오의 수송수량 증가 → 동중국해로부터 KOC해역으로 치어, 자어의 수송의 증가 → 1980년대의 KOC해역의 가입량 증가.

(b) 깊은 ALP와 함께 변동한 강한 아시아 겨울계절풍 → 약해진 대한/대마난류세력 → TWC 해역의 한랭체제 → TWC해역으로의 한정된 어란, 치자의 수송 → 1980년대에 TWC해역에 전갱이, 멸치, 고등어와 같은 난류성 부어류의 낮은 풍도(Table 7-4).

(c) 기후변동 : 북극진동지수(AOI)와 약한 아시아 겨울계절풍과 같이 변동한 약한 알류샨저기압(ALPI) → 약한 아한대저기압성 순환 → 제일오야시오 관입(FOI)의 북으로의 치우침 → 오야시오 해역의 온난체제 → 약한 아열대 고기압성순환 → 감소된 쿠로시오 수송량 → 동중국해로부터 KOC해역으로의 자어, 치어 수송의 감소 → 기후체제급변(1987/1989)부터 1990년대에 KOC해역의 부어류 가입량의 감소하였다.

(d) 약한 알류샨저기압(ALP)과 같이 변동한 약한 겨울아시아계절풍 → 대한/대마난류세력의 강화 → 동중국해의 온난 체제 → 부어류 산란장의 북편 → TWC해역으로의 치어, 자어 수송량의 증가 → TWC해역의 가입량의 증가 → TWC해역의 열대/온대기원의 부어류 개체군의 풍도가 1990년대에 증가하였다.

실제, 정어리의 가입량은 기후변동(1988/1989)에 관련되어 1988년경에 급격하게 감소하고 난류성어류 개체군(전갱이, 멸치, 꽁치 및 오지어)은 급격하게 증가하였다. 이들 4종의 어류자원의 풍도는 1990년대의 약한 겨울계절풍에 관련된 온난체제동안 높은 수준을 유지하였다(Table 7-4). 기후체제변화(1988/1989)후의 1990년대에는 약한(-) MOI는 약한(-) ALP와 같이 변하여, 모든 항목의 부호는 반대로 바뀌므로, TWC해역의 어류개체군의 풍도는 증가(+)하고 KOC해역의 어류개체군의 풍도는 감소(-)하게 된다.

동중국해의 주요 근원지에서 어류의 치어, 자어가 겨울계절풍-유발 수송에 관련되어 가입량의 차이를 나타냄을 기초로 부어류 개체군의 연도별지역차가 설명될 수 있다. 우리는 해황 및 어류개체군의 가입량의 두 해역(KOC 및 TWC)간의 지역차를 기초로 지역간진동의 기후적 유발에 관한 가설적 기작을 제시하였다. 우리들의 모델에 따르면 알류샨저기압과 같이 변동한 아시아 겨울계절풍에 동반된 동중국해 남부의 쿠로시오 수송량의 증가기간에 산란장으로부터 태평양측(KOC해역)으로 어류 치어, 자어의 수송률이 증가하여 1980년대에 부어류(예, 정어리)개체군이 증가하였다. 그 뒤 1990년대에 약한 겨울계절풍과 약한 알류샨저기압기간에 대한/대마난류역의 온난체제는 난류성어류(전갱이, 고등어, 멸치 및 오징어)의 가입량과 풍도가 TWC해역에서 증가한 원인이 되었다.

전갱이 및 고등어의 풍도의 탁월한 기간은 과도어획에 의한 열대화에 의하여 일부 조정이 되나, 이들 어류의 풍도의 장기변동은 해양기후체제의 변동 때문이다. 1990년대 초기의 TWC해역의 고등어의 높은 풍도는 종간 교체주기의 위상을 벗어났다. 꽁치 개체군의 자원구조 및 풍도가 단기 및 장기(준 10년규모)의 기후체제변동에 민감하게 반응하므로 해양생태계변동의 대표적인 생물지표종(bio-indictor species)으로 이용될 수 있음을 암시한다. 정어리는 20세기의 제일차 번영기(1920년대−1930년대)와 2차 번영기(1970년대후기−1980년대)에 KOC해역과 TWC해역에서 밀도-의존적 성장형이 확인되었다. 그러나 자원의 탁월기간(10−15년)에 비하여 세대기간(3−4년)이 짧아 풍도의 장기변동에 환경−의존적성장형의 중요성을 지시한다.

우리는 부어류(예, 전갱이, 꽁치 및 오징어)개체군의 가입량의 지역간 진동과 국지군 및 소군

사이의 혼합의 가능성을 기초로 전 극동해역의 각 개체군의 분포역에서 각 자원구조의 균일성을 제안한다. 기후유발해황이 부어류 가입량의 지역간의 차이의 동서진동을 유발한다는 우리들의 가설을 실증하기위하여 대규모적인 국제공동조사가요구될 것이다.

Table 7-4. Climate-induced zonal oscillation of fish abundance in the Far East before and after the climate regime shift 1988/1989 (Gong et al 2008)

Table 7-4. 기후체제변화 1988/1989 전후의 극동해역 어류풍도의 기후유발-동서진동 (Gong et al. 2008)

Before regime shift (1980s)	
Western sector (TWC region)	**Eastern sector (KOC region)**
+ MOI	+ ALP
+ N'ly wind	+ N'ly wind
+ Winter wind drift	+ Subarctic cyclonic circulation
- Thermal front	- FOI
- Thermal regime	- Thermal regime
+ Cyclonic circulation	+ Subtropical anticyclnic circulation
- Tsushima Warm Current strength	+ Kuroshio volume transport
- Larval transport to TWC region	+ Larval transport to KOC region
- Recruitment of pelagic fish populations	+ Recruitment of fish populations
- Abundance of fish populations	+ Abundance of fish populations
After regime shift (1990s)	
Western sector (TWC region)	**Eastern sector (KOC region)**
- MOI	- ALPI
- N'ly wind	- N'ly wind
- Winter wind drift	- Subarctic cyclonic circulation
+ Thermal front	+ FOI
+ Thermal regime	+ Thermal regime
- Cyclonic circulation	- Subtropical anticyclonic circulation
+ Tsushima Warm Current strength	- Kuroshio volume transport
+ Larval transport to TWC region	- Larval transport to KOC region
+ Recruitment of pelagic fish populations	- Recruitment of fish populations
+ Abundance of fish populations	- Abundance of fish populations

Note; + indicates increase, strong, warm and northward
- indicates decrease, weak, cold and southward

08

요약(Summary)

기후변화와 해양생태계

Climate Change and Marine Ecosystem

08 전체요약(Overall Summary)

기후-해양-어업자원-해양생태계의 변동에 관한 총괄적 요약은 다음과 같이 간추려진다.

1. 생태권의 무기의 세계(inorganic world)속에 수용된 유기(organic world)의 세계는 서로 깊은 관련을 가지고 변동하고 있음을 기후-해황 변동과 생태계내의 어업자원의 변동에 관한 메커니즘에서 이해할 수 있다. 어업(fisheries)이 이루어지는 해양생태계(marine ecosystem)는 생명의 존재가 가능한 생태권(ecosphere)의 일부이다. 어업대상의 수서생물을 포함하는 유기의 세계인 생물계(biosphere)는 대기(atmosphere), 지권(lithosphere) 및 수권(hydrosphere) 등의 무기의 세계에서 끊임없는 상호작용을 한다.

   지난 반세기동안 폐쇄 및 반 폐쇄된 유럽과 동아시아해역의 대단히 급격한 온난화는 자연적 장기변동현상에 더하여, 산업 및 인구집결에 따른 육지온난화가 인근 연안해역에 직접 영향을 미치기 때문이었다. 특히 담수의 영향을 받는 해역에서는 지구온난화영향이 지역적 규모에서 조절 및 강화되었다. 지구온난화에 따른 해양상층수온의 상승은 생물기후대(bioclimatic division)의 이동과 해양구조의 변화를 통하여 해양생태계의 변동을 유발한다.

   첫째, 상층수온의 상승은 생물기후대의 극지방으로의 이동을 촉진한다. 수온의 상승은 어업대상 어종의 북(북반구)/남(남반구)으로 혹은 심층으로의 이동을 촉진하고 해양생태계내의 군집간의 상호작용의 변화를 통하여 어업에 영향을 미친다. 둘째, 상층수온의 상승과 함께 상부혼합층심도(MLD)가 얕아져 강화된 성층(stratification)으로 비옥한 중층냉수의 유광층(euphotic layer)으로의 용승 혹은 공급이 저지되어 기초생물생산이 영향을 받아 치어 및 자어의 먹이생물과 어류의 가입량이 변동하여 어업자원의 풍도가 변동한다.

2. 기후에 관련된 계절풍(monsoon)으로 유발되는 해류계의 변형은 해양생태계에 대하여 물리적 및 생물학적 충격(impact)을 준다. 물리적 충격으로 해황(예, 해류의 방향과 수송량, 수괴의 특성, 전선층)의 변동을 들 수 있다. 바람응력(wind stress)의 변화는 해류계의 소란(disturbance) 혹은 변형(distortion)을 통하여 어류의 회유회로(migration circuit)의 변형과 기초 및 2차 생산, 특히 어업자원생물의 가입량(recruitment)에 영향을 미친다.

   예로 회유성 어업생물개체군(예, 고등어 혹은 꽁치)의 개발 혹은 관리단위인 한 어업자원(unit stock)은 한 해류계(예, 쿠로시오, 대한난류)에 수용되어 그 뿌리부분(동중국해)의 산란장에서 가지부분(북서태평양 및 동해)의 색이장 사이를 회유하는 회유회로를 형성하여 자자손손 대를 이어간다.

   계절풍(풍속, 풍향)의 변동에 따라 해류계(유속, 유향)가 변형(distortion)되면 어류의 산란장의 환경변동으로 적기/적소에서 산란이 불가능하다. 색이장의 환경(기초생산-어류의 먹이생물생산 시기/장소)이 변하여 어류의 치어와 먹이생물의 시공간적 불일치(mismatch)로 자원생물의 어장으로의 가입량이 감소하고 어업대상 자원의 풍도가 격감하여 어업은 붕괴된다. 이 해류의 변형은 회유회로와 어란, 치어, 자어의 수송의 지역차이를 유발하여 어업자원생물의 어장으로의 가입량에 영향을 미치고 자원이용도(availability)의 변화와 함께 풍도의 지역차이를 유발한다.

3. 해양기후체제에 대한 어업자원생물의 적응이 특이하다. 예로 기후변동에 따른 북서태평양과 북동태평양의 상층온도체제는 서로 역 상관을 가지나 정어리 와 멸치가 각 해역에 적응하는 생태

적 특징이 서로 역 상관을 가지므로 두 해역에서 동일 어종에 대한 풍도의 장기변동은 기후유발-해양변동지수와 위상을 같이한다.

해양기후변동과 탁월어종의 교체 및 풍도는 동서간 지역차이가 일어날 수 있다. 북서태평양의 다획성부어류의 풍도변동은 기후변동지수(예, 알류샨저기압, 북극진동 및 동계계절풍지수)와 위상을 같이 한다. 극동아시아의 해역을 북서태평양과 한반도근해(동해, 황해, 남해 및 동중국해)로 나눠보면 부어류의 탁월어종의 교체는 두 해역에서 위상을 같이하나, 풍도의 변동에 지역차이가 인정되는 것은 계절풍-유발 해류수송-치어, 자어의 수송량의 차에 의한 가입량의 지역차이 때문이며, 어획량의 지역차는 어획의 실태(fishing nature) 및 자원이용도(availability)의 차이 때문이다.

4. 해양기후변동과 관련한 어업자원의 지속적 이용을 위하여 다음과 같은 체제전환(regime shift)이론에 따르는 새로운 관리방안을 이해하고 적절한 관리체제를 구축해야할 것이다.
   ① 어업자원의 변동원인은 기후변화에서 찾을 수 있다. 어획은 그 규모를 확대하면서 태고로부터 현재에 이르기까지 행하여져왔다. 그런데 해양에 있어서는 환경변화 아니면 환경파괴에 의하여 절멸한 어류는 있으나, 강한 어획의 압력에서도 어획에 의하여 절멸한 어류는 아직 알려진 바 없다. 어업은 예부터 풍어와 불어를 반복하여왔다. 그 주 원인은 인간의 손에 의한 난획이나 환경파괴가 아니다. 정어리를 비롯한 여러 물고기(魚)의 수가 대양규모의 기후의 영향으로 크게 변동하기 때문이다.
   ② 새로운 지구환경관으로서 체제전환(regime shift)이론이 새로 대두되었다. 바다와 거기서 생활하고 있는 어류 등 해양생물의 생물량은 크게 변동하고 있는데 그 변동은 뿔뿔이 개별적이 아니고 각각이 하나의 계(system)중의 유기적인 구성부분으로서 변동하고 있다. 세계의 대기, 해양 및 해양생태계는 하나의 system으로 수10년의 시간규모로 조화가 취해진 변동을 하고 있다는 새로운 지구환경상 즉 지구환경관이 형성되었다. 즉 체제전환(regime shift)이란 「대기, 해양, 해양생태계로 구성되는 지구환경 system의 기본구조(regime)가 수10년의 시간규모로 전환(shift)하는 것」이다. 대기-해양-해양생태계라 하는 지구환경 system의 변동을 통일적으로 설명할 수 있는 이 regime shift이론은 새롭게 해양 생물자원의 지속가능한 이용에 근거를 제공한다.

5. 체제전환이론은 어업자원변동으로 인정되었다. 기후변동은 해양생태계 구성요소인 정어리, 멸치 등의 어업자원생물이 광역동시변동성과 어종교체의 형태로 증폭하여 나타남으로서 발견되었다. 해양생태계내의 먹이망(food web)의 한 구성요소인 정어리가 반구, 전지구적규모에서 수10년 시간 규모로, 기후 및 해양생태계의 변동과 위상을 같이하여 동시변동성(synchronicity)을 보이는 현상에서 체제전환(regime shift)의 이론이 대두된 것이다. 체제전환(regime shift)이라는 지구적 수10년 규모의 해양생물의 변동현상은 태평양의 정어리와 멸치의 어획량변동을 통하여 1983년에 처음 발견되고, 환경변동의 지표인 태평양 10년 변동(PDO)은 연어의 연구에서 태어났다. 이것은 기후의 신호(signal)가 해양생태계에 의하여 추출되었다는 것을 의미한다. 결국 regime shift는 기후변동이 생물에 전해져서 그것을 생물이 증폭함으로써 보이게 된 것이다.

이 체제전환(regime shift)이론은 여러 관련분야에 확장되었다. 이 발견은 대기와 바다의 연구에 크게 자극을 주고 특히 1990년대에 들어서부터 그 연구는 수산자원학, 해양물리학, 해양생물학, 기상학, 기후학 및 수산해양학을 포함한 광범위한 분야에 퍼져 그들 분야에서 가장 선단적인 연구영역이 되고 있다. 따라서 대기권에서 해양생태계로 이어지는 지구환경을 하나의 system으로 이해할 필요가 있다.

6. 한반도 주변해역을 포함한 극동해역의 해양생태계 체제전환과 어종교체자원의 변동에 관한 연구가 최근에 활발하게 이루어지고 있다. 수 10년간의 한 체제(저기압지속기간 혹은 온난지속기간)에서 다른 체제(고기압 혹은 한랭기간)로의 전환기간은 2~3년 내의 단기간이다. 다획성부어류(예, 정어리, 멸치, 고등어 전갱이, 꽁치)및 오징어 등은 이 기후체제전환과 함께 갑자기 증가 혹은 변동하고 증가하는 자원과 감소하는 자원사이에 역상관이 뚜렷한 어종교체(alternation of dominant species)현상을 나타낸다. 즉 regime shift에 의한 어종교체현상을 보이는 어업자원의 변동은 지구환경체제의 변동에 따른다. Regime shift 이론에 따르면 과잉한 어획압에 의하여 regime shift의 변동 system이 어지럽혀지던지 파괴되던지 하는 것이 난획(over fishing)이다.

이제 평형이론 즉 최대지속적생산량(MSY)이론에 의한 어업자원관리방안은 퇴색되고 있다. 평형이론에서 가정하는 어류의 친자(親子)의 수량관계는 약하고, 다음 세대의 새끼들의 수는 어미의 수에 의하지 않고 산출된 알의 생잔률(survival rate)에 주로 지배된다. 자원량이 높을 경우에 자원의 감소는 밀도 의존적(density-dependant)일 수 있으나, 자원이 낮은 수준에서 폭발적으로 증가할 수 있는 큰 연급군(dominant year class)의 출현은 밀도독립적 즉 환경 의존적(environment-dependant)으로 일어난다.

지난 한 세기동안 어업자원의 관리에 쓰인 평형이론 즉 MSY에 기초를 둔 총허용어획량(TAC)에 의한 관리방식은 지구환경의 변화를 무시한 결과 이제 그 의미가 퇴색되고, 따라서 UN해양법에 명시된 배타적 경제수역(EEZ)내의 자원관리에 관한 규정도 수정되어야할 단계에 이르렀다.

7. 순응적 어업자원관리방식이 제안되고 있다. 새로운 자원관리방식의 한 예로, regime shift에 의하여 크게 변동하는 어종교체자원에 대하여 순응적 관리 방식이 있다. 복수의 어업대상자원 가운데 자원상태가 양호한 것부터 어획하고, 자원의 회복의 기미가 있으면 완전히 회복될 때가지 기다리는 인내를 요구한다. 여기에 자원상태의 평가에 불확실성을 제거하기위하여 생태계의 거동과 그 속의 어업자원의 정확한 분포 및 그 풍도의 파악을 위하여 다 학문적 다 항목의 기초조사가 이루어질 것을 전제로 한다.

어업생물자원의 이용과 생태계관리는 불가분의 관계에 있다. 배타적 경제수역(EEZ)를 넘는 광역생태계의 국제공동관리가 필요하다. 물고기는 대기나 해수와 같이 지구환경으로서의 해양생태계의 구성부분이다. 이 것은 생물자원의 이용은 해양생태계를 파괴하지 않는 범위 내에서 허용될 것과 그래서 그 지속가능한 이용을 위하여 EEZ에 꼭 매달린 한 지역/해역 혹은 1국가주의가 아니고 EEZ를 넘는 광역의 국제협력이 필요하다는 것을 보이고 있다. 우리는 이 일을 regime shift 이론을 통하여 볼 수 있어야한다. 국가에 의한 자원관리로부터 국제협력에 의한 해양생태계의 지속가능한 이용으로의 전환의 전망을 가질 필요가 있다. 그래서 한반도는 극동해역에서 몇 개의 광역생태계의 중앙에 위치하여, 금후 설립되어야할 해양생태계관리 국제소지역기구(가칭, Far-East Marine Ecosystem Conservation Body)를 주도해야할 중요한 지정학적 위치에 있다.

이상의 각 부문에서 논의된 중요한 내용을 간추려본다.

8.1 지구온난화와 어류의 분포이동 (Global warming and shifts in distribution of fishes)

지난 20세기의 지구표면(육지 및 바다)온도의 급격한 상승의 주 원인은 인간 활동에 의 한 대기의 온실가스농도의 증가에 기인되고, 해양표면수온의 상승은 기온의 상승과 함께 더워진 하천수와 생활배수에 기인된 것으로 추정된다. 지난 50(1957–2005)년의 세계 대규모해양생태계(LME)의 표면수온변화율은 큰 지역차이를 보이고 특히 재난 25(1982–2006)년의 가장 급격한 온난화는 아한대환류역, 유럽근해 및 동아시아해역(동해-동중국해)에 국한되어 있다(Figs. 1-7, 1-8, 1-9, 1-10). 해면수온상승의 원인의 하나로 약해진 순환으로 용승이 약해지는데 있으며, 이 순환의 약화로 해양으로부터 CO_2의 방출이 약해질 수 있다. 한편 수온의 상승은 어업대상 어종이 북으로 혹은 심층으로 이동하여 군집간의 상호작용이 변하여 어업에 영향을 미칠 수 있다.

8.2 기후지수(Climatic indices)

북태평양의 해양생태계 변동을 유발하는 **기후지수**는 다양하나(Table 1-1), 한반도근해의 생태계와 여기에 포함된 어업대상의 부어류자원이 민감하게 반응하는 기후지수는 알류샨저기압(Aleutian Low Pressure, ALP)과 같이 변하는 겨울계절풍지수(winter monsoon index, MOI)이다. 북태평양의 해양생태계와 어업자원생물들은 1970년대 중기(1976/1977년)의 기후변화에 민감하게 반응하고, 한반도근해의 해양생태계와 어업자원생물 특히 회유성부어류는 1980년대 말기(1988/1989년)의 기후변화에 더 민감하게 반응하였다. 특히 황해, 동중국해, 동해 및 오호츠크해 등의 북서태평양 연변해역에서는 여러 기후지수 가운데 북극진동(AO) 및 겨울계절풍(MO)은 ALP이상의 강한 영향력을 가졌다.

8.3 대한/대마난류역 상층의 기후체제전환(1987/1988)전후의 해황 (Oceanographic conditions in the upper layer of the Korea/Tsushima Warm Current region before and after the climate regime shift(1987/1988))

1980년대에는 동중국해북동부(한반도남부와 일본 Kuyshu 서방)와 동해동남부의 대한/대마난류역의 해표면수온(SST)이 평년보다 현저히 낮은 한랭체제(cool regime)가 인정되고, 1980년대 후기(1987/88년)의 기후체제전환 이후(1990년대)에는 뚜렷하게 높은 온난체제(warm regime)를 나타내었다. 이와 같은 대한/대마난류역의 온난 및 한랭체제는 영구수온약층 이천의 상층(50–100m층)의 열체제(thermal regime)에서 같은 현상을 보였다. 이 해양–기후의 장기 및 준 10년 변동은 극동해역에 분포하는 부어류 풍도의 장기 및 준 10년 변동에 반영되었다(Figs. 1-11, 2-10, 2-11, 4-7, 7-6, 7-9).

8.4 열구조와 생물기후대(Thermal structure and bioclimatic division)

극동해역의 인공위성영상에 의한 해표면수온(SST)분포로 나타나는 해양상층 열구조의 수평분포는 남서에서 북동으로 대각선 형태로 배치되는 열대에서 한대까지의 7개의 생물기후대(열대, 아열대, 난온대, 중간온대, 냉온대, 아한대 및 한대)를 질서 정연하게 나타낸다(Figs. 6-1, 6-2).

8.5 수리 및 생물학적 계절(Hydrographic and biological seasons)

동해의 아극전선(subpolar front)이남의 중부-남동부 대한/대마난류해역의 수리학적 달력(hydrological calendar)은 기상학적(인간) 달력으로부터 크게 벗어나 여름(7-10월), 가을 및 겨울(11-3월), 봄(4-6월)으로 나눠지고, **생물학적계절**은 기상학적 및 수리학적 계절로부터 시차를 가지고 나타나 생물학적 달력(biological calendar)은 여름(8-1월), 가을(2-3월), 봄(4-7월)으로 나눠지므로 생물학적 겨울이 인정되지 않는다(Table 4-3). 동해남동부해역으로부터 한국남해를 포함한 동중국해의 동남부해역에서 볼 수 있는 이와 같은 수리학적 및 생물학적 달력은 이 해역의 난류와 열적성층(thermal stratification)의 계절변화에 직접 관련된다. 이 현상은 동해의 극전선이북의 기상학적 ,수리학적 및 해양생물학적 계절이 같은 위상으로 변하는 것과 대조적이다.

8.6 광합성에 필요한 수리조건의 해역차이 (Regional differences in hydrographic forcing functions for photosynthesis)

동해의 연평균태양방사광(단파방사)의 계절별 해역별 분포는 겨울–봄에는 서고동저, 여름–가을은 남고 북저의 형태를 보인다(Fig. 2-13). 특히 동해의 중서부해역(한반도동안)의 겨울–봄의 단파방사광(Q_s= 80~170Wm^{-2})은 다른 해역에 비하여 높으므로 깊은 임계심도($Dcr = I_0/k.I_c$)를 가지고 상부혼합층의 깊이(MLD, 30~50m)는 다른 해역에 비하여 얕다. 따라서 이 해역은 동계에도 기초생산에 필요한 수리적 조건(MLD 〈 Dcr)이 충족된다(Zhang and Gong 2005). 여기서 영양염류가 충분히 공급될 수 있도록 약한 성층역(weakly stratified waters) 이 형성되면 기초생산이 활발할 것이 기대되다(Cushing 1989). 실제 동해의 극전선이남의 중서부해역과 한국남해를 포함한 동중국해역에서는 생물학적 겨울이 없이 주년 기초생산이 가능하며, 봄에는 강한 북풍에서 벗어나게 되어 수주의 성층이 약하나 안정되면 얕아진 혼합층과 충분한 광합성유효방사는 식물플랑크톤의 폭발적 번식(bloom)을 유발한다(Figs. 4-3, 5-1).

8.7 삼투압과 수산생물의 폐사 (Osmotic pressure and mass mortality of marine organisms)

수산생물이 서식하는 환경은 그 생물의 체액의 농도와 다소 다르나 서로 균형이 취해지고 있다. 천해 혹은 내만의 저염수역에 서식하고 있는 수산생물들은 염분이 너무 높은 고온-고염의 외양수가 밀려들면 삼투압조절과정에 체내의 수액이 체외로 빠져나와 폐사한다. 태풍은 고온-고염의 난류를 남해안의 내만 깊숙이 밀어 넣는다. 연안–내만의 저염수역에 서식하는 생물에 피해를 주는 바닷물은 동중국해에 밀려드는 염분이 낮고 온도가 높은 난류 표층수가 아니고 태풍과 함께 갑자기 밀려드는 염분농도(34.4-34.7 psu)가 높은 대한/대마난류 중핵수(Tsushima Warm Current Core Water-mass)이다(Figs. 4-1a, 4-1b).

8.8 수산동물의 적정서식 환경과 어장의 환경요인 (Habitats for aquatic animals and favourable environmental factors for fishing)

수산생물은 언제나 가장 적합한 환경에 서식하려 적합한 환경을 찾는 것은 그들의 본능이며 중위도해역의 해양환경은 계절변화가 심하여 그들은 주년 그 자리에 있을 수없어 그들과 그들의 치어 및 자어들이 필요로 하는 물리적 환경(수온, 염분) 및 생물적 환경(먹이)을 찾아 계절적 회유를 한다(Figs. 2-3, 7-1). 한반도근해의 회유성 부어류의 대부분은 겨울에 남쪽바다 그리고 여름에 북쪽바다를 찾아 회유하지만 이들을 어획대상으로 하는 어선들의 활동범위는 여러 사정 때문에 주년 그들이 분포하는 곳을 찾아갈 수 없어 어장은 그 분포역의 극히 일부분에 국한된다. 따라서 한국의 어종별 어획량의 월별어획비율은 계절변화가 크다(Gong et al.2008, NFRDI 2005). 그리고 그들이 어획되는 어장의 환경요인(예, 수온, 염분, 먹이생물)은 그들이 어획된 곳의 물리적 및 생물적 특성치에 불과하며 그들이 서식하는 최적 환경요인이라 볼 수없다. 그들의 적정서식환경은 전 생활기간에 쉽게 변할 수 없기 때문이다.

8.9 적조생성기작(Mechanism for red-tide generation)

기초생물의 폭발적 번식 즉 적조발생의 기작과 그 예찰은 유기의 세계(생물계)를 지배하는 무기의 세계(대기, 수리 및 해저)를 추적(monitoring)함으로써 가능하다. 적조성인생물은 다음조건이 갖추어질 때 폭발적으로 번식한다.

① 충분한 일광(광합성유효방사, Photosynthetically Active Radiation; PAR)이 필요하다.

② 영양염류(Nutrients)의 충분한 공급이 필요하다. 연안의 조석전선의 적조는 조류, 해일 혹은 태풍에 의한 해저의 소란으로 영양염류가 수온약층부근으로 공급될 때 폭발적이다. 외해의 성층역에서는 재생(regenerated)된 영양염류의 공급이필요하다.

③ 세포분열에 필요한 충분한 시간(규조류에는 약 6시간, 편모조류에는 약9시간)동안에 수온약층부근의 수주가 안정된 상태에 있어야한다. 이상과 같이 일광, 영양염류의 공급을 위한 해수의 소란(disturbance)과 세포분열동안의 수주의 안정상태등 물리적요인의 추적은 적조발생전후 상당기간동안에 실시되어야할 기본적 항목이다.

8.10 해양생물의 생태적 특징(Ecological characteristics of marine organism)

① 작은 어란(small fish eggs) : 해산어류의 알(eggs)은 작은 것이 특징이다. 큰 어체(예, 참다랑어)의 알은 작은 어체(예, 정어리)의 알 보다 작다. 어미의 크기에 관계없이 그 새끼가 소형이라는 것이 바다의 생산력을 최대로 이용하여 번식하기위한 해양동물의 기본적인 생존전략이다.

② 다산(high fecundity) : 해산어류는 많은 알을 낳는다. 참다랑어는 수백만-수 천만의 어란을 낳고 정어리는 수십만의 알을 낳는다.

③ 분산(dispersion) : 해산어류가 생활사초기(어란, 유생기)에 해류 혹은 조류의 흐름을 따라 광범위하게 분산되는 것은 번식전략의 하나이다.

④ 초기감모(early stage mortality) : 해양동물은 생활사초기에 대량의 사망을 경험한다. 어류는 알에서 부화된 직후뿐 아니라 변태기를 지난 치어기까지 대량 폐사할 수 있다.

⑤ 변태(metamorphosis) : 해양동물은 태어나서 수주일-수개월사이에 부유생활을 하다가 어린 형태로부터 짧은 시간에 성체에 가까운 형태로 변태를 하여 군영, 저서 혹은 고착생활을 시작한다. 변태기에 성장속도가 큰 개체는 변태를 빨리 마쳐 살아남을 확률이 높다.

⑥ 비한정 성장(indeterministic growth) : 어류는 성체에 달하여 번식을 시작한 후에도 계속 성장하며 산란을 한다. 참다랑어와 청어는 10세 이상 산란을 계속한다.

⑦ 회유(migration) : 어류는 산란과 색이를 위하여 광범위한 해역을 회유하며 한 해류계(current system)에 수용되어 자자손손 대를 이어 한 개체군(population) 혹은 소개체군(subpopulation)을 형성한다.

기후변화와 해산어류의 분포변화에 관련하여 북해(North Sea)에 서식하는 어류의 기후변화에 따른 분포역의 북편 및 심층화에서 볼 수 있는바 와 같은 기후변화에 관련된 어군의 분포 및 이동에 관한 역사적 기록이 극동해역에서 필요하다.

8.11 부어류의 회유회로(Migration circuits of pelagic fishes)

북서태평양의 해류계에 수용되어 분포하는 회유성 부어류의 회유회로는 해류계의 배치형태와 유사하고 해류계의 뿌리부분(동중국해)과 그 인접해역에 기원(산란장)을 둔 어류들은 봄-여름에 그 해류의 줄기부분으로 생산대(production belt)의 이동과 함께 북상하며 색이(색이회유, feeding migration)하고 에너지가 축적된 성어는 가을-겨울에 산란을 위하여 남하(산란회유,spawning migration)한다. 어류가 산란을 필사적으로 해류의 뿌리부분에서 행하는 것은 에너지를 소진한 산란후의 성어(spent adult) 와 어란, 치자가 해류 따라 수동적으로 수송(denatant)될 때 이동하는 생산대(production belt)에서 색이가 필요하기 때문이다. 뚜렷한 두 회유 즉 ① 치어들이 색이장으로 향하는 색이회유(feeding migration)와 ②성어들이 산란장으로 향하는 산란회유

(spawning migration)는 회유회로(migration circuit)를 형성하는데, 이것이 해양생물자원이 세대에서 다음 세대로 이어가며 종족을 유지하는 기작이며 이것은 바람과 해류가 허용하는 한 유지된다(Figs. 2-3, 7-1). 그러나 기후변동에 관련된 바람과 해류의 장기변동으로 어류의 회유회로는 소란(disturbance)을 받거나 붕괴(distortion)되어 산란, 색이, 가입량이 변동하여 자원의 구조 및 풍도가 변한다.

8.12 부어류 자원의 변동형태-어종교체
(Fluctuations in pelagic fish populations; Alternation of dominant species)

어류자원 특히 회유성부어류의 풍도는 인위적인 관리나 자원회복의 수단으로 장기지속성을 유지하기란 거의 불가능한 것 같다. 예로, 정어리(Sardine, *Sardinops meranostictus* 혹은 고등어 Chub mackerel, *Scomber japonicus*)와 같은 소형 부어류는 수10년 주기로 서로 증가와 감소를 반복한다고 알려졌으며, 이 현상은 어종교체(alternation/replacement)라 불린다. 극동해역의 7종의 회유성부어류 풍도의 장기변동에서 다음과 같은 탁월어종의 질서 정연한 교체가 인정 되었다. 청어어업이 붕괴된 뒤에 어종교체순서는 정어리(1930년대), 꽁치, 전갱이, 오징어 및 멸치(1950–1960년대), 청어(1960년대 후반–1970년대 전반), 고등어(1970년대) 및 정어리(1980년대) 순 이었다. 1980년대의 한랭체제의 후기단계에 정어리 생물량이 감소하자 1990년대의 온난체제동안에 꽁치등 4종의 어획량이 곧 증가하였다(Figs. 7-6, 7-9).

8.13 어획과정의 성어기와 한어기에 어류의 어장으로부터의 이출
(Emigration of fishes from fishing grounds during peak and poor fishing seasons)

동중국해 및 그 인접해역에 산란하고 한반도주변에 분포하는 부어류 7개 어종의 월별어획량은 1971–2004년간에는 한정된 어장(30° –40° N, 123° –136° E)에서 대부분 봄의 북상(색이)회유기와 가을의 남하(산란/월동)회유기에 어획됨에 따라, 한국의 어획은 이들 어종의 분포역의 극히 일부분에서 이루어졌다(NFRDI, 1985, 2005, Gong et al.2008). 어획비율이 낮은 한어기(예, 꽁치 및 정어리의 여름과 멸치 및 고등어의 겨울)에는 어획대상종이 어장범위 밖으로 이출(emigration)하였음을 나타낸다. 따라서 자원변동을 나타낼 수 있는 어획량 시계열은 각 개체군의 전 분포역에 걸친 인접국의 자료까지를 필요로 한다.

8.14 생태계내의 물리적 특성에 민감하게 반응하는 생물지표종 (Bio-indicator species sharply responding to hydrographic characteristics in the marine ecosystem)

꽁치의 풍도 및 개체군의 구조의 경년적 및 준 10년 변동은 기후체제변화(1976/1977, 1988/1989)에 따른 생태계내의 물리적 특성의 변화를 민감하게 알려주는 중요한 생물지표종(bio-indicator)임을 나타낸다. 오징어는 서식환경의 변화에 대하여 동족포식을 통한 적응(방향성 선택)으로 살아남기 때문에 생물지표종으로 이용하기에 적합하지 않다.

8.15 어획의 실태와 어업자원의 풍도추정 (Fishing nature and estimation of fish population abundance)

풍도변동에 쓰이는 어획량시계열 : 한반도근해의 회유성 부어류는 산란장과 색이장을 찾아 광범위한 해역을 회유하지만 이들을 어획하는 어선들은 주년 그들이 분포하는 곳을 찾아갈 수없어 어장은 그 분포역의 극히 일부분에 국한된다. 따라서 한국의 어종별 어획량의 월별어획비율은 계절변화가 크다(NFRDI 2005, Gong et al 2007). 어업자원 풍도의 장기변동을 파악하기위해서 노력당어획량과 같은 변동지수가 필요하나 과학적인 조사는 극히 최근의 일이므로 장기변동을 보기위해서는 어획량시계열을 이용할 수밖에 없다. 이와 같이 풍도 장기변동의 기초인 어획량시계열의 해석에 어기, 어장, 어법, 어획성능, 어획의 조정 등 어획의 실태(fishing nature)를 정확하게 평가하여 인위적 요인을 제거해야한다.

8.16 어업자원 풍도변동(Fluctuations in abundance of fish populations)

해양생물자원은 자연적인 요인에 의하여 크게 변동을 반복하고 있다. 1980년대 중반기부터 해양생물자원의 증감경향이 지구상의 각 해역에서 동시에 일어난다고 인식하기 시작하였다. 해수의 교환이 전혀 없는 멀리 떨어진 해역간의 어류의 동시변동(synchronous change)은 해양에 의한 것이 아니고 대기에 의하여 매개되는 것을 나타낸다고 생각되어 지구규모의 기상변동, 대양규모의 해황의 변동과 해양생물자원의 증감경향이 연구되었다. 1990년대에 들어 이들 3자가 수십년주기로 동시에 변동하고 있음이 밝혀지면서 해양생태계의 체제전환(regime shifts)이라는 인식이 형성되었다. 즉 풍계나 기압배치등의 기상현상이 전 지구규모로 하나의 상태로부터 별개의 상태로 변화함에 따라 수온, 해류계, 연직혼합등의 해상기상이 대규모로 변하여 그것에 대응하여 해양생태계에 있어서 기초생산, 2차생산, 생물자원 생산의 구조적 짜임(체제, regime)이 불연속적으로 급하게 전환(shift)한다는 인식이다. 예를 들면, 평균 영양단계와 같은 군집지수를 기초로 분석된 동해의 대한/대마난류역의 어류군집구조는 1980년대 후기에 일어난 변화와 함께 준

10년 변동성을 보이고, 어획보다 기후체제전환에 크게 영향을 받는다는 것을 보였다.

어업의 역사는 자원의 자연변동에 의한 대어(풍어)와 불어(흉어)의 반복의 역사이었다. 인간은 지금까지 약 100년에 걸쳐 해양생물자원의 자연변동을 제어하여 안정화시킬 수 있는 방법을 찾아왔다. 그러나 최근의 해양생태계 체제전환(regime shifts in the marine ecosystem)의 인식은 해양생물자원이 수 10년 시간규모로 일어나는 전 지구적 변동의 일부로서 자연변동을 반복하고 있다는 것, 따라서 자원을 안정화 시키려는 것이 아니고 자연변동에 대응하여 생물자원을 관리 이용할 수밖에 없음을 보여주었다. 100년을 넘는 해양생물자원의 연구의 역사를 거쳐 21세기초두에 우리들은 해양생태계변동과 해양생물자원의 이용에 관한 새로운 인식에 도달한 것이다.

초기감모와 풍도변동원인 : 어류가 부화직후 섭이개시기에 초기 감모가 일어난다고 알려 졌으나, 최근 극동해역의 멸치 및 정어리 0세어 자원량은 섭이개시기가 아니고 그 후 반년정도 기간의 감모에 의하여 결정된다는 것을 알았다. 큰 초기감모가 일어나기 쉬운 자어부터 치어기사이의 변태기를 빨리 통과한 개체일수록 생잔의 확률이 높다. 성장속도에 의하여 초기감모의 정도가 결정된다는 생태적과정이 이들 부어류의 신규가입량을 결정하게 된다. 북서태평양 정어리자원의 풍도 변동은 기후변동에 관련된 해양구조(혼합층)의 변동으로 기초생산의 차이에 따라 치어 및 유어의 먹이에 관련된다.

결국 1970년대 후기부터 1980년대 중기에 정어리자원이 급격하게 증가한 것은 기후변동(알류샨 저기압의 발달로 한랭한 북서계절풍의 강화)에 따라 치어(larvae) 및 자어(juveniles)가 분포하는 쿠로시오속류역(KE)에 동계의 MLD가 깊어져 영양염류공급이 늘고 기초생물생산의 증가로 치어 및 유어 먹이의 이용도가 증가하고 사망률(생잔률)이 감소(증가)하여 자원량이 증가하였다. 1980년대 후기부터 1990년대 초기의 정어리자원의 감소는 치어 및 미성어가 분포하는 KE해역에 불충분한 먹이공급에 기인된다는 것을 알 수 있다.

풍도변동기작 : 기후변동에 관련된 해양구조 및 유동의존 어업자원의 풍도(혹은 어획량)의 변동을 일으키는 기작을 다음과 같이 word summary로 요약할 수 있다.

기후 → 해양체제변화 → 해류의 강약과 흐름의 변화 → 해류의존 회유회로의 변화(팽창 /축소, 소란) → 해양구조의 변화 → 기초생산성 변화 → 치어 및 자어등 초기생활사과정의 먹이변화 → 어란, 치자어의 수송의 변화 → 가입량변화 (증가, 감소, 동서 진동) → 어업자원의 풍도 → 자원이용도(생태적 특징과 환경변화에 의한 어구에의 치상도, 어장에 접근도의 변화, 어장형성, 어획활동의 차이) → 어획량(증감, 동서진동)의 변동이 일어난다.

어업자원의 풍도의 변동요인이 기후변동인가 어획인가, 기후변동 및 어획중에 어느 것이 더 중요한가는 그들 생물이 서식하는 생태계의 규모, 외력에 미치는 정도, 어획의 정도 등 여러 요인과 관련되어 있어 구체적인 기작을 밝혀 자원변동의 장기예측을 위해서는 다 항목 동시조사가 요구된다. 여하간 지금까지의 어획이론에 기초한 자원의 관리론에 집착하고는 문제해결이 어렵다는 것이 이보고서를 통하여 강조되고 있다.

8.17 부어류의 자원구조(Population structure of pelagic fishes)

동중국해와 그 인접해역에 산란장을 두고 극동해역에 광범위하게 분포하는 회유성 부어류(예, 정어리, 멸치, 고등어, 전갱이, 꽁치 및 오징어)는 각각 분포역이 광범위하지만 기후유발 해양변동에 따라 풍도의 증감을 되풀이하면서 각각 어종에서 단일의 개체군이 장기간 유지되어 왔다고 결론을 내린다.

8.18 회유성부어류 풍도의 해역간의 동서진동기작 (Mechanism for the regional difference in abundance of migrating pelagic fish populations)

동중국해 및 그 인접해역에 근원지(산란 혹은 성육장)를 두고 극동의 광범위한 해역에 분포하는 회유성부어류(예, 전갱이) 풍도의 단기(경년적)의 소지역(KOC해역 혹은 TWC해역)간의 차이가 동계의 계절풍유발-해류수송에 의한 어란, 치자수송량의 동서진동에 의한 가입량의 차이 때문임을 확인하고, 이를 기초로 준 10년 규모의 기후유발해황의 동서진동에 의한 어류의 풍도의 지역간 차이를 유발하는 기작이 설정되었다(Fig. 7-12, Table 7-4).

(1) 1980년대의 한랭체제동안에는 서부(Western sector, TWC해역)에서는 북극진동(AO), 알류샨저기압(ALP) 및 계절풍(MO)의 강화 → 겨울계절풍의 강화 → 전선남편 및 한랭해황 → 동중국해 및 황해의 저기압성순환강화 → 대한/대마난류약세 → 어류 자. 치어의 TWC해역으로 수송제한 → 부어류 가입량이 TWC 해역에서 감소하고, 이 한랭체제동안에 동부(Eastern sector, KOC해역)에서는 겨울계절풍(MO) 의 강화 → 강한 아한대 저기압성순환 → FOI(First Oyashio Intrusion)남편 및 한랭해황 → 아열대고기압성 순환강화 → Kuroshio 수송량 증가 → 동중국해의 자. 치어수송량의 KOC해역으로 증가 → KOC해역 가입량 증가 → KOC해역 부어류(특히 정어리 주도) 풍도가 증가하였다(단, 정어리의 현저한 탁월로 그 외의 다른 경쟁 부어류 일부의 증가는 억제된다).

(2) 1990년대의 온난체제동안에는 서부(Western sector, TWC해역) 및 동부 (Eastern sector, KOC해역) 모두 1980 년대의 한랭체제동안과 반대로 1990년대의 온난체제동안에는 TWC 해역의 온대성 부어류(멸치,고등어, 전갱이, 꽁치 및 오지어)의 가입량의 증가로 자원의 풍도가 높게 되었다.

8.19 기후-해양변동이 어업자원의 풍도의 변동에 미치는 기작 (Mechanism for the effects of the climate-ocean regime shifts on the fluctuations in abundance of fish populations)

기후변동은 해양의 구조와 해류를 변동시킨다. 기후유발 해황변동이 어업자원의 풍도 변동에 미치는 영향은 해양의 (i)구조적 변동(예, MLD의 변동으로 영양염류 공급 변화)으로 기초생산이 변동하여 어류 치어 및 자어의 먹이생산의 차이로 성장과 생잔율이 변동하고 가입량이 변동한다.

(ii) 해수의 유동이 어류의 회유회로와 치어 및 자어 수송의 지역차이를 유발시켜 특정 환경에서 성장과 생존율을 변동시켜 가입량의 지역간의 차이로 풍도가 변동한다.

8.20 무기의 세계에 수용된 유기의 세계 (Organic world contained in the inorganic world)

생태권의 무기의 세계 속에 수용된 유기의 세계는 서로 깊은 관련을 가지고 변동하고 있음을 기후-해황 변동과 생태계의 어업자원의 변동에 관한 다음 몇 가지 사례에서 이해할 수 있다.

① 어업(fisheries)이 이루어지는 해양생태계(marine ecosystem)는 생명의 존재가 가능한 생태권(ecosphere)의 일부이다. 어업대상의 수서생물을 포함하는 유기의 세계인 생물계(biosphere)는 대기(atmosphere), 지권(lithosphere) 및 수권(hydrosphere) 등의 무기의 세계에서 끊임없는 상호작용을 한다.

② 지난 반세기동안 폐쇄 및 반 폐쇄된 유럽과 동아시아해역의 대단히 급격한 온난화는 산업 및 인구집결에 따른 육지온난화가 인근 연안해역에 직접영향을 미치기 때문이고, 특히 담수의 영향을 받는 해역에서는 지구온난화영향이 지역적 규모에서 조절 및 강화되었다.

③ 지구온난화의 두 종의 효과: 해양기후변동과 지구온난화에 따른 해양상층수온의 상승은 생물기후대(bioclimatic division)의 이동과 해양구조의 변화를 통하여 해양생태계의 변동을 유발한다.

첫째, 수온과 생물기후대의 이동; 상층수온의 상승은 생물기후대의 극지방으로의 이동을 촉진한다. 수온의 상승은 어업대상 어종의 북(북반구)/남(남반구)으로 혹은 심층으로의 이동을 촉진하고 해양생태계내의 군집간의 상호작용의 변화를 통하여 어업에 영향을 미친다.

둘째, 수온상승이 해양상층구조와 생물생산에 미치는 영향: 현저한 상층수온의 상승과 함께 상부혼합층심도(MLD)가 얕아지나 강화된 성층(stratification)으로 비옥한 중층냉수의 유광층(euphotic layer)으로의 용승 혹은 공급이 저지되어 기초생물생산이 영향을 받아 치어 및 자어의 먹이생물과 어류의 가입량이 변동하여 어업자원의 풍도가 변동한다.

④ 기후/계절풍 유발 해류 변형의 해양생태계에 대한 영향: 기후변동에 관련된 계절풍(monsoon)의 변동은 해황(예, 해류, 수괴의 특성, 전선층)에 영향을 미친다. 바람응력(wind sress)의 변화는 해류계의 소란(disturbance) 혹은 변형(distortion)을 통하여 어류의 회유회로의 변형과 생산과 가입량에 영향을 미친다.

첫째, 회유회로 : 회유성 어업생물개체군(예, 고등어 혹은 꽁치)의 개발 혹은 관리단위인 한 어업자원(unit stock)은 한 해류계(예, 쿠로시오, 대한난류/대마난류)에 수용되어 그 뿌리부분(동중국해)의 산란장에서 가지부분(북서태평양 및 동해)의 색이장사이를 회유하는 회유회로(migration circuit)를 형성하여 자자손손 대를 이어간다.

둘째, 먹이생물의 시공가적 일치/불일치: 계절풍(풍속 풍향)의 변동에 따라 해류계(유속, 유향)가 변형(distortion)되면 어류의 산란장의 환경변동으로 적기/적소에서 산란이 불가능하고, 색이장의 환경(기초생산-어류의 먹이생물생산 시기/장소)이 변하여 어류의 치어와 먹이생물의 시공간적 불일치(mismatch)로 자원생물의 어장으로의 가입량이 감소하여 어업대상 자원의 풍도가 격감하여 어업은 붕괴된다.

셋째, 어란 치자어의 해류수송과 어류풍도의 지역차이: 이 해류의 변형은 회유회로와 어란 치어, 자어의 수송의 지역차이를 유발하여 어업자원생물의 어장으로의 가입량에 영향을 미치고 자원이용도(availability)의 변하와 함께 풍도의 지역차이를 유발한다.

④ 해양기후체제에 대한 어업자원생물의 적응: 기후변동에 따른 북서태평양과 북동태평양의 상층온도체제는 서로 역 상관을 가지나 정어리 와 멸치가 각 해역에 적응하는 생태적 특징이 서로 역 상관을 가지므로 두 해역에서의 동일 어종의 풍도의 장기변동은 기후유발-해양변동지수와 위상을 같이한다.

⑤ 해양기후변동과 탁월어종의 교체와 풍도의 지역차이: 북서태평양의 다획성부어류의 풍도변동은 기후변동지수(예, 알류샨저기압, 북극진동 및 겨울계절풍지수)와 위상을 같이 한다. 북서태평양(TWC해역)과 한반도근해(TWC해역)의 부어류의 탁월어종의 교체는 위상을 같이하나 풍도의 지역차이는 계절풍-유발 해류수송-치어, 자어의 수송량의 차에 의한 가입량의 차이에 기인되고, 어획량의 지역차는 어획의 실태(fishing nature) 및 자원이용도의 차이 때문이다.

기후변화와 해양생태계

Climate Change and Marine Ecosystem

09

금후의 과제(Future Tasks)

기후변화와 해양생태계

Climate Change and Marine Ecosystem

9.1 해양기후 분야(Ocean-climate)

(1) 기상-해황 자동관측 체제 (Automatic monitoring system for climate-ocean parameters)

기후변동이 해양생태계의 변동에 미치는 영향에 관한 조사사업의 일환으로 연안 및 근해의 특정해역에서 연속자동관측체제가 구축될 필요가 있다. 관측체제에 인공위성영상의 기록이 요구된다.

(2) 특정해역의 장기관측체제(Long-term monitoring system in key area)

기후변화의 현상과 예측을 위한 무기의 세계(atmosphere, lithosphere, hydrosphere)와 유기의 세계(biosphere)에 관련되는 다 항목연속관측계획이 필요하다. 지난 50년 동안 실시해온 시험선 정선해양관측의 기본적 위치는 변경하지 않고 계속함이 장기변동을 파악하는데 필수조건이다. 인력과 예산이 매월 각 정선에 시험선으로 모두 cover 할 수 없는 경우에는 동, 남 및 서해의 특정 해역의 기준정선(key lines)을 선정하여 다음과 같은 다 항목을 조사할 필요가 있다. 예를 들어 선정된 표준정선(동해 104선, 남해 205, 207선, 서해 310선)에서 관측될 항목은 다음과 같은 것을 들 수 있다.

(1) 기상요소
(2) 보존성분, 해류 및 조류 수온 염분 기타
(3) 비 보존성분 : 화학적 요소
(4) 생물요소 : 기초생산 및 2차생산에 관련되는 상위영양단계의 생물
(5) 어업자원 생물의 포획 혹은 채집(어업대상생물은 정치망 어획물 혹은 정기적 어획시험) 어업자원의 분포에 미치는 기후변동의 연구를 위해서 그 어업생물의 출현 혹은 분포 범위와 분포중심을 정확하게 추정, 기록할 필요가 있다.

(3) 한국근해의 열구조의 계절적 및 장기변동 (Seasonal and long-term fluctuations in thermal structure in the waters off Korea)

상부혼합층깊이(MLD)는 광합성유효방사(PAR)와의 관계로 광합성의 개시를 결정하는 해양 열구조의 요소이며, 기후변화에 따른 해상풍의 영향으로 그 경년변동이 심하므로 기초생물생산에 필요한 영양염류의 공급에 관련되는 중요한 수리적 요소이다. 계절수온약층, 영구수온약층 및 전선층(frontal layer)은 어업자원생물의 수평 및 연직분포와 회유의 장벽이며 생태학적 경계이므로 이들의 계절 및 장기변동의 형태는 생태계의 구조와 변동의 기초이다. 금후 이 MLD의 결정

에 주의 할 것은 조사되는 해역에서 수온장벽층(barrier layer, 밀도기반 MLD가 수온기반MLD보다 얕은 수주에서 그 중간층)이 뚜렷하게 나타나면 밀도기반의 MLD를 산정하고, 연직보상층(vertically compensated layer, 밀도기반 MLD가 수온기반 MLD보다 깊어지는 수주에서 그 중간층)이 뚜렷하게 나타나면 수온기반의 MLD를 산정하고, 어느 층도 나타나지 않으면 수온기반 혹은 밀도기반의 MLD를 산정할 필요가 있다(Lukas and Lindstrom. 1991, Kara et al. 2000, De Boyer Monte'gut et al. 2004).

(4) 적조 발생해역의 생산성조사(Research on productivity in the red tide zone)

한반도 주변의 대륙붕연변 혹은 조석전선(shelf-break/tidal front zone)의 생산성 측정체제가 적조와 어업생산성의 예측을 위하여 실시될 것이 요구된다. 이 조사에는 질산염 기반 생산성(nitrate-based productivity)의 평가(Morin et al. 1993)를 위하여 인공위성유도의 질산염영상이 필요하며 정지자동관측 체제 및 선박에 의한 직접관측이 필요하다.

(5) 태평양 및 그 인접해역의 해류계 및 수송수량의 장기변동 (Long-term fluctuations of the current systems and volume transport in the northwestern Pacific and its adjacent regions)

1980년대 말기(1988/1989)에 일어난 준10년 규모의 기후체제변화(climate regime shifts)에 관련하여 북서태평양의 Kuroshio-Oyshio Current, KOC)해역과 대한난류(Tsushima Warm Current, TWC)해역의 해류계 및 수온의 변동이 동중국해 및 그 인접해역에 산란하는 소형부어류의 가입량의 해역간의 차이(동서진동)에 영향을 미친다는 연구(Gong et al. 2008)에서, 알류샨 저기압과 공변하는 겨울계절풍의 영향으로 동중국해남부의 Kuroshio의 수송수량이 강한 시기에는 대한/대마난류세력이 약한 것이 인정되었다. 이 기후–해양의 동서진동이 일시적인가 혹은 반영구적인가를 조사하기위하여 두(TWC, KOC) 해류 유역의 수송수량과 수온의 변동을 재평가할 필요가 있다.

9.2 어업자원생물 분야(Fishery biology)

(1) 기후변화에 따른 어업생물의 수평 및 연직적 이동 과 분포역의 변화 (Horizontal and vertical movements and distribution of the fish populations for fisheries)

북해(North Sea)에서 볼 수 있는 기후변화에 따른 어류의 북으로 혹은 심층으로 이동과 같은 현상은 극동해역에서는 밝혀지지 않고 있다. 극동해역에 분포하는 해양생물의 온난화에 따른 분포 및 풍도의 변화를 조사하기위해서는 해역별 종별 분포중심위치에 관한 기록이 필요하다. 시험선 혹은 상업어선의 조업기록으로부터 해역별 종별 연 월 일별어획기록의 분석이 요구된다. 금후에는 기후–해양변화에 관련된 사업으로 어선조업기록, 정치망 양륙실적 및 시험선의 어획기록과 특정해역 정기조사에 관련된 기록을 위한 조사지침이 완벽하게 수립되어 추진될 일이다.

(2) 어류의 분포 및 회유환경 (Habitat for distribution and migration of fish populations)

어류의 해류와의 순항 혹은 해류역행 회유에 대한 연구의 일환으로 북상회유기 혹은 남하회유기의 해류, 잠류 및 반류와 어군의 행동 및 회유에 대한 연구가 필요하다. 북상회유기(산란 및 색이회유기) 어류의 해류와의 순항(denatant)과 남하회유기(가을–겨울의 월동 및 산란회유기)에 해류방향에 역행하여 강한 물리적 충격(impact)을 처리해야하는 해류역행회유(contranatant)의 구체적 기작의 조사 연구가 필요하다. 해류의 반류(counter current), 풍성해류(wind drift) 혹은 잠류(under current)의 조사가 어류의 북상 및 남하기의 어장에서 실시되어야한다: 어류에 부착된 위치(빛의 감지), 수심(수압 감지) 및 온도감지기능의 전자표지표(예, 영국의 CEFAS)를 이용하여 어류의 분포수역의 환경요인을 어류 스스로가 측정하게 하는 방법의 응용이 필요하다. 극동아시아 어류의 분포, 회유 및 그들의 서식환경에 대한 이와 같은 조사는 이들 어류의 능률적인 어획과 완전한 관리를 위하여 불가피한 국제공동사업이 될 것이다. 조류선택적 어류이동 및 회유(tidal selective movements and migration of fish): 강한 조류를 이용하여 에너지절략형의 회유를 하는 한국근해 특히 동중국해 및 황해에서 회유하는 어류와 대한해협을 지나는 회유성어류에 대하여 조사할 것이다.

(3) 어업자원 개발 및 관리 분야(Exploitation and management for fish populations)

많은 수산자원의 분포 및 그 풍도가 10년 혹은 수 10년 시간규모로 생기는 기후-해양-해양생태계의 기본구조의 전환(shifts)에 동반하여 크게 변동하는 비정상계라는 것이 밝혀지고 있다. 따라서 환경변화를 noise 로 보는 자원상태평가이론으로는 특히 다획성부어류의 자원상태를 예측하기 어려울 것이다. 어획의 압력이 생태계에 미치는 영향을 평가하기란 환경의 변동이 없는 특별한 폐쇄해역의 정착생물에 대해서도 쉬운 일이 아니다. 폐쇄해역도 기후변화와 무관할 수없기 때문이다. 자원변동의 주 요인이 기후변화라고 주장되는 최근의 연구에도 불구하고 어획의 영향을 조사 하여 어느 것이 주요 원인인가를 밝히지 않으면 자원의 관리나 자원의 회복은 허구에 불과하다는 비난을 피할 수없게 된다.

해양기후의 체제전환(climate regime shift)의 리듬이 붕괴되지 않도록 자원을 이용하는 일이 중요하다. 특히 저수준에서 증가하기 시작하는 자원에 대한 어획압력은 억제하여 순조롭게 증가하도록 할일이다. 자원이 고수준기를 지나면 멀지 않아 저 수준기를 향할 것임을 감안하여 새로 증가하는 자원을 찾을 일이다. 이렇게 어느 자원에서 다른 자원으로의 탁월종의 교체에 대한 연구는 모처럼 증가한 자원을 이용하지 못하고 버리는 일이 없도록 하는데 필수적인 일이다. 언젠가는 체제(regime)의 현상파악과 정확한 시대인식에 기초하여 자원의 장기변동을 감안한 투자전략과 어업경영의 수립이 필요하다.

(4) 자원 보호 및/혹은 회복 분야
(Conservation and rehabilitation for fisheries resources)

해양기후변동에 관련하여 그 풍도가 변동하는 어업자원의 장기-지속적 개발 혹은 개발기간의 연장을 위하여 증가기의 미성어에 대한 어획의 압력을 조절하는 조사체제가 요구된다. 관리조치 직전의 자원상태를 기초로 하는 어획량제한 때문에 이용하지 못하고 버리는 수산자원이 없도록 하는 일은 천연자원을 인간의 힘으로 회복시켜보려는 일보다 더 효과적일지 모른다.

(5) 어업정책(국내 혹은 국제)분야
(Fishery policy for domestic and international issue)

극동아시아해역 국제공동관리회의(가칭, 극동아시아 해양생태계관리 국제소지역협의회; Far-East Region Marine Ecosystem Conservation Body)가 구성되어야 할 것이다.

(6) 국가기관의 수산해양분야-환경부문 기본전략
(Strategy on fisheries oceanography and environment as main tasks for national institute)

해양생태계의 중요 구성요소인 어업자원생물의 분포, 이동 및 풍도가 기상 및 해양환경의 구조 및 변동에 영향을 받아 계절적 및 경년적으로 크게 변동한다. 그러므로, 해양환경분야의 조사를 담당하는 국가연구기관 혹은 국가지원의 연구소는 어장환경요인(해면상태, 수리, 화학 및 생물학적 인자등 무기 및 유기의 세계)을 지속적 정기적 및 다 항목으로 조사 관찰(monitoring)하여, 어업자원의 계절적 분포, 이동과 그 풍도의 단기(수년) 및 장기(수 10년)변동을 예측하기 위한 기초 자료를 제공하여, 가치 있는 어업자원(생물학적/ 재생산적 및 상업적 적정 크기)을 능률적(최소기간, 최소거리, 최소경비)으로 어획하고, 합리적(지역적 및 국가적 목표 달성)으로 관리하고 자원이 회복되기 위한 국가 수산정책(policy)을 지원하는 것을 기본 전략(strategy)으로 연구업무를 추진해야할 것이다. 이 기본 전략의 추진을 위한 과제와 수단(tactics)이 최 첨단기법과 이론을 바탕으로 수립되어야할 것이다.

어업대상의 생물(무기의 세계)은 무기의 세계(대기, 수리, 및 해저)속에서 상호작용을 하며 재생, 번식 및 소멸을 반복한다. 또한 변동하는 각종 무기 및 유기의 환경에 적응하고 진화하므로 이 생물자원을 개발, 관리 및 이용하는 우리는 생물의 서식환경(habitat)과 그 생물들의 생태적 지위(niche)에 관련되는 무한대의 여러 항목에 걸친 학제적(interdisciplinary) 조사를 해양 혹은 해분을 대표하는 해역에서 지속적으로 조사/관찰될 수 있는 장기계획이 수립되어 실시될 것이 요구된다.

기후변화와 해양생태계

맺는 말(Final comment)

자연현상과 인간의 간섭으로 균형을 잃어가는 해양생태계를 복원하기위한 일들은 해양국가의 기본정책(policy)일 수밖에 없다. 지금까지 인간의 활동공간의 확장에 따라 해안, 해저, 해수 및 그 유동은 변형 혹은 변질되고, 수산동식물의 포획 혹은 채취를 주로 하는 어업의 영향으로 해양생물의 분포와 생물량이 변동하고 이에 관련된 무기 및 유기의 해양생태계의 구성요소들이 변질 혹은 변동되어 왔다.

1980년대 중반기부터 해양생물자원의 증감경향이 지구상의 각 해역에서 동시에 일어난다고 인식하기 시작하였다. 캘리포니아해류역의 정어리, 멸치와 알라스카반도에 올라오는 북태평양의 연어도 대규모적인 어획이 있기 전부터 큰 자연변동을 반복하여왔음이 밝혀졌다. 1930년대와 1980년대에 폭발적으로 증가하였다가 약 15년간의 풍어를 보인 후에 갑자기 사라진 극동의 정어리자원의 변동은 자원의 관리에 따른 증가도 어획에 의한 감소도 아니다. 북서태평양의 정어리자원의 격감은 1988년 이후의 기후변동으로 쿠로시오–오야시오 이행역의 해양구조 변동에 관련하여 어류 먹이생물의 생산량과 시기가 변하여 재생산성공율의 저하에 의한 자어, 치어의 감모에 의한 것이라 본다. 이렇게 해양생물자원은 자연적인 요인에 의하여 크게 변동을 반복하고 있다. 해수의 교환이 전혀 없는 멀리 떨어진 해역간의 어류의 동시변동(synchronous change)은 해양에 의한 것이 아니고 대기에 의하여 매개되는 것을 나타낸다고 생각되어 지구규모의 기상변동, 대양규모의 해황의 변동과 해양생물자원의 증감경향이 연구되고 있다. 1990년대에 들어 이들 해양생물들이 수 십년주기로 동시에 변동하고 있음이 밝혀지면서 해양생태계의 체제전환(regime shifts)이라는 인식이 형성되었다. 즉 풍계나 기압배치등의 기상현상이 전 지구규모로 하나의 상태로부터 별개의 상태로 변화함에 따라 해양구조, 해류계, 연직혼합등 해황이 대규모로 변하여 그것에 대응하여 해양생태계에 있어서 기초생산, 2차생산, 생물자원 생산의 구조적 체제(regime)가 불연속적으로 급하게 전환(shift)한다는 인식이다. 따라서 전통적인 수산자원관리이론을 유일한 무기로 이용하던 해양생물학자들도 해양수리학 및 기상학자들과 공동으로 생태계의 변동기작을 해석하려는 움직임이 활발하다. 그러나 해양생태계의 구성요소 가운데 가장 인간의 어획활동에 영향을 많이 받았다고 보는 어업자원의 변동에 대해서도 아직 해양기후의 영향과 어획의 영향을 정량적으로 평가할 수 없는 단계에 있다.

최근에 지구온난화는 세계적인 관심사이며, 한반도주변의 동아시아해역은 최근 반세기동안 세계에서 표면 수온이 급상승한 해역으로 평가되고 있다. 그러나 지구온난화가 인간의 활동과 어느 정도 관련되는지를 정량적으로 계측할 수없고, 심지어는 기후관련의 해양생태계의 변동이 태양활동이나 지구의 회전속도와 관련된다는 설도 제창되고 있다. 예를 들어 북해(North Sea, 아-한대해역)의 해양생물(약 50종)이 기후변동에 관련된 수온의 상승으로 그 분포역이 북측 혹은 심층으로 이동되어 앞으로 수온이 같은 비율로 상승하면 이들의 많은 종이 이 바다를 벗어나리라는 예측이 가능하다. 그러나 한반도근해(온대해역)의 해양생태계와 이를 구성하는 무기 혹의 유기의 요소들의 해양기후변동에 따른 변화를 이해하기란 간단하지 않다. 그 이유는 첫째, 이 바다는 온난한 중위도에 위치하여 지구온난화에 대한 반응이 한대해역보다 덜 민감하다. 둘째는 해양기후의 영향으로 분포역이 변하였다고 해석할 수 있는 각 요소(예, 기초생물 혹은 어종)의 분포 혹은 출현위치에 대한 역사적 기록이 충분하지 않다.

그러므로 우리는 지금이라도 늦었다 말고 특정 해역을 선정하여 다항목적 정기적 관측 체제를 구축하여 꾸준하게 관측 혹은 관찰(monitoring)을 서둘러야한다. 생태계의 균형유지를 위한 그 복원이 해양국가의 우신직 기본정책(policy)이라면 구조, 변동기구 및 그 예측을 위한 계획은 정책수행을 위한 기본 전략(strategy)이고, 최첨단 기법과 장비로 관측, 해석 및 예측하는 일은 충실한 전략수행의 길 즉 전술(tactic)이다. 우리는 지금까지 여러 해역의 연구사례를 검토하고 우리가 추진하는 연구과제들을 간추려 보면서 해양생태계내의 기초생산성과 어업자원의 변동을 예측하기위해서는 많은 무기 및 유기의 세계를 이해할 필요가 있음을 이해하게 되었다. 이 연구사례집은 기후, 해양 및 어업자원에 관한 광범위한 분야에 걸친 과제들을 다루었기 때문에 어느 한 분야도 확실한 학문적 제제로 논의 되지 않아 이해하기 어려울 것으로 사료된다. 우리는 독자 여러분의 예리한 지적을 받으면서 재차 엮어 갈 예정이다. 이 사례집을 준비하는 동안에 집필진을 도와주시 국립수산과학원의 많은 연구진과 행정진께 감사드리는 바이다. 그리고 이 연구사례집의 기초자료와 문헌의 조사에 협조해주신 국립수산과학원의 Yamada Keiko 박사, 공혜자, 박선희, 박선미, 이나경 양과 자료처리와 편집에 협조하여주신 조용문, 이원철군 께 특별히 감사드립니다.

An D-H, Moon D-Y, Koh J-R, Cho K-D, Kim D-S. 2003. Effect of El Niño event on the distribution of Korean tuna purse seine fishery in the western central Pacific Ocean. J Korean Soc Fish Res 6:32-40.(in Korean)

Aoyama M, Goto H, Kamiya H, Kaneko I, Kawae S, Kodama H, Konishi Y, Kusumoto K, Miura H, Moriyama E, Murakami K, Nakano T, Nozaki F, Sasano D, Shimizu T, Suzuki H, Takatsuku Y, Toriyama A. 2008. Marine biogeochemical response to a rapid warming in the main stream of the Kuroshio in the western North Pacific. Fisheries Oceanography 17:206-218.

Arnold G P, Walker M G, Emerson L S, Holford B H. 1994. Movements of cod(*Gadus morhua* L.) in relation to the tidal streams in the southern North Sea. ICES J. mar Sci. 51:207-232.

Bailey K M and Houde E D. 1989. Predation on eggs and larvae and the recent problem. Advances in Marine Biology 25:1-83.

Bathen K H. 1972. On the seasonal changes in the depth of the mixed layer in the North Pacific Ocean. J Geophys Res 77:7138-7150.

Baumgartner T R, Soutar A, Ferreira-Bartrina V. 1992. Reconstruction of the history of the Pacific sardine and northern anchovy populations over the past two millennia from sediments of the Santa Barbara basin, California. CalCOFI Rep 33:24-40.

Beamish R J, Bouillon D R. 1993. Pacific salmon production trends in relation to climate. Can J Fish Aquat Sci 50:1002-1016.

Beamish R J, McFarlane G A, Thomson R E. 1999. Recent declines in the recreational catch of coho salmon in the Strait of Georgia are related to climate. Can J Fish Aquat Sci 56:506-515.

Beamish R J, Neville C E, Cass A J. 1997. Production of Fraser River sockeye salmon (*Oncorhynchus nerka*) in relation to decadal-scale changes in the climate and the ocean. Can J Fish Aquat Sci 54:543-554.

Beamish R J, McFarlane G A, King J R. 2000. Fisheries Climatology: Understanding decadal scale processes that naturally regulate British Columbia fish populations. In: Fisheries Oceanography (Harrison P J, Parsons T R, eds). Blackwell Science, 94-139.

Beaugrand G. 2004. The North Sea regime shift: evidence, causes, mechanisms and consequences. Progress in Oceanography 60:245-262.

Belkin I M. 2009. Rapid warming of large marine ecosystems. Progress in Oceanography 81:207-213.

Belkin I M, Cornillon P C, Sherman K. 2009. Fronts in large marine ecosystems. Progress in Oceanography 81:223-236.

Beverton R J H, Holt S J. 1957. On the dynamics of exploited fish populations. Min Agri Fish Food, Fish Inv, Ser 2, 19:533pp.

Brohan P, Kennedy J J, Harris I, Tett S F B, Jones P D. 2006. Uncertainty estimates in regional and global observed temperature changes: a new dataset from 1850. J. Geophysical Research 111, D12106, doi:10.1029/2005JD006548.

Brunel T, Boucher J. 2007. Long-term trends in fish recruitment in the north-east Atlantic related to climate change. Fisheries Oceanography 16:336-349.

Campana S E. 1996. Year-class strength and growth rate in young Atlantic cod *Gadus morhua*. Marine Ecology Progress Series 135:21-26.

Campana S E, Jones C M. 1992. Analysis of otolith microstructure data. In: Stevenson D K, Campana S E (eds), Otolith microstructure examination and analysis. Canadian Special Publication of Fisheries and Aquaculture Sciences 117:73-100.

Chang S-D, Hong S Y, Park C K, Chin P, Lee B-K, Lee T Y, Kang Y J, Gong Y. 1980. Studies on the migration of anchovy *Engraulis japonicus* in Korean waters. Publ Inst Mar Sci Nat Fish Univ Busan 12:1-38.(in Korean)

Chavez F P, Ryan J, Lluchi-Cota S E, Niquen M. 2003. From anchovies to sardines and back; Multidecadal change in the Pacific Ocean. Science 299:217-221.

Chiba S, Saino T. 2002. Interdecadal changes in the upper water column environment and spring diatom community structure in the Japan Sea; an early summer hypothesis. Marine Ecology Progress Series 231:23-35.

Chikuni S.1985. The fish resources of the northwest Pacific. FAO Fish Tech Pap 266:190 p.

Choi Y K, Seong K T, Jo Y J, Jang L H, Lee N K, Cho Y M. 2009. Spring temperature inversion and summer tidal front observed in the southern Yellow Sea. Extended Abstracts for the Symposium of Oceanographic Society of Korea. CECO 28-29 May 2009. Paper No. PP-04.(in Korean)

Cushing D H. 1971. Upwelling and the production of fish. Adv mar Biol 9:255-334.

Cushing D H. 1975. Marine Ecology and Fisheries. Cambridge University Press, Cambridge, 278pp.

Cushing D H. 1982. Climate and Fisheries. Academic Press, London and New York 373pp.

Cushing D H. 1989. A difference in structure between ecosystems in strongly stratified waters and in those that are only weakly stratified. J Plankt Res 11:1-13.

Cushing D H. 1995. Population Production and Regulation in the Sea. A Fisheries Perspective. Cambridge University Press 354p.

De Boyer Monte'gut C, Madec G, Fischer A S, Lazar A, Iudicone D. 2004. Mixed layer depth over the global ocean: An examination of profile data and a profile-based climatology. J Geophys Res 109, C12003, doi:10.1029/2004 JC002378.

Dickson R R, Meincke J, Malmberg S A, Lee A J. 1988. The great salinity anomaly in the northern North Atlantic, 1968-1982. Progress in Oceanography 20:103-151.

Dugdale R C, Morel A, Bricaud A, Wilkerson F P. 1989. Modelling new production in upwelling centers: A case study of modeling new production from remotely sensed temperature and color. J Geophys Res. 94(C12):18,119-18,132.

FAO. 2007. The State of World Fisheries and Aquaculture 2006. 162p

Finney B P, Gregory-Eaves I, Douglas M S V, Smol J P. 2002. Fisheries productivity in the northeastern Pacific Ocean over the past 2,200 years. Nature 416:729-733.

Freon P, Mullon C, Voisin B. 2003. Investigating remote synchronous patterns in fisheries. Fisheries Oceanography 12:443-457.

Fukataki H. 1966. Distribution, migration and population density of the saury occurring in the Japan Sea. Report of the Cooperative Investigations on the Saury in the Japan Sea for the 1963 and 1964, p123-134.(in Japanese)

Fukushima S. 1979. Synoptic analysis of migration and fishing conditions of saury in the northwestern Pacific Ocean. Bull Tohoku Reg Fish Res Lab 41:1-70.(in Japanese)

Gong Y. 1971.A study on the south Korean coastal front. Jour Oceanogr Soc Korea^ 6: 25-36.(in Korean)

Gong Y. 1972. A study on the south Korean coastal front. In: The Kuroshio II Proc. 2nd CSK Symposium Tokyo 1970 (Sugawara K, ed.). Saikon Publishing Co Ltd, Tokyo 79-94.

Gong Y.1973. Preliminary report on the herring fishing conditions in the Yellow Sea. Quarterly Forecasting of Oceanographic and Fishing Conditions. National Fisheries Research and Development Agency, 32pp.(in Korean)

Gong Y.1984. Distribution and movements of Pacific saury, *Cololabis saira* (BREVOORT), in relation to oceanographic conditions in waters off Korea. Bull Fish Res Dev Agency 33:59-172.

Gong Y. 1996. Pacific Saury Oceanography-Ocean environments and Pacific saury resources in the northwest Pacific and its adjacent seas. National Fisheries Research and Development Agency, 198pp.(in Korean)

Gong Y, Choi K H. 2008. Fluctuations in abundance of common squid, *Todarodes pacificus* in the far east. J Environ Biol. 29:449-452.

Gong Y, Hirano T. 1987. Distribution and migration of Pacific saury and oceanic environments, In: Fisheries Oceanographic Environments, Sugimoto K, Ishino M, Sugiura K, Nakata H (eds), Koseisha-Koseikaku, Tokyo, 81-90pp. (in Japanese)

Gong Y, Hirano T, Zhang C I. 1983. On the migration of Pacific saury in relation to oceanographic conditions off Korea. Bull Jap Soc Fish Oceanogr 44:51-75.

Gong Y, Jeong H D, Choi K H, Seong K-T, Kim S-W. 2006. Fluctuations in the abundance of common squid, *Todarodes pacificus* and environmental conditions in the Far-East regions during 52 years. J Ecol Field Biol 29:1-16.

Gong Y, Jeong H D, Suh Y-S, Park J-H, Seong K-T, Kim S-W, Choi K H, Han I-S. 2007. Fluctuations of pelagic fish populations in relation to the climate shifts in the Far-East regions. J Ecol Field Biol 30:23-38.

Gong Y, Kang Y J, Cho S Y. 1972. Fishery oceanographic studies on the mackerel purse-seine fishing grounds off the southwestern coast of Korea. Bull Fish Res Dev Agency 9:95-110.

Gong Y, Lie H-J.1984. Distribution of thermal fronts in the South-East Sea of Korea(Southern Japan Sea). Min Sci and Tech. Korea, BSPE 00055-86-7B, 215pp.

Gong Y, Oh M Y. 1977. Oceanographic Environments and Fisheries Resources off the east coast of Korea. Natl Federation of Fisheries Cooperatives (Lee N S, ed), 633p.(in Korean)

Gong Y, Park C G. 1969. On the oceanographic character of the low temperature region in the Eastern Sea of Korea. Bull Fish Res Dev Agency 4:69-91.(in Korean)

Gong Y, Suh Y S. 2003. Effect of the environmental conditions on the structure and distribution of Pacific saury in the Tsushima Warm Current region. J of the Environmental Sciences 12:1137-1144.

Gong Y, Suh Y S. 2004. Effect of environmental conditions on the stock structure and abundance of the Pacific saury, *Cololabis saira* in the Tsushima Warm Current region. J of the Environmental Sciences 13:449-467.

Gong Y, Suh Y S, Han I S, Seong K T. 2008. Year-to-year and inter-decadal fluctuations in abundance of pelagic fish populations in relation to climate-induced oceanic conditions. J Ecol Field Biol 31:45~67.

Gong Y, Zhang C I. 1986. The pollock (*Theragra Chalcogramma*) stock in Korean waters. Int North Pac Fish Comm Bull 45:21-38.

Griffith R C.1965. A study of ocean fronts off Cape San Lucas, Low California. U.S. Fish and Wildlife Service, Special Scientific Report Fisheries No. 499:1-54.

Hampton J, Fournier D A. 2001. Stock assessment of skipjack tuna in the western and central Pacific Ocean. Fourteenth Standing Committee on Tuna and Billfish, Secretariat of the Pacific Community, Noumea, New Caledonia. Working Paper, SKJ-1.

Halpern B S, Walbridge S, Selkoe K A, Kappel C V, Micheli F, D'Agrosa C, Bruno J F, Casey K S, Ebert C, Fox H E, Fujita R, Heinemann D, Lenihan H S, Madin E M P, Perry M T, Selig E R, Spalding M, Steneck R, Watson R. 2008. A global map of human impact on marine ecosystems. Science 319:948-952.

Han H S, Gong Y. 1965. On the fishing conditions of saury in the adjacent waters of Korea. Report of Fisheries Resources, National Fisheries Research and Development Agency 6:13-35.(in Korean)

Hao W, Jian S, Ruijing W, Lei W, Yi'an L. 2003. Tidal front and the convergence of anchovy(*Engraulis japonicus*) eggs in the Yellow Sea. Fisheries Oceanography 12:434-442.

Hare S H, Mantua N J. 2000. Empirical evidence for North Pacific regime shifts in 1977 and 1989. Progress in Oceanography 47:103-145.

Hickox R, Belkin I M, Cornillon P, Shan Z. 2000. Climatology and seasonal variability of ocean fronts in the East China, Yellow and Bohai Seas from satellite SST data. Geophysical Research Letters 27(18):2945-2948.

Hirose N, Kim C-H, Yoon J-W.1996. Heat budget in the Japan Sea. Journal of Oceanography 52:553-574.

Hirose N, Lee H-C, Yoon J-W. 1999. Surface heat flux in the East China Sea and the Yellow Sea. J Phys Oceanogr 29:401-417.

Hiyama Y.1998. Migration range and growth rate in the Tsushima Current area. In: Watanabe Y. Wada T (eds). Stock Fluctuations and Ecological Changes of the Japanese sardine. Koseisha-Koseikaku, Tokyo 119:35-44.(in Japanese)

Hjort J. 1914.The fluctuations in the great fisheries of northen Europe viewed in the light of biological research. Rapp P-v Reun Cons int Explor Mer 20:1-228.

Houde E D. 1987. Fish early life dynamics and recruitment variability. American Fisheries Society Symposium 2:17-29.

Huang R X, Qiu B. 1994. Three-dimensional structure of the wind-driven circulation in the subtropical North Pacific. J Phys Oceanogr 24:1608-1622.

Huh O K.1982. Satellite observations and the annual cycle of surface circulation in the Yellow Sea, East China Sea and Korea Strait. La mer 20:210-222.

Hurrell J W. 1995. Decadal trends in the North Atlantic oscillation: regional temperatures and precipitation. Science 269: 676-679. (http://www.cgd.ucar.edu/cas/jhurrell/Data)

Hurrell J W. 1996 Influence of variations in extratropical wintertime teleconnections on Northern Hemisphere temperatures. Geophys Res Lett. 23:665-668. ICODAS; SST http://icodas.noaa.gov/index.shtml.

Hurrell J W, Dickson R R. 2005. Climate variability over the North Atlantic. In: Marine Ecosystems and Climate Variation, The North Atlantic, A comparative Perspective, (Stenseth N C, Ottersen G, Hurrell J W, Belgrano A, eds). Oxford University Press, pp.15-31.

Inagake D, Yamada H, Segawa K, Okazaki M, Nitta A, Itoh T. 2001. Migration of young bluefin tuna, *Thunnus orientalis* Temminck et Schlegel, through archival tagging experiments and its relation with oceanographic conditions in the western North Pacific. Bull Nat Res Inst Far Seas Fish 38:53-81.

Inoue N. 1981. Progress review in the hydrographic conditions in the East China Sea and Tsushima Warm Current area. Organisms of Koto Is.-comparison Iki Is. with Tsushima-Biol Soc Nagasaki Pref. 29-72.(in Japanese)

Iizuka K, Hamasaki S.1983. Ecology of common mackerel in the southwestern Sea of Japan and the East China Sea-II. Biological characteristics in each fishing ground. Bull Seikai Reg Fish Res Lab 63: 15-48.(in Japanese)

Iversen S A, Zhu D, Johannessen A, Toresen R.1993. Stock size, distribution and biology of anchovy in the Yellow Sea and East China Sea. Fisheries Research 16:147-163.

Ito S. 1961. Fishery biology of the sardine, *Sardinops melanosticta* (T&S), in the waters around Japan. Bull Japan Sea Reg Fish Res Lab 9:1-227.(in Japanese)

JMA(Japan Meteorological Agency). 2009. Sea surface temperatures and current systems. http://www.jma_net.go.jp/

Jin X, Tang Q. 1996. Changes in fish species diversity and dominant species composition in the Yellow Sea. Fisheries Research 26:337-352.

Jo Y J, Hahn S D, Kang Y Q. 1997. Long-term fluctuations of the sea surface temperatures between Pusan and Tsushima Island. Bull Nat Fish Res Dev Institute 53:1-16.(in Korean)

Jones F R Harden. 1968. Fish Migration. Edward Arnold(Publishers) Ltd. London, 325pp.

Jones P D. 1994. Hemispheric surface air temperature variations: a reanalysis and an update to 1993. J Climate 3:1193-1203.

Jones P D, Osborn T J, Briffa K R. 2001. The evolution of climate over the last millennium. Science 292:662-667.

Jones P D, Moberg A. 2003. Hemispheric and large-scale surface air temperature variations: an extensive revision and an update to 2001. J Clim. 16:206-223. http://www.cru.uea.ac.uk/cru/data/temperature/#dater

Jones P D, New M, Parker D E, Martin S, Rigor I G. 1999. Surface air temperature and its variations over the last 150 years. Reviews of Geophysics 37:173-199.

Jung S. 2008. Spatial variability in long-term changes of climate and oceanographic conditions in Korea. J Environ Biol 29:519-529.

Jung S, Kang Y S, Lee D U, Suh Y S, Gong Y. 2009. Climate-driven ecosystem shifts indicated in fishery catch statistics(1968- 2008) from Korean coastal waters. Abstract for the Symposium of Korean Oceanographic Society, held at Changwon CECO, 28-

29 May 2009.

Kang Y S, Kim J Y, Kim H G, Park J H. 2002. Long-term changes in zooplankton and relationship with squid, *Todarodes pacificus*, catch in the Japan/East Sea. Fisheries Oceangraphy 11:337-346.

Kara A, B, Rochford P A, Hurlburt H E. 2000. An optimal definition for ocean mixed layer depth. J Geophys Res 105:16803-16821.

Kasahara S.1991. In: Squids. Nasu K, Okutani T, Ogura M(eds), Seizandoshoten, Tokyo: 143-158.(in Japanese)

Katsukawa Y, Katsukawa T, Matsuda H. 2002. Indeterminate growth is selected by a trade-off between high fecundity and risk avoidance in stochastic environments. Popul. Ecol. 44:265-272.

Katsukawa T. 2005. Management of fluctuating biological resources. In: Living Marine Resources: How do they fluctuate in the ocean? (Watanabe Y. ed.) Tokai University Press. 379-392.(in Japanese)

Kawasaki T.1983. Why do some pelagic fishes have wide fluctuations in their numbers? FAO Fish Rep. 291:1065~1080.

Kawasaki T. 1991. Long-term variability in the pelagic fish populations. In: Long-term Variability of Pelagic Fish Populations and their Environment (Kawasaki T, Tanaka S, Toba Y, Taniguchi A, eds), Pergamon Press, 47-60.

Kawasaki T.1994. Regime shift in the small pelagics. Bull Jap Soc Fish Oceanor. 58:321-333.(in Japanese)

Kawasaki T.1999. Fisheries Resources-Why they can not be managed? Seizandoshoten, Tokyo, 246p.(in Japanese).

Kawasaki T. 2009. Regime shifts theory and fluctuations in fishery resources. Bull. Jap Soc Fish Oceanogr 73:32-34.(in Japanese)

Kim C H, Lie H - J, Chu K-S. 1991. On the intermediate water in the southwestern East Sea (Sea of Japan). In: Oceanography of Asian Marginal Seas (Takano. K. ed), 129-141.

Kim S, Jung S, Zhang C I. 1997. The effect of seasonal anomalies of seawater temperature and salinity on the fluctuation in yields of small yellow croaker, *Pseudosciaena polyactis*, in the Yellow Sea. Fisheries Oceanography 6:1-9.

Kim S, Kang S. 2000. Ecological variations and El Niño effects off the southern coast of the Korean Peninsula during the last three decades. Fisheries Oceanography 9: 239-247.

Kim S-W, Isoda Y.1998a. Seasonal variability of phytoplankton pigment concentrations at the sea surface of the Japan Sea based on the combined empirical orthogonal function analysis. Bull Jap Soc Fish Oceanogr 62:206-217. (in Japanese)

Kim S-W, Isoda Y. 1998b. Interannual variations of the surface mixed layer in the Tsushima

Current region. Umi to Sora 74:11-22.(in Japanese)

Kim S-W, Saitoh S-I, Ishizaka J, Isoda Y, Kishino M. 2000. Temporal and spatial variability of phytoplankton pigment concentrations in the Japan Sea derived from CZCS images. Journal of Oceanography. 56:527-538.

King J R, Ivanov V V, Kurashov V, Beamish R J, McFarlane G A. 1998. General circulation of the atmosphere over the North Pacific and its relationship to the Aleutian Low, NPAFC Doc. No 318.

Kitagawa O ,Tomosada A. 2000. Stock status of Pacific saury in the northwestern Pacific. Bull Jpn Soc Fish Oceanogr 64:191-193.(in Japanese)

Klyashtorin L B. 2001. Climate change and long-term fluctuations of commercial catches: the possibility of forecasting. FAO Fish Tech Paper No. 410:86pp.

Kosaka S. 2000. Life history of Pacific saury Cololabis saira in the Northwest Pacific and consideration on resource fluctuations based on it. Bull Tohoku Natl Fish Res Inst 63:1-96.(in Japanese)

Kuroda K.1991a. Studies on the recruitment process focusing on the early life history of the Japanese sardine, *Sardinops melanostictus* (SHLEGEL). Bull Natl Res Inst Fish Sci 3:25-278.(in Japanese)

Kuroda K. 1991b. On the distribution of the Japanese sardine, *Sardinops melanostictus* (SHLEGEL) in the Yellow Sea and the East China Sea. Bull Jap Soc Fish Oceanogr 55:169-171.(in Japanese)

Lalli C M, Parsons T R. 1997. Biological Oceanography-An Introduction. Butterworth Heinemann, 314pp.

Laska R. 1975. Field criteria for survival of anchovy larvae: the relation between inshore chlorophyll maximum layers and successful first feeding. Fish Bull U S. 73:453-462.

Lehodey P. 2001. The pelagic ecosystem of the tropical Pacific Ocean: dynamic spatial modelling and biological consequences of ENSO. Progress in Oceanography 49:439-468.

Lehodey P. 2005. Climate and fisheries: an insight from the central Pacific Ocean. In: Marine Ecosystems and Climate Variation-The North Atlantic, A Comparative Perspective, (Stenseth N C, Ottersen G, Hurrell J W, Belgrano A. eds.), Oxford University Press. p.137-146.

Lim S H, Zhang C J. 2009. Long-term fluctuations in mixed layer depth in the East Sea. Symposium of Oceanographic Society of Korea, CEKO, 28-29 May 2009.

Lie H - J. 1989. Tidal fronts in the southwestern Hwanghae (Yellow Sea). Continental Shelf Research 9:527-546.

Lie H-J, Cho C-H, Lee J-H, Lee S. Yuxiang T. 2000. Seasonal variation of the Cheju Warm

Current in the northern East China Sea. Journal of Oceanography. 56:197-211.

Lluchi-Belda D, Crawford R J M, Kawasaki T, MacCall A D, Parrish R H, Schwartzlose R A, Smith P E. 1989. Worldwide fluctuations of sardine and anchovy stocks: the regime problem. S Afr J mar Sci 8:195-205.

Longhurst A. 1995. Seasonal cycles of pelagic production and consumption. Progress in Oceanography 36:77-167.

Longhurst A. 2006. Ecological Geography of the Sea. Second ed. Academic Press, New York, NY. 560pp.

Lukas R, Lindstrom E. 1991. The mixed layer of the western equatorial Pacific Ocean. J Geophys Res 96:3343-3357.

Maizuru Marine Observatory(JMA).1972. Marine meteorological study of the Japan Sea. Tech. Rept. Japan Meteor. Agency, 80:116pp.(in Japanese)

Mann K H, Lazier J R N. 1996. Dynamics of Marine Ecosystems; Biological-Physical Interactions in the Oceans. Blackwell Science, 394 pp.

Mantua N. 2004. Method for detecting regime shifts in large marine ecosystems: a review with approaches applied to the North Pacific data. Progress in Oceanography 60:165-182.

Mantua N J, Hare S R. 2002. The Pacific decadal oscillation. Journal of Oceanography 58:35-44.

Mantua N J, Hare S R, Zhang Y, Wallace J M, Francis R C. 1997. A Pacific interdecadal climate oscillation with impacts on salmon production. Bull. Am. Meteor Soc 78:1069-1079.

Matsuda H, Wada T, Takeuchi Y, Matsumiya Y. 1991. Alternative models for species replacement of pelagic fishes. Res Popul Ecol 33:41-56.

Matsuda H, Wada T, Takeuchi Y. Matsumiya Y. 1992. Model analysis of the effect of environmental fluctuation on the species replacement pattern of pelagic fishes under interspecific competition. Res Poul Ecol 34:309-319.

McPhaden M J, Zhang D. 2002 Slowdown of the meridional overturning circulation in the upper Pacific Ocean. Nature 415:603-608.

Minobe S. 1997. A 50-70 year climatic oscillation over the North Pacific and North America. Geophys Res Lett 24:683-686.

Minobe S.1999. Resonance in bidecadal and pentadecadal climate oscillations over the North Pacific: Role in climatic regime shifts. Geophys Res Lett. 26:855-858.

Minobe S. 2000. Spatio-temporal structure of the pentadecadal variability over the North Pacific. Progress in Oceanography 47:381-408.

Minobe S. 2007. Regime shifts and decadal variability mechanism in physical environments. In Regime Shifts (Kawasaki K, Hanawa K, Taniguchi A, Nihira A, eds.), Seizando,

Japan. 45-61.(In Japanese)

Morin P, Wafar M V M, Corre P Le. 1993. Estimation of nitrate flux in a tidal front from satellite-derived temperature data. J Geophys Res. 98(C3):4689-4695.

Murata M. 1991. In: Squids. Nasu K, Okutani T, Ogura M(eds), Seizandoshoten, Tokyo:120-143.(in Japanese)

Naganuma K.1966. Hydrography of the Japan Sea in the spring of 1963 and 1964. Reports of the Cooperative Investigations on the saury in the Japan Sea for 1963 and 1964, 1-30.(in Japanese)

Naganuma K.1973. On discussions on the existence of the Third-Branch of Tsushima Current. Japan Sea Reg Fish Res Lab, News Letter 266:1-3.(in Japanese).

Naganuma K. 2000. The Sea of Japan as the natural environment of marine organisms. Bull Japan Sea Natl Fish Res Inst. 50:1-42.(in Japanese)

Nakai Z.1962. Studies relevant to mechanisms underlying the fluctuation in the catch of the Japanese sardine, *Sardinops melanosticta* (Temminck and Schlegel) Jap. J. Ichthyol 9:1-115.

Nakahara T, Ogawa Y.1978. Alternations of dominant species in pelagic fish community-1 Modes of long-term fluctuation of population and changes of areas of distribution. Bull Jap Soc Fish Oceanogr 34:21-31.(in Japanese)

Nakamura M, Uchiyama M, Funakoshi S. 2005. Relationship between anchovy (*Engraulis japonicus*) larval recruitment in Ise Bay and the western Enshu-Nada, and reproduction of sardine(*Sardinops melanostictus*) along the Pacific coast of Japan. Bull Jpn Soc Fish Oceanogr 69:99-106.(in Japanese)

Nakata J.1993. Long-term changes in catch and biological features of Japanese common squid(*Todarodes pacificus*) in waters off the east coast of Hokkaido. In: Recent advances in Cephalopod Fisheries Biology (Okutani T, O'Dor R K, Kubodera T, eds.). Tokai University Press, Tokyo, pp.343-350.

Naumenko N I. 2002. Temporal variations in size-at-age of the western Bering Sea herring. PICES Scientific Report 20:37-44.

National Fisheries Research and Development Institute (NFRDI). 1962~2008. Annual Report of Oceanographic Observations for 1958~2007, Vols. 7~56.

National Fisheries Research and Development Institute (NFRDI).1985. Ecology and Fishing Grounds For Important Fish Species in Korean Waters. 231pp.(in Korean)

National Fisheries Research and Development Institute (NFRDI).2003. Annual Report of Oceanographic Observations for 2002. Vol. 51: 315pp.(in Korean)

National Fisheries Research and Development Institute (NFRDI). 2005. Ecology and Fishing Grounds For Important Fish Species in Korean Waters. 383pp.(in Korean)

Nishikawa H, Yasuda I. 2008. Japanese sardine(*Sardinops melnostictus*) mortality in relation to the winter mixed layer depth in the Kuroshio Extension region. Fisheries Oceanography 17:411-420.

Nishimura S.1965. The zoogeographical aspects of the Japan Sea Part II. Publ Seto Mar Biol Lab 13(2):81-101.

Nishimura S. 1966. The zoogeographical aspects of the Japan Sea Part III. Publ Seto Mar Biol Lab 13(5):365-384.

Nishimura S. 1969. The zoogeographical aspects of the Japan Sea. Part V. Publ Seto Mar Biol Lab. 17(2): 67-142.

Nishimura S. 1992. In: Guide to Seashore Animals of Japan with Color Pictures and Key, Vol. I, (Nishimura S, ed.) Hoikusha Pub. Co. Ltd. Osaka, Japan, 425pp. (in Japanese)

Novikov Yu V. 1967. Main ecological characteristics and stock status of Pacific saury. Izvestiya TINRO 56:3-50.(in Russian)

Novikov Yu V.1972. Relationship between the distribution of spawning groups of Pacific saury(*Coloabis saira*, BREVOORT) and the surface water in the Japan Sea and the Pacific Ocean. Vopr Ikhtial 12(3):572-576.(in Russian)

Novikov Yu V.1977. Population structure of chub mackerel in the Northwest Pacific and recovery of Japan Sea population. Izvestiya TINRO 101:104-114.(in Russian)

Novikov Yu V.1982. Some notions of mechanism of long-term variations of stock composition and abundance of Pacific saury. Bull Tohoku Reg Fish Res Lab 44:101-106.

Oceanographic Society of Japan(ed).2001. Sea and Environment, Kohdansha Scientific 244p.(in Japanese)

O'Dor R K, Coelho M L.1993. Big squid, big currents and big fisheries. In: Recent Advances in Fisheries Biology (Okutani T, O'Dor R K, Kubodera T, eds). Tokai University Press, Tokyo, pp 385-396.

Ogawa Y, Nakahara T.1979. Alternation of dominant species in pelagic fish community-II Hydrographic nature and its fluctuations in distributional areas for pelagic fish. Bull Jap Soc Fish Oceanogr 35:1-13.(in Japanese)

Ogawa Y, Wakabayashi K. 1992. Changes in hydrographic conditions in relation to the Kuroshio meanders and their influence on fishery resources. Bull Natl Res Inst Fish Sci 4:71-89.(in japanese)

Okazaki T, Kobayashi T, Uozumi Y.1996. Genetic relationships of pilchard (genus : *Sardinops*) with anti-tropical distributions. Mar Biol 126:585-590.

Oozeki Y, Kitakawa D, Kawai T.1998. Assessment method of the stock size of mmigrated Pacific saury (*Cololabis saira*) including the information on the distribution outside the fishing grounds. Bull Natl Res Inst Fish Sci 12;53-70.(in Japanese)

Ottersen G, Stenseth N C. 2001. Atlantic climate governs oceanographic and ecological variability in the Barents Sea. Limnology and Oceanography. 46: 1774-1780.

Park C S, Yeon I J. 1981. Morphometric comparison of herring, *Clupea pallasi* Cuvier et Valenciennes, between western waters and eastern waters of Korea. Bull Fish Res Dev Agency 27:103-109.(in Korean)

Park K B.1976. History of the Korean herring fisheries. Theses Collection of Natl Fish Univ Busan 17:1-37. (in Korean)

Park K B.1978. History of the Korean sardine fisheries. Theses Collection of Natl Fish Univ Busan 21:25-59.(in Korean)

Park W-S, Oh I S. 2000. Interannual and interdecadal variations of sea surface temperature in the East Asian Marginal Seas. Progress in Oceanography 47(2-4):191-204.

Pauly D, Christensen V, Gue'nette S, Pitcher T J, Sumaila U R, Walters C J. Watson R, Zeller D. 2002. Towards sustainability in world fisheries. Nature 418: 689-695.

Pearcy W G. 2002. Marine necton off Oregon and the 1997-98 El Niño. Progress in Oceanography 54:399-403.

Perry A L, Low P J, Ellis J R, Reynolds J D. 2005. Climate change and distribution shifts in marine fishes. Science 308:1912-1915.

Philander S G H .1990. El Niño, La Niña and the Southern Oscillation. Academic Press, San Diego, CA, 289pp.

Pingree R D, Griffiths D K. 1978. Tidal fronts on the Shelf Seas around the British Isles. J Geophys Res 83:4615-4622.

Pingree R D, Pugh P R, Holligan P M, Forster G R. 1975. Summer phytoplankton blooms and red-tides along tidal fronts in the approaches to the English Channel. Nature 258:672~677.

Qiu B, Chen S. 2006. Decadal variability in the formation of the North Pacific Subtropical Mode Water: Oceanic versus atmospheric control. J Phys Oceanogr 36:1365-1380.

Qiu B, Toda T, Imasato N.1990. On Kuroshio front fluctuation in the East China Sea using satellite images and *in situ* observational data. J Geophys Res 95(C10), 18,191-18,204.

Qu T. 2003. Mixed layer heat balance in the western North Pacific. J Geophys Res 108 C7, 3242, doi:10,1029/2002JC001536.

Richardson A J, Schoeman D V. 2004 Climate impact on plankton ecosystems in the Northeast Atlantic. Science 305:1609-1612.

Ricker W E.1954. Stock and recruitment. J Fish Res Board Can 11(5):559-623.

Russell E S.1931. Some theoretical considerations on the "overfishing" problem. J Cons Intern Explor Mer, 6(1): 3-20.

Sablin V V, Pavlychev V P. 1982. Dependance of migration and catch of Pacific saury upon thermal conditions. Bull Tohoku Reg Fish Res Lab 44:109-117.

Sakurai Y.2007. Population fluctuations of squids in response to climate regime shifts. In: Climate Changes and Management of Fishery Resources. Kawasaki T, Hanawa K, Taniguchi A, Nihira A (eds). Seizando Pub. Japan, 113-129. (in Japanese)

Sassa C, Konishi Y, Mori K. 2006. Distribution of jack mackerel (*Trachurus. japonicus*) larvae and juveniles in the East China Sea, with special reference to the larval transport by the Kuroshio Current. Fisheries Oceanography 15:508-518.

Schaefer M B.1954. Some aspects of the dynamics of populations important to the management of the commercial marine fisheries. Bull Inter-Amer Trop Tuna Comm 1(2):27-56.

Schaefer M B, Beverton R J H.1963. Fishery dynamics-their analysis and interpretation, p464-483. In Hill M N(ed). The Sea Vol 2. Interscience Publishers, New York, 554p.

Schwartzlose R A, Alheit J, Bakun A, Baumgartner T R, Cloete R, Crawford R J M, Fletcher W J, Green-Ruiz Y, Hagen E, Kawasaki T, Lluch-Belda D, Lluch-Cota S E, MacCall A D, Matsuura Y, Nevalez-Martinez M O, Parrish R H, Roy C, Serra R, Shust K V, Ward M N, Zuzunaga Y Z.1999. Worldwide large-scale fluctuations of sardine and anchovy populations. S Afr J mar Sci 21:289-347.

Senjyu T, Sudo H. 1994. The upper portion of the Japan Sea Proper Water, its source and circulation as deduced from isopycnal analysis. Journal of Oceanography 50:663-690.

Sherman K. 1990. Productivity perturbations and options for biomass yields in large marine ecosystems. In: Large Marine Ecosystems: Patterns, Processes and Yields. Sherman K, Alexander L M, Gold B D(eds), AAAS Publications, Washington D C, pp. 206-219.

Sherman K. 2005. The large marine ecosystem approach for assessment and management of ocean coastal waters. In: Sustaining the Large Marine Ecosystem: The Human Dimension. Hennessey T, Sutinen J (eds). Elsevier, Amsterdam. pp. 3-16.

Shuntov V P. 1967. Saury in the Sea of Japan. Izvestiya TINRO 56:51-66.(in Russian)

Smith R L. 1967. Note on Yoshida's(1955) theory of coastal upwelling. J Geophys Res 72:1396-1397.

Smith R L.1968. Upwelling. Oceanogr Mar Biol Ann Rev 6:11-46.

Smith R L.1995. The Physical processes of coastal ocean upwelling systems. In: Upwelling in the Ocean: Modern Processes and Ancient Records (Summethayes C P, Emeis K-C, Angel M V, Smith R L, Zeitzchel B, eds), John Wiley & Sons Ltd. p 39-64.

Sorokin Yu I. 1974. Vertical structure and production of a microplankton community in the Sea of Japan in summer. Oceanology 14:266-271.

Stenseth N C, Mysterud A, Ottersen G, Hurrell J W, Chan S, Lima M. 2002. Ecological effects of climate fluctuations. Science 297:1292-1296.

Stergiou K I. 2002. Overfishing, tropicalization of fish stocks, uncertainty and ecosystem management: resharpening Ockham's razor. Fisheries Research 55:1-9.

Su J L, Pan Y Q, Liang X S.1994. Kuroshio intrusion and Taiwan Warm Current. In: Oceanology of China Seas(Zhou D, Liang Y-B, Zeng C-K, eds), Vol I, Kluwer Dordrecht, The Netherlands, pp 59-70.

Sugimoto T, Kimura S, Tadokoro K. 2001. Impacts of El Niño events and climate regime shift on living resources in the western North Pacific. Progress in Oceanography 49:113-127.

Suh Y S, Jang L-H, Hwang J D. 2001. Temporal and spatial variations of the cold waters occurring in the Eastern coast of Korean Peninsula in summer season. J Korean Fish Soc 34:435-444.(in Korean)

Suh Y S, Jang L-H, Hwang J-D. 2003. Anomalous variation of the oceanic features around Korean waters related to the global change. J of the Environmental Sciences 12:257-263.(in Korean)

Suh Y S, Jang L-H, Kim J-H. 2000a. Study of a recurring anticyclonic eddy off Wonsan coast in northern Korea using satellite tracking drifter, satellite ocean color and sea surface temperature imagery. Jour Korean Soc Remote Sensing 16:211-220.(in Korean)

Suh Y S, Jang L-H, Lee N-K, Ishizaka J.2004. Feasibility of red tide detection around Korean waters using satellite remote sensing. J Fish Sci Tech 7:148-162.

Suh Y S, Kim J H, Kim H G. 2000b. Relationship between sea surface temperature derived from NOAA satellites and *Cochlodinium polykrikoides* red tide occurrence in Korean costal waters. J Kor Environ Sci Soc 9:215-221.

Suh Y S, Lee N-K, Jang L-H, Hwan J-D, Yoo S-J, Lim H-S. 2002. Characteristic response of the OSMI bands to estimate chlorophyll a. Korean Journal of Remote Sensing 18:187-199.(in Korean)

Suh Y S, Mitchell B G, Lim K-S. 1999. A recurring eddy off the Korean northeast coast captured on satellite ocean color and sea surface temperature imagery. Journal of the Korean Society of Remote Sensing 15:175-181.

Sverdrup H U. 1953. On conditions for the vernal blooming of plankton. J Consil Exp Mer 18:283-295.

Takahashi M. 2005 Population fluctuation mechanism for the Japanese anchovy. In Living Marine Resources: How do they fluctuate in the ocean ?(Watanabe Y. ed), Tokai University Press, 192-207.(in Japanese)

Takahashi M, Watanabe Y. 2004. Growth rate-dependent recruitment of Japanese anchovy

Engraulis japonicus in the Kuroshio-Oyashio transitional waters. Marine Ecology Progress Series 266:227-238.

Takahashi M, Watanabe Y. 2005. Effect of temperature and food availability on growth rate during late larval stage of Japanese anchovy(*Engraulis japonicus*) in the Kuroshio-Oyashio transition region. Fisheries Oceanography 14:223-235.

Takeshita K, Hayashi K. 1991. Interaction between hose mackerel and common mackerel in the East China Sea, suggested by their catch trends and distribution areas. In: Long-term Variability of Pelagic Fish Populations and their Environment. Kawasaki T, Tanaka S, Toba Y, Taniguchi A (eds), Pergamon Press pp. 173-179.

Tanaka S. 1979. Japanese fisheries and fishery resources in the Northwest Pacific. Ocean Development and International Law Journal 6:163-235.

Tanaka J. 2002. Temporal variation in the 20th century of coastal sea temperature and annual herring landings off the west coast of Hokkaido. Sci Rep Hokkaido Fish Exp Stn 62: 41-55.(in Japanese)

Tang Q. 1991.Yellow Sea herring. In: Marine Fishery Biology (Deng J, Zhao Q, eds). Agriculture Press, pp 296-356.(in Chinese)

Thompson D W J, Wallace J M. 2000a. Annular modes in the extra-tropical circulation. Part 1: Month-to-month variability. J Climate 13:1000-1016.

Thompson D W J, Wallace J M. 2000b. Annular modes in the extra-tropical circulation. Part 11:Trends. J Climate 13:1018-1036.

Tian Y, Akamine T, Suda M. 2003. Variations in the abundance of Pacific saury (Cololabis saira) from the northwestern Pacific in relation to oceanic-climate changes. Fisheries Research 60:439-454.

Tian Y, Akamine T, Suda M. 2004a. Modelling the influence of oceanic-climatic changes on the dynamics of Pacific saury in the northwestern Pacific using a life cycle model. Fisheries Oceanography 13:125-137.

Tian Y, Ueno Y, Suda M, Akamine T. 2004b. Decadal variability in the abundance of Pacific saury and its response to climate/oceanic regime shifts in the northwestern subtropical Pacific during the last half century. Journal of Marine Systems 52:235-257.

Tian Y, Kidokoro H, Watanabe T. 2006. Long-term changes in the fish community structure from the Tsushima warm current region of the Japan/East Sea with an emphasis on the impacts of fishing and climate regime shift over the last four decades. Progress in Oceanography 68:217-237.

Tian Y, Kidokoro H, Watanabe T, Iguchi N 2008. The late 1980s regime shift in the ecosystem of Tsushima warm current in the Japan/East Sea: Evidence from historical data and possible mechanisms. Progress in Oceanography 77, 127-145.

Tomita T, Nonaka M. 2006. Upper-ocean mixed layer and winter time sea surface temperature anomalies in the North Pacific. J Climate 19:300-307.

Trenberth K E. 1990. Recent observed interdecadal climate changes in the Northern Hemisphere. Bull Am Meteor Soc 71:988-993.

Trenberth K E, Hurrell J W. 1995. Decadal coupled atmosphere-ocean variations in the North Pacific Ocean. In: Climate change and northern fish populations (Beamish R J, ed). Can Spec Publ Fish Aquat Sci 121:14-24.

Trenberth K E, Jones P D, Ambenje P, Bojariu R, Easterling D, Klein Tank A, Parker D, Rahimzadeh F, Renwick J A, Rusticucci M, Soden B and Zhai P. 2007. Observations: Surface and Atmospheric Climate Change. In: Climate Change 2007: The Physical Science Basis. Contribution of Working Group I to the Fourth Assessment Report of the Intergovernmental Panel on Climate Change(IPCC). Solomon SD, Qin M, Manning Z, Chen M, Marquis K B, Avery M, Tignor T, Miller H L (eds.) Cambridge University Press, Cambridge, United Kingdom and New York, NY, USA.

Tsujita T. 1957. The fisheries oceanography of the East China Sea and the Tsushima Strait. 1. The oceanographic structure and the ecological character of the fishing grounds. Bull Seikai Reg Fish Res Lab 13:1-47.(in Japanese)

Uda M. 1938. Researches on "Siome" or current rip in the seas and oceans, Geophys Mag 11(4):307-372.

Uda M. 1958. Fluctuations of oceanic conditions and fishing conditions in the Japan Sea. 501-535. In: Reports of the Exploitation Survey of the Tsushima Warm Current, Part I Fishing conditions and hydrography, Fisheries Agency. Tokyo, Japan 539pp.(in japanese)

Uda M, Ishino M .1958. Enrichment pattern resulting from eddy systems in relation to fishing grounds. Jour. Tokyo Univ. Fish. 44(1-2):105-118.

Uda M, Ohira K. 1958. Oceanographic structure of current-rip fishing ground in the East China Sea. 535-539. In Reports of the Exploitation Survey of the Tsushima Warm Current, Part I Fishing conditions and hydrography, Fisheries Agency. Tokyo, Japan 539pp.(in Japanese)

Uehara S, Mitani T.2004. Recruitment process along the Pacific coast of Japan. In: Spawning ground and Recruitment Process of Jack Mackerel-from the East China Sea to the Coastal Waters of Japan (Hara I, Tokai T, eds). Koseisha-Koseikaku, Tokyo 139:69-82.(in Japanese)

Wada T, Jacobson L D. 1998. Regimes and stock-recruitment relationships in Japanese sardine(*Sardinops melanostictus*), 1951-1995. Can J Fish Aquat Sci 55:2455-2463.

Walker G T.1924. Correlation in seasonal variations of weather, IX: A further study of world weather. Mem Indian Meteor Dept 24:275-332.

Wang W. 1991. Chub mackerel. In: Marine Fisheries Biology (Deng J, Zhao Q eds). Agriculture Press, pp 413-452.(in Chinese)

Watanabe Y. 2005. Naturally fluctuating living marine resources. In: Living Marine Resources: How do they fluctuate in the ocean? (Watanabe Y. ed.). Tokai University Press . 1-18 p.(in Japanese)

Watanabe Y, Takahashi M. 2007. Ecology of *Sardinops* and regime. In: Climate Changes and Management of Fishery Resources (Kawasaki T, Hanawa K, Taniguchi A, Nihira A, eds). Seizando Pub. Japan, 141-155. (in Japanese)

Watanabe C, Yatsu A. 2006. Long-term changes in maturity at age of chub mackerel (*Scomber japonicus*) in relation to population declines in the waters off northeastern Japan. Fisheries Research 78:323-332.

Watanabe Y, Zenitani H, Kimura R.1995. Population decline of the Japanese sardine *Sardinops melanostictus* owing to recruitment failures. Can J Fish Aquat Sci 52:1609-1616.

Yamada K, Ishizaka J, Nagata H. 2005. Spatial and temporal variability of satellite primary production in the Japan Sea from 1988 to 2002. Journal of Oceanography 61:857-869.

Yamanaka I, Ito S, Niwa K, Tanabe R, Yabuta Y, Chikuni S. 1988. The fisheries forecasting system in the Japan for coastal pelagic fish. FAO Fish Tech Pap 301:72 pp.

Yang W S, Cho K D, Moon D Y, Koh J R. 2005. Oceanic characteristics of fishing ground for yellowfin and bigeye tunas caught by Korean tuna long-line fishery in the tropical Pacific. J Kor Fish Soc 38:196-204.(in Korean)

Yasuda I, Sugisaki H, Watanabe Y, Minobe S, Oozeki Y.1999. Inter-decadal variations in Japanese sardine and ocean/climate. Fisheries Oceanography 8:18-24.

Yasuda I, Tozuka T, Noto M, Kouketsu S. 2000. Heat balance and regime shifts of the mixed layer in the Kuroshio Extension. Progress in Oceanography 47:257-278.

Yatsu A, Watanabe T, Ishida M, Sugisaki H, Jacobson L D. 2005. Environmental effects on recruitment and productivity of Japanese sardine *Sardinops melanostictus* and chub mackerel Scomber japonicus with recommendations for management. Fisheries Oceanography 14: 263-278.

Yoda M, Sassa C. 2004. Spawning grounds of jack mackerel. In: Hara I, Tokai T (eds). Spawning Ground and Recruitment Process of Jack Mackerel-from the East China Sea to the Coastal Waters of Japan. Koseisha-Koseikaku Tokyo.139:19-30.(in Japanese)

Yoda M, Ohshimo S, Hiyama Y. 2004. Estimation of spawning ground of jack mackerel in the East China Sea based on the catch statistics and biometric data. Bull Jpn Soc Fish

Oceanogr 68:20-26.(in Japanese)

Yoder J A, Ackleson S G, Barber R T, Flament P, Balch W M.1994. A line in the sea. Nature 371:689-692.

Yoshida K.1955. Coastal upwelling off the California coast. Records Ocenogr Works Japan 2(2):8-20.

Zhigalin A Yu, Belayev V A.1999. Distribution of the Far-east sardine and Russian fishery in the Pacific waters and Okhotsk Sea during 1974-1993. Bull Jpn Soc Fish Oceanogr 63:215-220.

Zhang C I, Gong Y. 2005. Effect of ocean climate changes on the Korean stock of Pacific saury, *Cololabis saira* (BREVOORT). Journal of Oceanography 61:313- 325.

Zhang C I, Lee J B, Kim S, Oh J H. 2000.Climate regime shifts and their impacts on marine ecosystem and fisheries resources in Korean waters. Progress in Oceanography 47:171-190.

Zhang C I, Lee J B. 2001. Stock assessment and management implications of horse mackerel (*Trachurus japonicus*) in Korean waters, based on the relationships between recruitment and the ocean environment. Progress in Oceanography 49:513-53.

Zhu D.1991. Japanese anchovy, In: Marine Fisheries Biology (Deng J, Zhao Q ,eds). Agriculture Press: 453-484.(in Chinese)

가

나

다

라

마

바

사

아

자

차

카

타

파

하

저자 약력

◆ 공 영(孔 泳), Yeong GONG

1935년생
농학박사 (동경대학교), 해양생태학 (수산해양학 부문) 전공

- 국립수산진흥원(1960-96), 수산연구관(1969-96)
  해양자원부장(1992-95)
- IWC 정부수석대표(1993-95), UN해양법회의 정부대표(1994-96)
- 동의대학교 (생태학, 동물지리학 강의, 1993-98)
- 부경대학교 (해양학, 어장학, 수산해양학 강의, 1991-2000)

E-mail : ygongdr@nfrdi.go.kr

◆ 서영상(徐榮祥), Young Sang SUH

1962년생
이학박사 (부경대학교)
현 국립수산과학원 수산해양종합정보과장

- 기후변화 정부간 패널(IPCC) 정부대표(2007)
- 기후변화가 해양생태계에 미치는 영향연구 총괄책임(2006-09)
- 부경대학교(위성원격탐사, 대기환경, 해양생태계 강의, 2006-10)
- 미국 스크립스 해양연구소 방문연구원(1997/98)

E-mail : yssuh@nfrdi.go.kr

◆ 성기탁(成耆卓), Ki Tack SEONG

1960년생
공학석사 (부경대 해양공학과)
현 국립수산과학원 재직중(해양수산연구관)

- 전지구 관측시스템(GEOSS) 실무위원(2008)
- 한국연근해 및 동중국해 해양변동 연구책임(2008-09)

E-mail : ktseung@nfrdi.go.kr

◆ 한인성(韓仁盛) In Seong HAN

1970년생
이학박사 (일본 나가사키대학)
현 국립수산과학원 재직중

- 기후변화 정부간 패널(IPCC) 정부대표(2009)
- 해양수산부 기후변화 적응 자문위원(2009)
- 일본 해양과학기술센터 기후변화 관측 프론티어 연구원(2002)

E-mail : hanis@nfrdi.go.kr

공 영, 서영상, 성기탁, 한인성. 2010. 기후변화와 해양생태계. 아카데미서적. 서울, 대한민국, 278
Gong Y, Suh Y-S, Seong K-T, Han I-S. 2010. Climate Change and Marine Ecosystem. Academi Book, Seoul. Korea, 278

기후변화와 해양생태계
Climate Change and Marine Ecosystem

인　　쇄 : 2010년 9월 24일
발　　행 : 2010년 9월 30일
저　　자 : 공 영, 서영상, 성기탁, 한인성
펴 낸 이 : 주 희 완
편집주간 : 주 성 필
펴 낸 곳 : 도서출판 아카데미서적
서울특별시 영등포구 당산동 6가 343-2
Tel : 516-3131~3　Fax : 542-9254

* 잘못된 책은 바꿔 드립니다.　　값 45,000원

ISBN 89-7616-326-5　02450

기후변화와 해양생태계

어업(fisheries)이 이루어지는 해양생태계(marine ecosystem)는 생명의 존재가 가능한 생태권(ecosphere)의 일부이다. 어업대상이 수서생물을 포함하는 유기의 세계인 생물계(biosphere)는 대기(atmosphere), 지권(lithosphere) 및 수권(hydrosphere) 등의 무기의 세계에서 끊임없는 상호작용을 한다.

해양생태계의 체제전환(Regime shifts in the marine ecosystem): 해양생물자원은 자연적인 요인에 의하여 크게 변동을 반복하고 있다. 1980년대 중반기부터 해양생물자원의 증감경향이 지구상의 각 해역에서 동시에 일어난다고 인식하기 시작하였다. 해수의 교환이 전혀 없는 멀리 떨어진 해역간의 어류의 동시변동(synchronous change)은 해양에 의한 것이 아니고 대기에 의하여 매개되는 것을 나타낸다고 생각되어 지구규모의 기상변동, 대양규모 해황의 변동과 해양생물자원의 증감경향이 연구되었다. 1990년대에 들어 이들 3자가 수 십년주기로 동시에 변동하고 있음이 밝혀지면서 해양생태계의 체제전환(regime shifts)이라는 인식이 형성되었다. 즉 풍계(풍향/풍속)나 기압배치와 같은 기상현상이 전 지구규모로 하나의 상태로부터 별개의 상태로 변화함에 따라 수온, 해류계, 연직혼합등의 해상기상이 대규모로 변하여 그것에 대응하여 해양생태계에 있어서 기초생산, 2차생산, 생물자원 생산의 구조적 체제(regime)가 불연속적으로 급하게 전환(shift)한다는 인식이다.

한반도 주변해역을 포함한 극동해역의 해양생태계 체제전환과 어종교체자원의 변동에 관한 연구가 최근에 활발하게 이루어지고 있다. 수 10년간의 한 체제(저기압관련 온난지속기간)에서 다른 체제(고기압관련 한랭지속기간)로의 전환기간은 2~3년 내의 단기간이다. 다획성부어류(예, 청어, 정어리, 멸치, 고등어 전갱이, 꽁치)및 오징어 등은 이 기후 체제전환과 함께 갑자기 증가 혹은 변동하고 증가하는 자원과 감소하는 자원사이에 역상관이 뚜렷한 어종교체(alternation of dominant species)현상을 나타낸다. 즉 체제전환(regime shift)에 의한 어종교체현상을 보이는 어업자원의 변동은 지구환경체제의 변동에 따른다. 그러므로 과도한 어획의 압력으로 체제전환의 변동시스템이 어지럽혀지던지 파괴되던지 하는 것은 난획(over fishing)이라 볼 수 있다.